应用型本科 计算机专业"十三五"规划教材

PHP Web 开发实战

主 编 熊小华

西安电子科技大学出版社

内 容 简 介

本书以一个功能完整的"新闻管理系统"作为贯穿全书的主项目,并按 Web 项目的开发流程和学生的认知规律来组织内容,主要介绍了基于 PHP+MySQL 进行网站开发的基础知识和编程技术。全书共分为 8 章,包括搭建 PHP 网站建设平台、PHP 基础知识、项目功能分析与数据库设计、用户注册功能的设计与实现、新闻分类与新闻信息浏览、用户登录与新闻评论及点赞、网站首页与网站前台功能设计、网站后台管理功能设计等,详细地讲述了使用 PHP+MySQL 进行网站开发的完整流程和方法。

本书内容翔实,讲解透彻,注释详细,实用性强,可作为应用型本科或高职院校计算机类专业教材,也可作为培训教材及编程爱好者的自学用书。

图书在版编目(CIP)数据

PHP Web 开发实战/熊小华主编. —西安:西安电子科技大学出版社,2019.11
ISBN 978-7-5606-5129-3

Ⅰ.① P… Ⅱ.① 熊… Ⅲ.① 网页制作工具—PHP 语言—程序设计 Ⅳ.① TP393.092.2
② TP312

中国版本图书馆 CIP 数据核字(2018)第 249524 号

策　　划　马乐惠
责任编辑　师　彬　阎　彬
出版发行　西安电子科技大学出版社(西安市太白南路 2 号)
电　　话　(029)88242885　88201467　　　邮　编　710071
网　　址　www.xduph.com　　　　电子邮箱　xdupfxb001@163.com
经　　销　新华书店
印刷单位　陕西日报社
版　　次　2019 年 11 月第 1 版　　2019 年 11 月第 1 次印刷
开　　本　787 毫米×1092 毫米　1/16　印　张　22
字　　数　522 千字
印　　数　1~3000 册
定　　价　49.00 元
ISBN 978-7-5606-5129-3 / TP
XDUP　5431001-1
如有印装问题可调换
本社图书封面为激光防伪覆膜,谨防盗版。

前　言

PHP 作为非常优秀的、简便的 Web 开发语言，和 Linux、Apache、MySQL 紧密结合，形成 LAMP 的开源黄金组合，不仅降低了使用成本，还提升了开发速度，满足了最新的动态网络开发的应用。目前，PHP 已成为最理想的 Web 应用系统开发工具，其在全球市场上的占有率达到 83.2%。程序员和 Web 设计师都喜欢 PHP，前者喜欢 PHP 的灵活和速度，后者则喜欢它的易用和方便。

本书在内容的编排及组织上十分考究，按照 Web 项目的开发流程和学生的认知规律，以一个功能完整的"新闻管理系统"为载体来组织内容，不仅增强了教材的可读性和可操作性，还激发了学生的学习兴趣，便于其在短时间内掌握使用 PHP 开发动态网站的常用技术和方法，从而为今后的就业打下基础。

在基于 PHP 的 Web 程序设计课程教学中，作者发现学生乐于学习这门课程的主要原因是上手快，能快速开发小程序，但遗憾的是兴趣很快就会趋于平淡。因为很多书籍都是以小案例为主，学生刚有兴趣后想做点儿项目，就得重新买一本书去看书上最后的综合案例，而这些案例往往只有程序清单，没有步骤，没有讲解，对于学生来说可读性和可操作性都不强。

本书编写时采用"项目+任务+步骤"方式，以项目为导向，将知识点转换为要完成的项目需要的任务，再将任务分步骤完成，手把手教学生掌握各知识点，并培养其解决问题的能力。本书项目以 phpStudy 2016 和 Dreamweaver CS6 为开发平台，以"新闻管理系统"为开发主导，主要内容如下：

- 搭建 PHP 网站建设平台：主要介绍 PHP、Apache、MySQL 相关知识，在 Windows 下进行 PHP+Apache+MySQL 服务器的安装与配置，并重点介绍了如何通过 phpStudy 集成开发环境软件包搭建开发环境。
- PHP 基础知识：介绍动态网站开发基础知识，PHP 语言的基本应用。
- 项目功能分析与数据库设计：介绍网站具体实现的功能、系统结构设计和系统的数据库设计。
- 用户注册功能的设计与实现：主要介绍 Web 表单的使用、表单数据的处理、文件上传功能和 PHP 中访问 MySQL 数据库的方法。
- 新闻分类与新闻信息浏览：进一步介绍 PHP 的数据库访问方法，并介绍如何实现页面之间的跳转，跳转页面如何传递数据以及模糊查询和精确查询的实现。
- 用户登录与新闻评论及点赞：介绍 Session 和 Cookie 如何实现页面之间的信息传递，利用相关技术如何实现用户的登录以及登录用户的评论和点赞，并介绍如何在 PHP 中使用 AJAX 技术实现页面的局部刷新。
- 网站首页与网站前台功能设计：从网站整体风格统一的角度介绍了如何通过

CSS+DIV 实现网站首页的风格布局，并将统一的风格应用到网站前台其他相关页面。

- 网站后台管理功能设计：介绍如何提供一个功能完善、管理方便的网站后台管理功能。

Web 的安全性现在日益成为信息安全各领域中最重要的安全问题之一。在训练学生开发 Web 项目的过程中，适当地对学生介绍如何开发"安全"的 Web 项目很有必要，为学生今后在工作岗位上开发出"安全"的 Web 项目打下良好的基础。我们在项目实施的过程中，不断地以渗透的方式介绍如何编写"健壮"的代码。例如在提交表单时，介绍通过表单数据的过滤以防止出现 XSS(跨站点)攻击和 SQL 注入攻击。

本书概念清晰，逻辑性强，具有很强的可操作性，并按照 Web 项目的开发步骤完成项目。为保证教学效果，本书除第 8 章外，每章都有思考与练习，可以帮助学生进一步巩固基础知识。

本书在编写过程中得到了上海第二工业大学同事的鼎力帮助，在此表示感谢。由于作者水平和经验有限，书中不妥之处在所难免，恳请广大读者批评指正。

作　者

2019 年 4 月

目 录

第1章 搭建 PHP 网站建设平台 1
1.1 PHP 基础知识 1
1.1.1 PHP 概述 1
1.1.2 PHP 动态网页的工作原理 2
1.1.3 Web 服务器软件介绍 3
1.2 搭建 PHP 的开发环境 3
1.2.1 PHP 集成开发环境软件包的介绍 3
1.2.2 phpStudy 的安装 3
1.3 常用的 PHP 代码编辑工具 6
1.3.1 Notepad(记事本) 7
1.3.2 Dreamweaver 7
1.3.3 Eclipse 7
1.3.4 PHPEdit 7
1.4 开发第一个 PHP 程序 7
1.4.1 虚拟主机配置 8
1.4.2 编写并运行 PHP 程序 10
思考与练习 13
资源积累 13

第2章 PHP 基础知识 14
2.1 PHP 语法入门 14
2.1.1 PHP 代码的基本格式 14
2.1.2 简单的 PHP 程序示例 15
2.2 常量、变量和运算符 17
2.2.1 PHP 的常量和变量 18
2.2.2 PHP 运算符和表达式 21
2.3 数据类型和类型转换 23
2.3.1 PHP 的数据类型 23
2.3.2 数据类型的转换 25
2.4 PHP 的语句 27
2.4.1 条件控制语句 28
2.4.2 循环控制语句 35
2.4.3 文件包含语句 42
2.4.4 输出语句 43
2.5 PHP 的数组与函数 45
2.5.1 数组的创建 45
2.5.2 数组的遍历与输出 46
2.5.3 PHP 的内建函数 48
2.5.4 PHP 的自定义函数 52
2.6 PHP 的编码规范 54
2.6.1 什么是编码规范 54
2.6.2 PHP 的编码规范 55
思考与练习 56
资源积累 56

第3章 项目功能分析与数据库设计 58
3.1 任务1：新闻管理系统功能分析 58
3.1.1 系统功能模块设计 59
3.1.2 系统功能结构 60
3.2 任务2：系统数据库设计 61
3.2.1 数据库概念模型设计 61
3.2.2 数据库物理模型设计 62
3.3 MySQL 数据库 63
3.3.1 MySQL 服务器的启动和关闭 64
3.3.2 创建数据库 65
3.3.3 创建数据表 66
3.3.4 操作 MySQL 数据 72
3.3.5 phpMyAdmin 图形管理工具的使用 79
思考与练习 80
资源积累 83

第4章 用户注册功能的设计与实现 84
4.1 任务1：创建用户注册页面 85
4.1.1 表单概述 85
4.1.2 使用 PHP 全局变量获取表单数据的方法 86
4.1.3 用户注册页面的实现 95
4.2 任务2：注册信息输入验证 98
4.2.1 为什么要做 PHP 表单验证 98
4.2.2 PHP 表单的基本验证 99

I

4.2.3　PHP 表单安全验证 103
4.2.4　加入验证后的用户注册页面 104
4.3　任务 3：用户头像上传 108
4.3.1　文件上传表单 108
4.3.2　处理上传文件 109
4.3.3　获取上传的文件信息 109
4.3.4　判断上传文件类型 109
4.3.5　用户头像上传功能的实现 112
4.4　任务 4：将注册信息写入数据库 116
4.4.1　PHP 操作 MySQL 数据库的
步骤 117
4.4.2　连接 MySQL 数据库 117
4.4.3　使用 mysql_query()增加
一条记录 119
4.4.4　SQL 字符串中含有变量的
书写方法 121
4.4.5　SQL 注入的介绍以及如何防止
SQL 注入 126
4.4.6　公共数据表访问层的设计与实现 .. 128
4.4.7　用户数据表访问层的设计与实现 .. 130
4.4.8　将用户注册信息写入数据库 132
思考与练习 137
资源积累 137

第 5 章　新闻分类与新闻信息浏览 139

5.1　任务 1：查看新闻分类信息
页面设计 139
5.1.1　新闻分类表数据访问层的
设计与实现 140
5.1.2　新闻分类页面的实现 142
5.2　任务 2：查看新闻详细信息
页面设计 144
5.2.1　新闻数据表数据访问层的
设计与实现 145
5.2.2　新闻列表信息页面的实现 150
5.2.3　新闻查看页面的实现 152
5.3　任务 3：新闻搜索页面设计 154
5.3.1　模糊查询和精确查询 155
5.3.2　新闻搜索页面的实现 155
5.3.3　分页显示数据 160

思考与练习 169
部分参考答案 171

第 6 章　用户登录与新闻评论及点赞 ... 172

6.1　任务 1：用户登录 172
6.1.1　Session 的操作 173
6.1.2　利用 Session 限制未登录
用户的访问 174
6.1.3　Cookie 的操作 180
6.1.4　Session 与 Cookie 的比较 183
6.1.5　利用验证码技术避免用户
灌水行为 191
6.1.6　用户登录页面的设计ayan 199
6.2　任务 2：新闻访问量统计和
新闻点赞 205
6.2.1　统计并显示新闻的访问量 205
6.2.2　新闻点赞功能的设计与实现 210
6.3　任务 3：发表新闻评论 215
6.3.1　新闻评论数据表的数据访问层的
设计与实现 216
6.3.2　新闻评论功能的实现 218
思考与练习 224

第 7 章　网站首页与网站前台
功能设计 225

7.1　任务 1：首页的框架设计 225
7.1.1　网页布局模板的设计 231
7.1.2　网页布局模板的 CSS 设计 232
7.1.3　页眉部分 header.php 页面的
设计 233
7.1.4　页脚部分 bottom.php 页面的
设计 235
7.1.5　左边栏 left.php 页面的设计 235
7.1.6　主体顶部 main_top.php 页面的
设计 236
7.2　任务 2：网站前台各页面的设计 238
7.2.1　网站首页 index.php 的设计 238
7.2.2　置顶新闻列表页面
recommendNewslist.php 的设计 242
7.2.3　热点新闻列表页面 hotNewslist.php 的
设计 246

  7.2.4 查看新闻详情页面 newsdetail.php 的设计 249
  7.2.5 用户登录页面 login.php 的设计 254
  7.2.6 用户注册页面 register.php 的设计 258
  7.2.7 用户密码修改页面 updatePass.php 的设计 263
  7.2.8 用户资料修改页面 updateUser.php 的设计 266
 思考与练习 271

第 8 章 网站后台管理功能设计 273
 8.1 任务 1：管理员登录页设计 273
  8.1.1 mysqli 扩展函数的使用 274
  8.1.2 使用 mysqli 扩展函数实现数据库操作层 276
  8.1.3 使用 mysqli 扩展函数实现用户表数据访问层 277
  8.1.4 使用 mysqli 扩展函数实现管理员登录页 280
 8.2 任务 2：网站后台首页设计 285
  8.2.1 后台网页布局模板的设计 285
  8.2.2 后台网页布局模板的 CSS 设计 286
  8.2.3 页眉部分 top.php 页面的设计 286
  8.2.4 左边栏部分 mainleft.php 页面的设计 288
  8.2.5 后台首页 index.php 的设计 290
 8.3 任务 3：用户管理功能的设计 291
  8.3.1 修改密码页面 updatePass.php 的设计 291
  8.3.2 用户列表页面 userList.php 的设计 294
  8.3.3 添加用户页面 addUser.php 的设计 298
  8.3.4 权限管理页面 userPower.php 的设计 301
 8.4 任务 4：新闻分类管理功能的设计 304
  8.4.1 PDO 概述及其使用 304
  8.4.2 使用 PDO 实现数据库操作层 307
  8.4.3 使用 PDO 实现新闻分类数据访问层 308
  8.4.4 新闻分类列表页 newsClassList.php 的设计 309
  8.4.5 新闻分类编辑页 updateNewsClass.php 的设计 312
  8.4.6 新闻分类添加页 addNewsClass.php 的设计 315
 8.5 任务 5：新闻信息管理功能的设计 317
  8.5.1 第三方编辑控件 KindEditor 的介绍 317
  8.5.2 使用 KindEditor 控件实现新闻发布功能 319
  8.5.3 新闻列表页 newsList.php 的设计 .. 322
  8.5.4 新闻编辑页 updateNews.php 的设计 325
  8.5.5 置顶新闻页 topNews.php 的设计 330
  8.5.6 热点新闻页 hotNews.php 的设计 333
 8.6 任务 6：用户评论管理功能的设计 336
  8.6.1 评论列表页 replyList.php 的设计 336
  8.6.2 会员评论的敏感字符的剔除 338

附录 A PHP5 中所有的关键字 341
附录 B PHP 中的运算符优先级 342
参考文献 343

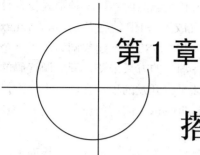

第1章

搭建 PHP 网站建设平台

本章要点

- PHP 基础知识
- 搭建 PHP 的开发环境
- 常用的 PHP 代码编辑工具
- 开发第一个 PHP 程序

学习目标

- 熟悉 PHP 语言的特点，了解常用的编辑工具。
- 掌握 PHP 开发环境的搭建，并能搭建 Apache+MySQL+PHP 开发 Web 应用程序的环境。
- 了解各种主流的 PHP 代码编辑工具以及好的代码编辑工具的特点。
- 学会建立多站点域名，从而可以通过虚拟的域名访问本机上的网站。
- 学会使用 Dreamweaver CS6 进行站点管理。
- 了解 PHP 代码文件的基本知识。

1.1 PHP 基础知识

  PHP(Hypertext Preprocessor，超文本处理器)是一种服务器端、跨平台、HTML 嵌入式的脚本语言；其独特的语法混合了 C 语言、Java 语言和 Perl 语言的特点，是一种被广泛应用的、开源的多用途脚本语言，尤其适合 Web 开发。自 PHP 5.0 正式发布以来，PHP 以其方便快捷的风格、丰富的函数功能和开放的源代码迅速在 Web 系统开发中占据了重要的地位，成为世界上最流行的 Web 应用编程语言之一。本章将针对 PHP 的特点、开发环境以及如何使用 Dreamweaver 代码编辑工具编写 PHP 程序进行详细讲解。

1.1.1 PHP 概述

  PHP 起源于 1995 年，由加拿大人 Rasmus Lerdorf 开发，它是目前动态网页开发中使用最为广泛的语言之一。目前，在国内外有数以千计的个人和组织的网站以各种形式及各种语言学习、发展和完善它，并不断地公布最新的应用和研究成果。PHP 能在 Windows、Linux 等绝大多数操作系统环境中运行，并且与 Linux、Apache 和 MySQL 一起共同组成了一个强大的 Web 应用程序平台，简称 LAMP。随着开源软件潮流的方兴未艾，开放源代码的 LAMP 已经与 Java EE 和.NET 形成三足鼎立之势，并且该平台开发的项目在软件方面的投资成本较低，因此受到整个 IT 界的关注。从网站流量来说，70%以上的访问流量是由 LAMP 来提供的，因此 LAMP 是一个强大的网站解决方案。

PHP 之所以被广泛应用并受到大家欢迎，是因为它具有很多突出的特点，具体如下。

1．开放源码

和其他技术相比，PHP 是开源的，所有 PHP 代码都可以通过 Internet 免费获得和免费使用，并且任何人都可以改写 PHP 源码。

2．跨平台性

PHP 的跨平台性很好，在任何平台下编写的 PHP 应用程序都可以直接移植到其他平台下运行，而不需要对程序做任何修改。

3．面向对象

PHP 3.0 开始支持面向对象编程，PHP 5.0 对原有的面向对象语法进行了改造，实现了完全的面向对象编程。现在 PHP 完全可以用来开发大型商业程序。

4．支持多种数据库

由于 PHP 支持开放数据库互连(Open DataBase Connectivity, ODBC)，因此 PHP 可以连接任何支持该标准的数据库，如 MySQL、Accesss、Oracle、SQL Server 和 DB2 等。其中，PHP 和 MySQL 是现在的最佳组合，使用得最多。

5．程序运行效率高

PHP 是一种强大的 CGI(Common Gateway Interface)脚本语言，执行速度比 CGI、Perl 和 ASP 快，而且占用系统资源少。PHP 中可以嵌入 HTML，编辑简单，实用性强，程序开发快。

1.1.2　PHP 动态网页的工作原理

一个完整的 PHP 系统由以下几部分构成：Web 服务器、PHP 引擎(或 PHP 包)、数据库、客户端浏览器。PHP 动态网页的工作原理如图 1.1.1 所示，具体如下：

(1) 由客户端用户发出 HTTP 请求，通常是用户在浏览器地址栏中输入网址。

(2) 浏览器发送 HTTP 请求至 Internet。根据 HTTP 中包含的 IP 地址，Web 服务器接收到客户端请求，并对 HTTP 请求进行处理。如果请求的是".html"静态页面，Web 服务器直接把页面内容返回给客户端；如果是对".php"文件的请求，Web 服务器则将 PHP 代码传递给 PHP 引擎。

(3) PHP 引擎分析客户端请求的目标脚本文件，在服务器端解释并执行文件时，需要和数据库进行交互，最后处理结果。

(4) 将结果转换成 HTML 代码的形式，返回给 Web 服务器。
(5) Web 服务器将结果发送至客户端浏览器进行呈现。

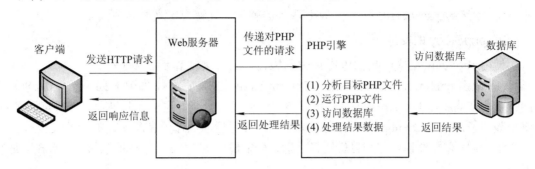

图 1.1.1　PHP 动态网页的工作原理

1.1.3　Web 服务器软件介绍

　　Web 服务器也称为 WWW(World Wide Web)服务器，它的功能是解析 HTTP。目前，可用的 Web 服务器有很多，常用的主流 Web 服务器有开源的 Apache 服务器、微软的 IIS 服务器、Tomcat 服务器、IBM Sphere 等。由于 Apache 服务器具有高效、稳定、安全、免费等特点，已经成为 PHP 的首选 Web 服务器软件。

1.2　搭建 PHP 的开发环境

　　使用 PHP 语言开发 Web 应用程序，需要搭建 PHP 的开发环境。通常情况下，初学者使用的都是 Windows 平台，在 Windows 平台上搭建 PHP 环境需要安装 Apache 服务器、PHP 软件和 MySQL 数据库软件。
　　目前，PHP 开发环境搭建方式有两种：一种是手工安装配置，即分别安装 PHP、Apache 和 MySQL 软件，然后通过配置，整合这三个软件，完成 PHP 开发环境的搭建；另一种是使用集成安装包自动安装，集成安装包将三种软件整合在一起，免去了单独安装配置服务器带来的麻烦，实现了 PHP 开发环境的快速搭建。

1.2.1　PHP 集成开发环境软件包的介绍

　　目前，比较常用的集成开发环境软件包有 WampServer、AppServ 和 phpStudy 等，它们都集成了 Apache 服务器、PHP 软件以及 MySQL 服务器。本书以 phpStudy 为例介绍了 PHP 的应用和开发。

1.2.2　phpStudy 的安装

1. 安装前的准备工作

　　安装 phpStudy 之前应从其官方网站上下载安装程序，官网地址为 http://www.

phpStudy.net。目前较新的 phpStudy 版本是 phpStudy 20161103，该程序绿色小巧，仅有 32 MB，有专门的控制面板，全面适合 Win2000/XP/2003/Win7/Win8/Win2008/Win10 等操作系统，支持 Apache、IIS 等多种 Web 服务器软件，支持自定义 PHP 版本。

2．phpStudy 的安装

使用 phpStudy 集成安装包搭建 PHP 开发环境的具体操作步骤如下：

(1) 双击 phpStudy20161103.exe，打开 phpStudy 的启动页面，如图 1.2.1 所示。phpStudy 的默认安装路径是 D:\ phpStudy，也可以自定义安装路径，但注意不要包含汉字字符。这里将安装路径修改为 D:\ phpStudy2016，单击 OK 按钮后即快速地完成文件解压缩过程。

(2) 将所有文件解压缩到目标路径之后，会出现如图 1.2.2 所示的确认页面，单击"是"按钮即可。

图 1.2.1　phpStudy 启动页面

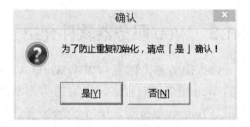

图 1.2.2　phpStudy 安装确认页面

(3) 安装过程结束后，弹出控制面板页面，如图 1.2.3 所示，这标志着 PHP 运行环境已经搭建好。运行状态显示 Apache 服务器和 MySQL 服务器的运行状态，绿色的圆形表示服务启动正常，可以通过右边的启动按钮启动服务。运行模式中系统服务和非服务模式的区别在于是否需要手动启动。当选择系统服务模式时，服务会随着开机而启动，无需手工启动，适合于经常使用或做服务器的情形，这种设置使得程序运行稳定。非服务模式适合偶尔使用一下，在不使用的情况下不会启动相关进程，从而节省电脑的资源，适合于开发或测试状态使用。

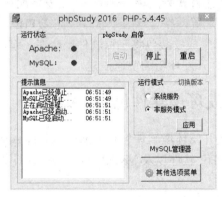

图 1.2.3　phpStudy 的控制面板页面

3．phpStudy 开发环境的关键配置

(1) 修改 Apache 服务器和 MySQL 服务器的端口号。phpStudy 安装好后，Apache 服务器的端口号默认为 80，MySQL 服务器的默认端口是 3306。如果要修改端口号，可以使用

『其他选项菜单』-『phpStudy 设置』-『端口常规设置』进行修改,如图 1.2.4 所示。

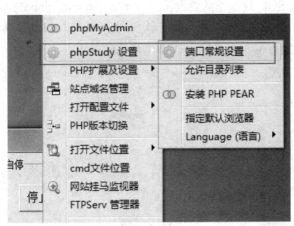

图 1.2.4　修改 phpStudy 的默认端口号

(2) 设置 Apache 服务器主目录。phpStudy 安装完成后,默认情况下,浏览器访问的是"D:\phpStudy\WWW"目录下的文件,其中"D:\phpStudy"是 phpStudy 的安装路径,这里根据安装路径选择的不同会有不同。本书例子中是"D:\phpStudy2016\WWW"。WWW 目录被称为 Apache 服务器的主目录。此时,用户也可以自定义 Apache 服务器的主目录,方法如下:使用『其他选项菜单』-『打开配置文件』-『httpd.conf』,打开 Apache 配置文件,查找关键字"DocumentRoot",如图 1.2.5 所示,可以将路径修改为其他路径,但需要重新启动 Apache 服务器,使新的配置生效。

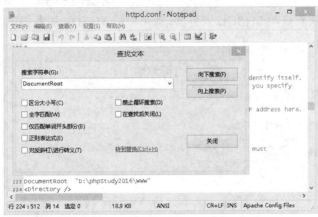

图 1.2.5　设置 Apache 服务器主目录

(3) PHP 的配置文件。phpStudy 打开 PHP 配置文件的方法:使用『其他选项菜单』-『打开配置文件』-『PHP-ini』,打开 PHP 配置文件。在 PHP 配置文件中,以分号开头的行表示注释,不会生效,将分号去掉,则意味着配置生效。

(4) 为 MySQL 服务器 root 账户设置密码。在 MySQL 数据库服务器中,用户名 root 的账户具有管理数据库的最高权限。在安装 phpStudy 后,root 账户的默认密码为 root。可以通过以下两种方法修改 root 账户密码:一是在记得 root 账户密码的情况下,使用『其他选项菜单』-『MySQL 工具』-『设置或修改密码』,如图 1.2.6 所示;二是在忘记 root 账户密码的情况下，可以使用『其他选项菜单』-『MySQL 工具』-『重置密码(忘记时)』，如图 1.2.7 所示。在 phpStudy 中集成了 MySQL 数据库的管理工具 phpMyAdmin。phpMyAdmin 是众多 MySQL 图形化管理工具中使用最广泛的一种，是一款使用 PHP 开发的 B/S 模式的 MySQL 客户端软件；也可以通过 phpMyAdmin 进行 root 账户密码的修改。

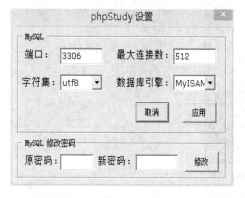
图 1.2.6　修改 MySQL 密码

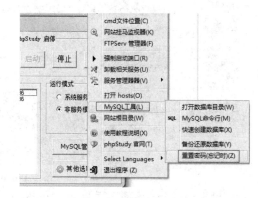
图 1.2.7　重置 MySQL 密码(忘记时)

(5) 设置 MySQL 数据库字符集。MySQL 服务器支持很多字符集，默认使用的是 utf8。但 MySQL 自从 4.1 版本以来由于加入了众多字符集的支持，很多 MySQL 使用时会出现中文乱码的问题。可以修改 MySQL 配置文件来设置 MySQL 数据库字符集：使用『其他选项菜单』-『打开配置文件』-『mysql-ini』，打开 MySQL 配置文件，在配置文件中的"[mysql]"选项中修改"default-character-set=utf8"为"default-character-set=gbk"，同时将"[mysqld]"选项中"character-set-server=utf8"修改为"character-set-server=gbk"，如图 1.2.8 所示。保存配置文件修改并重新启动 MySQL 服务器，就可以把 MySQL 服务器的默认字符集设置为 gbk 简体中文字符集。

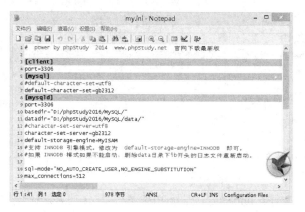
图 1.2.8　修改 MySQL 数据库字符集

1.3　常用的 PHP 代码编辑工具

　　PHP 的开发工具很多，每种开发工具都有各自的优势。在编写代码的过程中，一款好的编辑工具可以使程序员的编写过程更加轻松、有效和快捷，可达到事半功倍的效果。

那么何谓好的代码编辑工具呢？除了具备最基本的代码编辑功能外，一个必备的功能就是语法的高亮显示，对代码的不同部分元素采用不同的颜色显示；一款好的代码编辑工具应具备格式排版功能，使程序代码的组织结构清晰易懂，并且易于程序员进行程序调试，排除程序的错误异常；此外好的代码编辑工具应具有代码自动完成功能和错误代码提示功能。

下面介绍几款常用的 PHP 代码编辑工具。

1.3.1 Notepad(记事本)

Windows 系统自带的 Notepad 即记事本软件是 PHP 最简单的代码编辑工具，但称不上是一个好的代码编辑工具，它没有语法高亮显示和格式排版等功能。但 Notepad 可作为 PHP 代码编辑工具的补充手段使用。

1.3.2 Dreamweaver

Dreamweaver 是一款专业的网站开发编辑器，它集成了可视布局工具、应用程序开发功能和代码编辑功能，使各个层次的开发人员和设计人员都能够快速创建出标准的网站和应用程序。同时，Dreamweaver 提供了代码自动完成功能，不但可以提高代码编写速度，而且减少了代码错误的几率。Dreamweaver 既适合于初学者制作简单的网页，又适合于网站设计师、网站程序员开发各类大型应用程序，极大地方便了程序员对网站的开发和维护。本书中的例子全部使用 Dreamweaver CS6 进行开发。

1.3.3 Eclipse

Eclipse 是一款支持各种应用程序开发的代码编辑工具，为程序员提供了许多强悍的功能。它支持语法加亮显示、支持代码格式化功能，还具备强大的调试功能，可以设置断点，使用单步调试方法执行源代码。

1.3.4 PHPEdit

PHPEdit 是一款 Windows 操作系统下优秀的 PHP 脚本 IDE(Integrated Development Environment，IDE)。该软件为方便、快捷地开发 PHP 程序提供了多种工具。其功能包括：语法关键词高亮，代码提示、浏览，集成 PHP 调试工具，帮助生成器，自定义快捷方式，150 多个脚本命令，键盘模板，报告生成器，快速标记，插件等。

1.4 开发第一个 PHP 程序

搭建好 PHP+Apache+MySQL 开发环境以及安装 Dreamweaver 代码编辑器后，接下来就可以进行 PHP Web 应用程序的设计了。在真实环境中，我们需要有一个独立的 IP 和域名才能让网站上线；而在开发阶段，我们只需要能够在本机和局域网内部被访问就足够了。

在多个项目同时开发的时候，会遇到所有项目都必须放到 Web 服务器根目录才能正常运行的情况，如果没有配置多站点，就很容易发生内容冲突，同时也不方便管理。通过为多个项目配置虚拟主机搭建多个站点，就可以很好地解决管理多个项目的问题。接下来我们先介绍 phpStudy 下如何设置虚拟主机来访问本机上配置的网站，之后介绍如何编写第一个 PHP 程序。

1.4.1　虚拟主机配置

phpStudy 提供了站点域名管理功能，通过配置站点域名可以在一台服务器上部署多个网站，虽然服务器的 IP 地址是相同的，但是当用户使用不同域名访问时，访问到的是不同的网站，从而方便进行多个项目的开发。以下分步骤讲解如何使用 phpStudy 配置站点域名。

1. 修改 hosts 文件，实现网站的域名访问

在 Windows 中以管理员身份运行文本编辑器，然后执行『文件』-『打开』命令，打开 C:\Windows\System32\drivers\etc 文件夹下的 hosts 文件，在该文件中配置 IP 地址和域名的映射关系，具体如下：

- 127.0.0.1　www.hotnews.com
- 127.0.0.1　www.examples.com

在上述配置中，127.0.0.1 是本机的 IP 地址，后面是域名。"127.0.0.1 www.hotnews.com"表示访问 www.hotnews.com 这个域名时，自动解析到 127.0.0.1 这个 IP 地址上。"127.0.0.1 www.examples.com"访问 www.examples.com 这个域名时，也会自动解析到 127.0.0.1 这个 IP 地址上。

2. 使用 phpStudy 配置多站点域名

使用『其他选项菜单』-『站点域名管理』，打开"站点域名设置"页面，添加两个站点的设置，填写好相关的设置后，单击"新增"按钮，最后单击"保存设置并生成配置文件"以保存，此时 Apache 服务器需要重新启动。操作过程分别如图 1.4.1 和图 1.4.2 所示，其中网站目录为网站存放的物理路径，可以存放在 Apache 主目录之下，也可以存放在其他路径；第二域名可以不填，网站端口默认为 80。

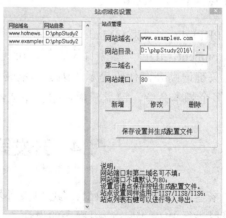

图 1.4.1　添加 www.hotnews.com 站点　　　　图 1.4.2　添加 www.examples.com 站点

3．使用 phpStudy 查看多站点域名配置结果

使用『其他选项菜单』-『打开配置文件』-『vhosts.conf』，可以查看站点域名的配置效果。虚拟站点配置文件设置如图 1.4.3 所示。

图 1.4.3　多站点域名配置文件

4．通过浏览器访问网站进行测试

在两个网站主目录下分别添加一个 index.html 文件，在浏览器中访问两个网站的域名，会看到两个不同的网站，效果如图 1.4.4 和图 1.4.5 所示。

图 1.4.4　访问 www.hotnews.com 站点　　　　图 1.4.5　访问 www.examples.com 站点

1.4.2 编写并运行 PHP 程序

【例 1-1】 应用 DW CS6 开发一个简单的 PHP 程序，输出一段欢迎信息。

本实例的目的是熟悉 PHP 的书写规则和 Dreamweaver(简称 DW) CS6 工具的基本使用方法。需要使用 DW 进行 PHP 程序的开发，首先需要在 DW 中用新建一个站点来管理 PHP 程序。

(1) 启动 DW CS6，选择『站点』-『新建站点』，并在出现的窗口中输入相应的站点名称和本地站点文件夹信息，如图 1.4.6 所示。

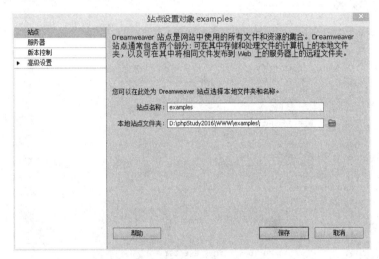

图 1.4.6　DW CS6 中新建站点

(2) 双击"examples"站点，在左边的面板上选择"服务器"选项，并单击右端底部的"+"(添加新服务器)按钮，在弹出的窗口中设置站点的服务器信息，并在出现的窗口中输入相应的站点名称和本地站点文件夹信息，具体设置如图 1.4.7 所示。

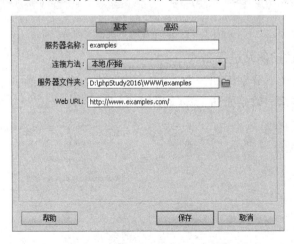

图 1.4.7　添加站点的服务器信息

(3) 勾选上"测试"选项框，让新建的"examples"站点支持测试功能，设置效果如图 1.4.8 所示。

第 1 章　搭建 PHP 网站建设平台　　11

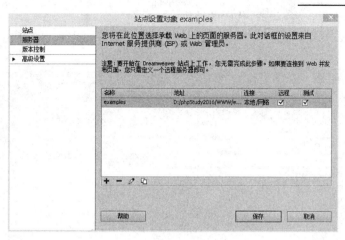

图 1.4.8　勾选站点的测试选项

(4) 当站点新建完毕，在 DW CS6 右端"文件"面板的本地视图中将以站点形式进行统一管理，效果如图 1.4.9 所示。选择站点中的网页并在浏览器中预览时，会自动关联到创建的站点域名进行浏览。

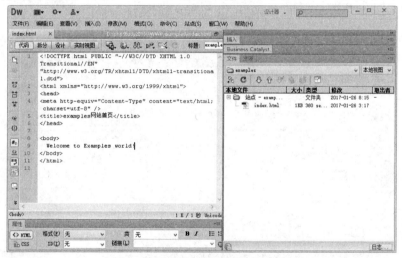

图 1.4.9　添加站点后的 DW 主界面

(5) 在 DW 右端的"文件"面板中选择"站点-examples"，单击鼠标右键，在弹出的菜单中选择"新建文件夹"，并将新文件夹命名为"chapter1"，在"chapter1"中添加一个新的 PHP 文件"ch1_1.php"，添加后效果如图 1.4.10 所示。

(6) 在新创建的 PHP 文件中，首先定义文件的标题，即在<title>标记中标题设置为"第一个 PHP 程序"；然后，在<body>标记中编写 PHP 代码，如图 1.4.11 所示。其中 PHP 代码如下：

```
1    <?php
2        echo "欢迎进入 PHP 的世界!";
3    ?>
```

PHP 代码分析："<?php"和"?>"是 PHP 的标记对，在这对标记中的所有代码都被当作 PHP 代码来处理；echo 是 PHP 中的输出语句，用来输出字符串或者变量值；每行代码都以";"(分号)结尾,表示一行代码的结束。

(7) 使用 DW 工具栏上的预览按钮 ,选择浏览器即可查看 ch1_1.php 的运行效果,如图 1.4.12 所示。

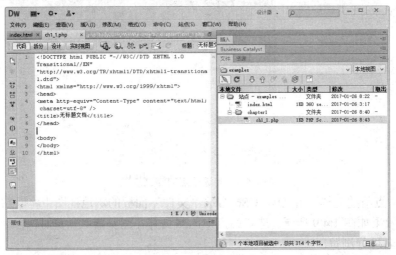

图 1.4.10　新的 PHP 项目文件

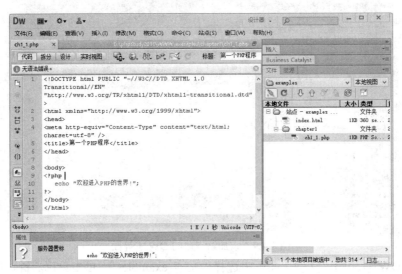

图 1.4.11　在 DW CS6 中编辑 PHP 代码

图 1.4.12　第一个 PHP 文件运行效果

思考与练习

1. 简述 PHP 的发展历史。
2. 简叙 PHP 的特性。
3. 简单说明 PHP 程序运行过程中，PHP 引擎、Web 服务器和数据库各自的功能。
4. 常见的 Web 服务器有哪些？
5. 默认情况下，Apache 服务器的配置文件名、MySQL 服务器的配置文件名以及 PHP 的配置文件名分别是什么？phpStudy 采用默认方式安装后，这些配置文件放在哪个目录下？
6. 如果 phpStudy 的 Apache 的主目录是 D:\phpStudy\WWW，并且没有建立任何虚拟目录，那么在浏览器中输入"http://localhost/manage/admin.php"，则打开的文件是( )。

   A．D:\phpStudy\WWW\manage\admin.php
   B．D:\localhost\manage\admin.php
   C．D:\phpStudy\WWW\admin.php
   D．D:\phpStudy\WWW\localhost\manage\admin.php

资 源 积 累

1．PHP(Hypertext Preprocess)：超级文本预处理器，是一种开放源代码的多用途脚本语言，它可以嵌入 HTML 中，是当前开发 Web 系统的主流语言之一。

2．Apache：是 Apache HTTP Server 的简称，是 Apache 软件基金会管理的一个开放源代码的 Web 服务器，可以在大多数操作系统中运行，由于其多平台性和安全性被广泛应用，是最流行的 Web 服务器端软件之一。

3．WWW(World Wide Web)：又称为万维网，也简称为 Web，是一个由许多互相链接的超文本文档组成的系统，通过 Internet 访问。

4．LAMP：是 Linux+Apache+MySQL+PHP 构成的一个缩写，由各自名字首字母组成，它是一组通常一起使用来运行动态网站或者服务器的著名免费开源的软件。

5．WAMP：是 Windows+Apache+MySQL+PHP 构成的一个缩写，由每个名字的首字母组成，与 LAMP 含义类似。

第 2 章

PHP 基础知识

本章要点

- PHP 语法入门
- 常量、变量和运算符
- PHP 的语句
- PHP 的数组与函数
- PHP 的编码规范

学习目标

- 了解 PHP 的标记风格、注释、关键字及标识符定义规则。
- 熟悉常量和变量在程序中的定义、使用与区别。
- 熟悉 PHP 中的数据类型分类、运算符与其优先级的运用。
- 掌握选择结构语句和循环结构语句的使用。
- 掌握函数、数组以及包含语句在开发中的使用。
- 了解 PHP 编码规范中代码规范和注释规范。

2.1 PHP 语法入门

万丈高楼平地起,要想盖一个安全、漂亮的大楼,必须要有一个坚实的地基。学习一门语言,也是如此。要掌握并熟练使用 PHP 语言开发 Web 网站,必须充分了解 PHP 语言的基本语法。开发一个功能模块,如果一边查函数手册一边开发,大概需要 15 天;但基础好的只要 3~5 天,甚至更少的时间。为了将来运用 PHP 程序开发 Web 应用程序节省时间,现在就要认真地从基础学起,这样才能在今后的开发过程中达到事半功倍的效果。

2.1.1 PHP 代码的基本格式

PHP 是一种在服务器端执行的 HTML 内嵌式脚本语言,PHP 代码可以嵌入在 HTML

代码中，HTML 代码也可以嵌入 PHP 代码中，因此为了识别 PHP 程序，PHP 定义了一些基本的语法规则。

(1) PHP 程序文件以文件后缀名 ".php" 来标识。

(2) 在 PHP 程序文件中，PHP 程序由开始标记 "<?php" 开始，由结束标记 "?>" 结束。

(3) PHP 每条程序语句都以 ";" 结束。

(4) 每条语句都由合法的函数、数据、表达式等组成。

(5) PHP 程序主要通过 echo 或 print 语句输出信息。

2.1.2 简单的 PHP 程序示例

【例 2-1】 使用 PHP 代码显示服务器信息：利用 HTML 表格和 PHP 代码来显示 PHP 版本号，解析 PHP 的操作系统类型以及当前服务器时间。

设计思路：

(1) 使用 HTML 编写表格，用于显示服务器信息。

(2) 由于服务器信息要从 PHP 中获取，因此需要在表格指定位置嵌入 PHP 代码。

(3) 使用浏览器预览 PHP 文件的运行结果。

实现步骤：

(1) 在 DW CS6 中打开网站 examples，在右边文件面板添加一个新的文件夹 "chapter2"，并在新文件夹下添加一个新的 PHP 文件 "ch2_1.php"，添加后的效果如图 2.1.1 所示。

(2) 打开文件 ch2_1.php，编辑其代码，用于显示服务器信息。其代码实现如下：

图 2.1.1 文件面板显示效果

```
1    <!DOCTYPE html>
2    <html>
3    <head>
4    <meta http-equiv="Content-Type" content="text/html; charset=utf-8" />
5    <title>显示服务器信息</title>
6    </head>
7    <body>
8    <table>
9    <tr><th colspan="2">服务器信息展示</th></tr>
10   <tr>
11      <td>当前 PHP 版本号:</td>
12      <td><?php echo PHP_VERSION;?></td>
13   </tr>
14   <tr>
15      <td>操作系统的类型：</td>
16      <td><?php echo PHP_OS;?></td>
```

```
17          </tr>
18          <tr>
19              <td>当前服务器时间：</td>
20              <td><?php
21                  date_default_timezone_set("Asia/Shanghai");
22                  echo date("Y-m-d H:i:s");?>
23              </td>
24          </tr>
25      </table>
26  </body>
27  </html>
```

说明：

在上述代码中，首先在 HTML 代码中编写一个表格(4 行 2 列的表格)；然后在表格的第 2 列中，使用 PHP 标记"<?php"和"?>"来嵌入 PHP 代码。

第 12 行代码中，PHP_VERSION 为预定义常量，用来获取 PHP 版本。

第 16 行代码中，PHP_OS 为预定义变量，用来获取操作系统类型。

第 21 行代码中，date_default_timezone_set() 为 PHP 内置的日期时间函数，用来设置系统时区。

第 22 行代码中，date()函数用来按照指定格式显示服务器时间。

(3) 在浏览器中预览程序运行结果，效果如图 2.1.2 所示。

图 2.1.2 服务器信息显示

1．PHP 标记符

PHP 标记符能够让 Web 服务器识别 PHP 代码的开始和结束，两个标记之间的所有文本都被解释为 PHP 代码，而标记之外的任何文本都被认为是普通的 HTML。PHP 一共支持四种标记风格，"<?php"和"?>"是最常用的标记或者说标准标记。

2．输出语句

echo 是 PHP 中用于输出的语句，可将紧跟其后的字符串、变量、常量的值显示在页面中。除了 echo 语句外，还可以使用 print 语句向浏览器输出数据。echo 和 print 语句之间的差异在于：echo 是 PHP 语句，语句是没有返回值的，而 print 是函数，函数可以有返回值；print 只能打印出简单类型变量的值(如 int、string)，echo 能够输出一个或者多个字符串；echo 比 print 稍快，因为它不返回任何值。因此，大多时候我们使用 echo 语句进行输出。

在使用 echo 输出字符串时，还可以使用"."连接字符串或者使用","输出多个字符串。例如：

```
1   <?php
2       echo "<h1>PHP is fun!</h1>";
```

```
3    echo "Hello world!" . "I'm about to learn PHP!<br>";
4    echo "This", " string", " was", " made", " with multiple parameters.";
5    ?>
```

3．预定义常量

为了方便开发人员的使用，PHP 提供了预先定义好的常量用来获取 PHP 中的信息，在需要时可以通过输出语句获取相关信息。常用的预定义常量及其功能描述如表 2.1.1 所示。

表 2.1.1　PHP 中常用预定义常量及其功能描述

常量名	功能描述
PHP_VERSION	获取 PHP 的版本信息
PHP_OS	获取解析 PHP 的操作系统类型
PHP_INT_MAX	获取 PHP 中 Integer 类型的最大值
PHP_INT_SIZE	获取 PHP 中 Integer 值的字长
E_ERROR	表示运行时致命性错误，用 1 表示
E_WARNING	表示运行时警告错误(非致命)，用 2 表示
E_PARSE	表示编译时解析错误，用 4 表示
E_NOTICE	表示运行时提醒信息，用 8 表示

4．格式化输出

PHP 中，date()函数用来把时间戳格式化为更易读的日期和时间。时间戳是一种时间表示方式，定义为格林尼治时间 1970 年 1 月 1 日 0 时 0 分 0 秒到现在的总秒数。时间戳可读性差，不能看出其表示的具体时间，所以需要使用 date()函数来格式化。下面列出了一些常用于日期和时间的字符：

- d——表示月里的某天(01～31)。
- m——表示月(01～12)。
- Y——表示年(四位数)。
- h——带有首位零的 12 小时格式。
- i——带有首位零的分钟。
- s——带有首位零的秒(00～59)。
- a——小写的午前和午后(am 或 pm)。

例如：

```
1    <?php
2    echo "今天是  " . date("Y/m/d") . "<br>";      //输出：今天是 2017/02/22
3    echo "今天是  " . date("Y.m.d") . "<br>";      //输出：今天是 2017/02/22
4    echo "今天是  " . date("Y-m-d") . "<br>";      //输出：今天是 2017-02-22
5    echo "现在时间是  " . date("h:i:sa");          //输出：现在时间是 06:13:45am
6    ?>
```

2.2　常量、变量和运算符

在网站开发过程中，经常需要在程序中定义一些符号来标记一些名称，如变量名、常量名、函数名等，这些符号称之为标识符。在 PHP 中，定义标识符要遵循一定的规则，具体如下：

(1) 标识符只能由字母、数字和下划线组成。
(2) 标识符可以由一个或多个字符组成，必须以字母或下划线开头。
(3) 标识符可以是任意长度。
(4) 标识符不能与任何 PHP 预定义关键字相同，查看本书附录 A 可以看到 PHP5 预定义关键字的完整列表。
(5) 所有用户定义的函数、类和关键词（例如 if、else、echo 等）都对大小写不敏感。

2.2.1 PHP 的常量和变量

1. 变量

变量是保存可变数据的容器。在 PHP 中，变量是由"$"符号和变量名组成的，其中变量名的命名规则与标识符相同。如$test、$_test 为合法变量名，而$123、$*math 为非法变量名。特别需要注意的是，变量名称对大小写敏感，例如$test 与 $Test 是两个不同的变量。

注意：声明的变量不可以与已有的变量重名，否则将引起冲突。变量名应反映变量含义，以利于提高程序的可读性。只要能反映变量的含义，可以使用英文单词、单词缩写、拼音，如$book_name、$user_age、$shop_price 等。必要时，可以将变量的类型包含在变量名中，如$book_id_int，这样可以根据变量名了解变量的类型。

【例 2-2】 商品价格统计：在一个水果超市，有一个用户购买了 3 斤葡萄、2 斤苹果和 3 斤橘子，它们的价格分别是 7.99 元/斤、6.89 元/斤、3.99 元/斤，那么如何用 PHP 程序来计算此用户实际需要支付的费用呢？

设计思路：
(1) 使用变量来保存用户所购买商品的名称、价格和变量。
(2) 分别计算用户购买葡萄、苹果和橘子的价格。
(3) 计算总价格。
(4) 以表格的形式显示用户所购买的商品信息以及该用户总共支付的费用。

实现步骤：
(1) 在 DW CS6 中打开网站 examples，在文件夹"chapter2"下添加一个新的 PHP 文件，重命名为"ch2_2.php"。
(2) 打开文件 ch2_2.php，编辑其代码，用于进行商品价格统计。其代码实现如下：

```
1    <!DOCTYPE html>
2    <html>
3    <head>
4    <meta http-equiv="Content-Type" content="text/html; charset=utf-8" />
5    <title>商品价格统计</title>
6    </head>
7    <body>
```

```php
8   <?php
9       //定义变量，保存所有商品的名称
10      $fruit1="葡萄";
11      $fruit2="苹果";
12      $fruit3="橘子";
13      //定义变量，保存所有商品的购买数量
14      $fruit1_num=3;
15      $fruit2_num=2;
16      $fruit3_num=3;
17      //定义变量，保存所有商品的价格
18      $fruit1_price=7.99;
19      $fruit2_price=6.89;
20      $fruit3_price=3.99;
21      //定义变量，保存每种商品的总价
22      $fruit1_total=$fruit1_num*$fruit1_price;
23      $fruit2_total=$fruit2_num*$fruit2_price;
24      $fruit3_total=$fruit3_num*$fruit3_price;
25      //计算所有商品的总价
26      $total=$fruit1_total+$fruit2_total+$fruit3_total;
27  ?>
28  <table>
29      <tr><th>商品名称</th><th>购买数量(斤)</th><th>商品价格(元/斤)</th></tr>
30      <tr><td><?php echo $fruit1;?></td>
31          <td><?php echo $fruit1_num;?></td>
32          <td><?php echo $fruit1_price;?></td></tr>
33      <tr><td><?php echo $fruit2;?></td>
34          <td><?php echo $fruit2_num;?></td>
35          <td><?php echo $fruit2_price;?></td></tr>
36      <tr><td><?php echo $fruit3;?></td>
37          <td><?php echo $fruit3_num;?></td>
38          <td><?php echo $fruit3_price;?></td></tr>
39      <tr><td colspan="3" align="right">商品总价格：<?php echo $total?>元</td></tr>
40  </table>
41  </body>
42  </html>
```

说明：

第 10～12 行代码首先用字符串类型变量(使用单引号或双引号括起来的内容)保存商品的名称。

第 14～16 行代码用整型变量保存购买商品的数量。

第 18～20 行代码用浮点型变量保存商品的价格。

第 22～24 行代码用单价乘以数量计算每种商品的总价。

第 26 行代码将每种商品总价相加即为用户需要支付的总价格。

第 9、13、17、21、25 行代码均为注释语句,注释语句是对程序代码的解释和说明,使代码更易于阅读和维护,在解析时会被解析器忽略。在 PHP 中,最常用的两种注释分别为单行注释"//"和多行注释"/*……*/",使用方法类似 C 语言程序设计以及 Java 程序设计语言。

第 28～40 行代码使用表格和 PHP 代码混排将商品信息显示在页面上。

(3) 在浏览器中预览程序,运行程序,效果如图 2.2.1 所示。

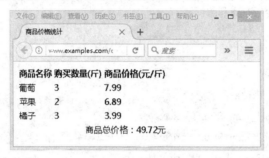

图 2.2.1　商品价格统计

2．常量

常量是指在程序运行过程中始终保持不变的量。常量一旦被定义就不允许改变其值。在程序中合理地使用常量,可以使程序更加灵活和易于维护。例如,在数学中常用的圆周率 pi 就是一个常量,其值就是固定且不能改变的。在 PHP 中,通常使用 define()函数或 const 关键字定义常量。

(1) define()函数如下:

```
1    <?php
2        define("GREETING", "Welcome to PHP world", true);
3        echo greeting;
4        echo GREETING;
5    ?>
```

在上述例子中,define(constant_name,value,case_sensitive)函数的第一个参数 constant_name 表示常量的名称;第二个参数 value 表示常量值;第三个参数 case_sensitive 在默认情况下为 false,表示该常量对大小写敏感,当该值设为 true 时,表示对大小写不敏感。两条 echo 语句输出的结果都是"Welcome to PHP world"。

(2) const 关键字如下:

```
1    <?php
2        const pi=3.14;
3        echo pi;
4    ?>
```

在上面的例子中,使用 const 关键字定义了一个名为 pi,值为 3.14 的常量。

常量的定义和使用需要注意以下几个问题：

(1) 常量在使用时直接使用常量名称，常量名称前面没有 $ 符号。

(2) 自定义常量的名称规则与 PHP 标识符命名规则相同，一般情况下常量名区分大小写。

(3) 常量的作用是全局的，不存在使用范围的问题，可以在程序任意位置定义和使用。

2.2.2 PHP 运算符和表达式

1. 运算符

PHP 的运算符与 C 语言类似，主要由算术运算符、赋值运算符、字符串运算符、关系运算符和逻辑运算符等组成。

1) 算术运算符

算术运算符是程序设计中使用频率最高的一种运算符，主要的运算符如表 2.2.1 所示。在进行四则混合运算时，运算顺序要遵循数学中的"先乘除后加减"的原则，取模运算和乘除优先级一致。

表 2.2.1 算术运算符

运算符	名称	例子	结 果
+	加法	$x + $y	$x 与 $y 求和
-	减法	$x - $y	$x 与 $y 的差数
*	乘法	$x * $y	$x 与 $y 的乘积
/	除法	$x / $y	$x 与 $y 的商数
%	取模(即算术中的求余数)	$x % $y	$x 除 $y 的余数

2) 赋值运算符

赋值运算符是一个二元运算符，即它有两个操作数。PHP 中，基础的赋值运算符是"="，其他的运算符均为特殊赋值运算符。PHP 中的赋值运算符如表 2.2.2 所示。

表 2.2.2 赋值运算符

赋值	等同于	描 述
x = y	x = y	右侧表达式为左侧运算数设置值
x += y	x = x + y	加等于
x -= y	x = x - y	减等于
x *= y	x = x * y	乘等于
x /= y	x = x / y	除等于
x %= y	x = x % y	模等于

3) 字符串运算符

字符串运算符是针对字符串类型数据的运算符。PHP 中的字符串运算符如表 2.2.3 所示。

表 2.2.3　字符串运算符

运算符	名称	例子	结果
.	串接	$txt1 = "Hello" $txt2 = $txt1 . " world!"	现在 $txt2 包含"Hello world!"
.=	串接赋值	$txt1 = "Hello" $txt1 .= " world!"	现在 $txt1 包含"Hello world!"

4) 关系运算符

关系运算符用于对两个操作数进行比较，以判断两者之间的关系，并返回一个布尔值。关系运算符主要用于分支、循环控制语句中。PHP 中的关系运算符如表 2.2.4 所示。

表 2.2.4　关系运算符

运算符	名称	例子	结果
==	等于	$x == $y	如果 $x 等于 $y，则返回 true
===	全等(完全相同)	$x === $y	如果 $x 等于 $y，且它们类型相同，则返回 true
!=	不等于	$x != $y	如果 $x 不等于 $y，则返回 true
<>	不等于	$x <> $y	如果 $x 不等于 $y，则返回 true
!==	不全等(完全不同)	$x !== $y	如果 $x 不等于 $y，且它们类型不相同，则返回 true
>	大于	$x > $y	如果 $x 大于 $y，则返回 true
<	大于	$x < $y	如果 $x 小于 $y，则返回 true
>=	大于或等于	$x >= $y	如果 $x 大于或者等于 $y，则返回 true
<=	小于或等于	$x <= $y	如果 $x 小于或者等于 $y，则返回 true

5) 逻辑运算符

逻辑运算符就是在程序开发中用于逻辑判断的符号，其返回值是布尔类型。PHP 中的逻辑运算符如表 2.2.5 所示。

表 2.2.5　逻辑运算符

运算符	名称	例子	结果
and	与	$x and $y	如果 $x 和 $y 都为 true，则返回 true
or	或	$x or $y	如果 $x 和 $y 至少有一个为 true，则返回 true
xor	异或	$x xor $y	如果 $x 和 $y 有且仅有一个为 true，则返回 true
&&	与	$x && $y	如果 $x 和 $y 都为 true，则返回 true
||	或	$x || $y	如果 $x 和 $y 至少有一个为 true，则返回 true
!	非	!$x	如果 $x 不为 true，则返回 true

2. 表达式

表达式是由变量、常量、值、运算符、函数等相连而成的一个返回唯一结果值的式子。表达式在程序设计中是不可或缺的，如下：

```
1    <?php
2        $c=$a+$b; //执行算术运算的表达式
3        $c=$a*($a+$b);
```

4	$str="hello"." PHP"; //执行字符串的表达式
5	$var=$a>$c; //执行关系运算的表达式
6	?>

3. 运算符优先级

当在表达式中出现多种运算符时，按照运算符的优先级别顺序进行运算，优先级别高的运算符将先进行运算，和数学的四则运算遵循"先加减、后乘除"是一个道理。PHP 的各个运算符的优先级别如附录 B 所示。

这么多的级别，要想记住是不太现实的，也没有这个必要。如果写的表达式真的很复杂，而且包含很多的运算符，不妨多加点小括号"( )"。例如：

1	<?php
2	$var=$a and (($b!=$c) or(8*(70-$d)));
3	?>

这样就会减少出现逻辑错误的可能。

2.3 数据类型和类型转换

在网站开发的过程中，经常需要操作各种数据，而每个数据都有其对应的类型。PHP 中支持三种数据类型，分别为标量数据类型、复合数据类型及特殊数据类型。PHP 中所有的数据类型如表 2.3.1 所示。

表 2.3.1 数据类型

数据类型分类	包含数据类型
标量类型	boolean(布尔型)、integer(整型)、float(浮点型)、string(字符串型)
复合类型	array(数组)、object(对象)
特殊类型	resource(资源)、NULL(空值)

在 PHP 中，对两个变量进行操作时，若其数据类型不同时，则需要进行数据类型转换。通常情况下，数据类型转换分为自动类型转换和强制类型转换。下面我们首先开始介绍数据类型。

2.3.1 PHP 的数据类型

1. 标量数据类型

1) 布尔型

布尔型是 PHP 中常用的数据类型之一，通常用于逻辑判断，它只有 true 和 false 两个值，表示"真"和"假"，并且不区分大小写。例如：

1	<?php
2	$flag1=true; //将 true 赋值给变量$flag1
3	$flag2=false; //将 false 赋值给变量$flag2
4	?>

需要注意的是，在特殊情况下其他数据类型也可以表示布尔值。例如，0 表示 false，1 表示 true。

2) 整型

整型用来表示整数，且前面可以加上"+"或"-"表示正数或负数。整数可以是十进制、八进制或十六进制，八进制数字前必须加上 0，十六进制数字前必须加上 0x。具体示例如下：

```
1   <?php
2       $int_decimal=10;        //用十进制表示整数
3       $int_octal=012;         //用八进制表示整数(相当于十进制的 10)
4       $int_hex=0xa;           //用十六进制表示整数(相当于十进制的 10)
5   ?>
```

3) 浮点型

浮点型即小数。在 PHP 中，通常有两种方法表示浮点数：标准格式和科学计数法格式。具体示例如下：

```
1   <?php
2       $fnum1 =3.14159;        //标准格式
3       $fnum2=3.14E5;          //表示 3.14*10^5，科学计数法格式
4       $fnum3=4E-6;            //科学计数法格式，表示 4*10^-6
5   ?>
```

4) 字符串型

字符串是连续的字符序列，由字母、数字和符号组成，字符串中的每一个字符占用一个字节。PHP 中，定义字符串有三种方式：单引号(')、双引号(")、定界符(<<<)，通常使用单引号或者双引号表示字符串。具体示例如下：

```
1   <?php
2       $first_name ='Tom';                             //用单引号定界的字符串
3       $last_name="Smith";                             //用双引号定界的字符串
4       $full_name=$first_name." ".$last_name;
5       $str_1="$full_name said, 'How are you?'";       //包含单引号的用双引号定界的字符串
6       $str_2='$full_name said, "I am ok."';           //包含双引号的用单引号定界的字符串
7       echo $str_1;                                    //输出:Tom Smith said, 'How are you?'
8       echo "<br>";
9       echo $str_2;                                    //输出:$full_name said, "I am ok."
10  ?>
```

从代码 7 行和 9 行我们可以看到，在单引号和双引号中包含变量名，它们输出的结果是完全不同的。双引号中的变量名会自动替换成变量的值，而单引号中包含的变量名则按普通字符串输出。

当在单引号定界的字符串中使用双引号时以及在双引号定界的字符串中使用单引号时，都不需要使用转义字符。值得一提的是，在 PHP 的字符串中可以使用转义符"\"(反斜杠)，例如，在双引号字符串中使用双引号时，可以使用"\""来表示。双引号字符串还

支持换行符"\n"、制表符"\t"等转义字符的使用。常用的转义字符如表 2.3.2 所示。单引号字符串只支持"'"和"\"的转义。

表 2.3.2 常用的转义字符

转义字符代码	转义字符的含义
\"	双引号
\'	单引号
\$	字符$
\\	反斜线
\n	换行符
\t	制表符
\r	回车符

例如：

```
1    <?php
2        echo "\"I'm a student.\"";           //输出 "I'm a student.";
3    ?>
```

2．复合数据类型

复合数据类型将多个简单数据类型组合在一起，存储在一个变量名中，包括数组和对象两种，我们在后面将展开介绍。

3．特殊数据类型

特殊数据类型包括资源和空值(null)。

1) 资源数据类型

资源是由专门的函数来建立和使用的，它常用来表示一个 PHP 的外部资源，如 mysql_connect()函数用于建立一个到 MySQL 服务器的连接资源。在使用资源时应及时释放不需要的资源，如果忘记了释放资源，系统会自动启动垃圾回收机制，从而避免内存消耗殆尽。

2) 空值(null)

空值表示没有为该变量设置任何值，而且空值(null)不区分大小写。变量在下面几种情况下为 null：没有赋任何值；被赋值为 null；被 unset()函数处理过的变量。

2.3.2 数据类型的转换

在 PHP 中，对两个变量进行操作时，若其数据类型不相同，则需要对其进行数据类型转换。通常情况下，数据类型转换分为自动类型转换和强制类型转换。下面对这两种数据类型转换进行介绍。

1．自动类型转换

所谓自动类型转换，指的是根据变量在语句中的位置和上下文的关系将变量类型自动转换为合适的类型，无需开发人员做任何事情。两种不同类型的数据在自动转换时，转换遵循的原则是小类型往大类型转换。

下面介绍几种数据类型之间的转换规则。

(1) 布尔型数据和数值型数据在进行算术运算时，true 被转换为整数 1，false 被转换为 0。

(2) 字符串型数据和数值型数据在进行算术运算时，如果字符串以数字开头，将被转换为相应的数字；如果字符串不以数字开头，将被转换为 0。

(3) 在进行字符串连接运算时，整数、浮点数将被转换为字符串型数据，布尔值 true 将被转换为字符串"1"，布尔值 false 和 null 将被转换为空字符串(" ")。

(4) 在进行逻辑运算时，整数 0、浮点数 0.0、空字符串" "、字符串"0"、null 都被转换为布尔值 false，其他数据将被转换为布尔值 true。

【例 2-3】 PHP 数据类型自动转换：在网站 examples 的文件夹"chapter2"下添加一个新的 PHP 文件"ch2_3.php"，编辑并运行下面的程序，分析和判断程序的运行结果。

实现步骤：

(1) 在 DW CS6 中打开网站 examples，在文件夹"chapter2"下添加一个新的 PHP 文件，重命名为"ch2_3.php"。

(2) 打开文件 ch2_3.php，编辑其代码，用于进行商品价格统计。其代码实现如下：

```php
1   <?php
2       $a=true;
3       $b=false;
4       $c="10ab";
5       $d="ab10";
6       $e=100;
7       var_dump($a+$e); //$a 布尔值 true 自动转换为整数 1，故输出 int(101)
8       echo "<br/>";
9       var_dump($b+$e); //$b 布尔值 false 自动转换为整数 0，故输出 int(100)
10      echo "<br/>";
11      var_dump($c+$e); //$c 字符串型数据自动转换为整数 10，故输出 int(110)
12      echo "<br/>";
13      var_dump($d+$e);// $d 字符串型数据自动转换为整数 0，故输出 int(100)
14      echo "<br/>";
15      var_dump($a.$e); //$a 自动转换为"1"，$e 自动转换为字符串"100"，故输出"1100"
16      echo "<br/>";
17      var_dump($a && $e); //$e 整数值自动转换为布尔值 true，故输出 true
18  ?>
```

说明：

第 7、9、13、15、17 行代码中，var_dump(expression[,expression…])用来判断变量的类型和长度，并输出变量值的函数。

第 7 行代码中，$a 为布尔型(小类型)，而$e 是数值型(大类型)，故布尔型 false 自动转换为数值型 0。

第 9 行代码中，$b 为布尔型，$e 为数值型，故布尔型自动转换为数值型。

第 11 行代码中，$c 为数字开头的字符串，故自动转换为整数 10。

第 13 行代码中，$d 为不以数字开头的字符串，故自动转换为 0。

第 15 行代码中，进行字符串连接运算，故布尔型 true 转换为字符串 "1"，整数$e 自动转换为字符串 "100"。

第 17 行代码中，进行逻辑与运算，故非 0 整数$e 变量转换为 true。

(3) 在浏览器中预览程序，运行程序，效果如图 2.3.1 所示。

图 2.3.1　PHP 自动类型转换

2．强制类型转换

所谓强制类型转换，就是在编写程序时手动转换数据类型，在需要转换数据或变量之前加上用括号括起来的目标类型标识符来实现。

【例 2-4】 PHP 数据类型强制转换：在网站 examples 的文件夹 "chapter2" 中添加一个新的 PHP 文件 "ch2_4.php"，编辑并运行下面的程序。

```
1    <?php
2        $a="45";
3        var_dump((int)$a);
4    ?>
```

运行结果如图 2.3.2 所示。

图 2.3.2　PHP 强制类型转换

2.4　PHP 的语句

程序的基本单位是语句。通常情况下，程序是顺序执行的，即按照从头至尾顺序逐行执行，而在某些情况下需要改变这种执行顺序，这就需要用到流程控制语句。流程控制语句包括条件控制语句和循环控制语句两种。下面主要介绍流程控制语句。此外，后面会分别介绍文件包含语句和输出语句。

2.4.1 条件控制语句

条件控制语句，就是对语句中的条件进行判断，进行某种处理。在 PHP 中，可以使用以下几种条件语句：

- if 语句：如果指定条件为真，则执行代码。
- if...else 语句：如果条件为 true，则执行代码；如果条件为 false，则执行另一端代码。
- if...elseif...else 语句：选择若干段代码块之一来执行。
- switch 语句：选择语句多个代码块之一来执行。

1．if 语句

if 语句也称为单分支语句，表示当某种条件满足时，就进行某种处理。其具体语法如下：

```
If(判断条件){
    代码块;
}
```

在上述语法中，判断条件是一个布尔值，当该值为 true 时，就执行{ }中的代码块，否则不进行任何处理。当代码块只有一条语句时，{ }可以省略。

【例 2-5】 if 语句示例：编写程序判断当天是否是星期五 Fri，如果是则输出"今天是周末！"。

设计思路：

(1) 如何判断当天是否是星期五,只要使用 PHP 系统日期函数 date()按照星期格式显示日期即可。

(2) 判断则需要使用条件控制语句，由于只有一种条件，使用单分支 if 语句即可。

实现步骤：

(1) 在 DW CS6 中打开网站 examples，在文件夹"chapter2"下添加一个新的 PHP 文件，并重命名为 "ch2_5.php"。

(2) 打开文件 ch2_5.php，编辑其代码，用于进行判断是否是周末。其代码实现如下：

```
1   <!DOCTYPE html >
2   <html>
3   <head>
4   <meta http-equiv="Content-Type" content="text/html; charset=utf-8" />
5   <title>判断是否是周末</title>
6   </head>
7   <body>
8   <?php
9   date_default_timezone_set("Asia/Shanghai");//设置默认时区
10  $weekday=date("D"); //获取当天的星期信息
11  echo "今天是:" .$weekday."<br>";
12  if($weekday=="Fri"){
```

13	echo "今天是周末!";
14	}
15	?>
16	</body>
17	</html>

说明：

第 9 行代码设置系统时区。

第 10 行代码中调用 date()函数，参数"D"表示获取当天的星期信息，其返回值是当天星期的英文单词的前三个字母，如为星期五，则返回"Fri"。

(3) 在浏览器中预览程序，运行程序，效果如图 2.4.1 所示。

图 2.4.1　判断是否是周末

2．if…else 语句

if…else 语句也称为双分支语句，表示当满足某个条件时执行一段语句，不满足该条件时执行另一段语句。具体语法如下：

```
If(判断条件){
    代码块 1;
}else{
    代码块 2;
}
```

当判断条件为 true 时，执行代码块 1，否则执行代码块 2。

【例 2-6】 if…else 语句示例：编写程序判断当前月份属于上半年，还是下半年，如果是上半年，则显示"现在是上半年"，否则显示"现在是下半年"。

设计思路：

(1) 如何获取当天的月份，只要使用 PHP 系统日期函数 date()按照月份格式显示日期即可。

(2) 若提取的月份在 1～6，则为上半年，否则为下半年。

(3) 使用双分支 if…else 语句显示程序的输出结果。

实现步骤：

(1) 在 DW CS6 中打开网站 examples，在文件夹"chapter2"下添加一个新的 PHP 文件，并重命名为"ch2_6.php"。

(2) 打开文件 ch2_6.php，编辑其代码，用于进行判断当天是上半年还是下半年。其代码实现如下：

```
1   <!DOCTYPE>
2   <html>
3   <head>
4   <meta http-equiv="Content-Type" content="text/html; charset=utf-8" />
5   <title>判断是上半年还是下半年</title>
6   </head>
7   <body>
8   <?php
9       date_default_timezone_set("Asia/Shanghai");//设置默认时区
10      $month=date("m"); //获取当天所在的月份
11      echo "今天是:".$month."月份<br/>";
12      if($month<=6){
13          echo "现在是上半年!";
14      }else{
15          echo "现在是下半年!";
16      }
17  ?>
18  </body>
19  </html>
```

说明：

第 10 行代码中，参数"m"表示提取用 01～12 表示的月份，并将月份保存到变量$month 中。

第 12 行代码中，判断$month 是否小于 6，条件成立的话，输出"现在是上半年"，否则输出"现在是下半年"。

(3) 在浏览器中预览程序，运行程序，效果如图 2.4.2 所示。

图 2.4.2　判断是上半年还是下半年

3．if…elseif…else 语句

if…elseif…else 语句也称为多分支语句，用于对多种条件进行判断，并进行不同处理。具体语法如下：

```
    If(条件 1){
        代码块 1;
    }elseif(条件 2){
        代码块 2;
    }
    …
    elseif(条件 n){
        代码块 n;
    }else{
        代码块 n+1;
    }
```

在上述语法中,当判断条件 1 为 true 时,执行代码块 1;否则继续判断条件 2,若为 true,则执行代码块 2,以此类推;若所有条件都不满足,则执行代码块 n+1。

【例 2-7】 if…elseif…else 语句示例:编写程序判断学生成绩等级,学生的成绩范围在 0~100,规定 90~100 的分数为 A 级,80~89 的分数为 B 级,70~79 的分数为 C 级,60~69 的分数为 D 级,0~59 的分数为 E 级。

设计思路:
(1) 定义两个变量,用于保存给定的学生姓名和分数。
(2) 判断所给的学生分数是否为一个合格的分数值。
(3) 按照分数等级的划分规定,使用条件判断语句判断学生的成绩等级。
(4) 以友好的格式显示学生的信息以及成绩等级判断结果。

实现步骤:
(1) 在 DW CS6 中打开网站 examples,在文件夹"chapter2"下添加一个新的 PHP 文件,并重命名为"ch2_7.php"。
(2) 打开文件 ch2_7.php,编辑其代码,用于实现成绩等级的判断。其代码实现如下:

```
1   <!DOCTYPE html>
2   <html>
3   <head>
4   <meta http-equiv="Content-Type" content="text/html; charset=utf-8" />
5   <title>使用 if...elseif...else 语句判断成绩等级</title>
6   </head>
7   <body>
8   <?php
9   $name="张晓丹";
10  $score="89";
11  if(is_numeric($score)){
12      if($score>=90 && $score<=100){
13          $str="A 级";
14      }elseif($score>=80 && $score<90){
```

```
15              $str="B 级";
16          }elseif($score>=70 && $score<80){
17              $str="C 级";
18          }elseif($score>=60 && $score<70){
19              $str="D 级";
20          }elseif($score>=0 && $score<60){
21              $str="E 级";
22          }else{
23              $str="学生成绩范围必须在 0～100 之间!";
24          }
25      }else{
26          $str= "输入的学生成绩不是数值！";
27      }
28      echo "<h2>学生成绩等级</h2>";
29      echo "<p>学生姓名:".$name."</p>";
30      echo "<p>学生分数:".$score."</p>";
31      echo "<p>成绩等级:".$str."</p>";
32  ?>
33  </body>
34  </html>
```

说明：

上述代码中，使用了嵌套的 if 语句。外部的 if 语句首先判断学生的分数是否是数值，如是数值，则使用嵌套 if 语句继续判断该分数在哪一个等级范围内，并输出显示相应的等级；若分数不是数值或者不符合要求(0～100)，则输出相关错误的提示信息。

第 11 行代码中，is_numeric($score)函数用于判断$score 是否是数值类型。在 PHP 中，有一系列用来判断变量是否是某种数据类型的函数，返回值为布尔类型，是则返回 true，否则返回 false。具体的函数有 is_bool()、is_float()、is_integer()、is_numeric()、is_string()、is_array()等。

(3) 在浏览器中预览程序，运行程序，效果如图 2.4.3 所示。

图 2.4.3　使用 if…elseif…else 判断学生成绩等级

若将$score 赋值为 120,程序输出结果如图 2.4.4 所示:

图 2.4.4　使用 if…elseif…else 判断学生成绩等级

若将$score 赋值为 '8a',程序输出结果如图 2.4.5 所示。

图 2.4.5　使用 if…elseif…else 判断学生成绩等级

4．switch 语句

Switch 语句也是多分支语句,它的好处是使代码更加清晰简洁,便于读者阅读。其语法如下:

```
switch(表达式){
    case 值 1：代码块 1;break;
    case 值 2：代码块 2;break;
    …
    default:代码块 n;
}
```

在上述语法中,首先计算表达式的值(该值不能为数组或对象),然后将获得的值与 case 中的值依次比较。若相等,则执行 case 后的对应的代码,当遇到 break 语句时,跳出 switch 语句;若没有匹配的值,则执行 default 中的代码块。

【例 2-8】 switch 语句示例:将例 2-7 中的判断学生成绩等级使用 switch 语句来实现。
设计思路:
(1) 定义两个变量,用于保存给定的学生姓名和分数。

(2) 判断所给的学生分数是否为一个合格的分数值。

(3) 按照分数等级的划分规定，使用 switch 多分支判断语句判断学生的成绩等级。switch 语句的判断表达式必须是一个有唯一值的表达式，而成绩等级对应的是一个成绩范围。如何将一个范围转化成一个确定的值，可以考虑取出分数的整数部分，根据整数部分值的大小来判断成绩等级。

(4) 以友好的格式显示学生的信息以及成绩等级判断结果。

实现步骤：

(1) 在 DW CS6 中打开网站 examples，在文件夹"chapter2"下添加一个新的 PHP 文件，并重命名为"ch2_8.php"。

(2) 打开文件 ch2_8.php，编辑其代码。其代码实现如下：

```
1   <!DOCTYPE html>
2   <html>
3   <head>
4   <meta http-equiv="Content-Type" content="text/html; charset=utf-8" />
5   <title>使用 switch 语句进行成绩等级判断</title>
6   </head>
7   <body>
8   <?php
9       $name="张晓丹";
10      $score='89';
11      if(!is_numeric($score)){
12          $str= "输入的学生成绩不是数值！";
13      }elseif ($score>100 || $score<0){
14          $str="学生成绩范围必须在 0～100 之间!";
15      }else{
16          $temp=floor($score/10);//获取成绩的整数部分
17          switch($temp)
18          {
19              case 10:
20              case 9:
21                  $str="A 级";
22                  break;
23              case 8:
24                  $str="B 级";
25                  break;
26              case 7:
27                  $str="C 级";
28                  break;
29              case 6:
```

```
30                 $str="D 级";
31                 break;
32             default:
33                 $str="E 级";
34                 break;
35         }
36     }
37     echo "<h2>学生成绩等级</h2>";
38     echo "<p>学生姓名:".$name."</p>";
39     echo "<p>学生分数:".$score."</p>";
40     echo "<p>成绩等级:".$str."</p>";
41 ?>
42 </body>
43 </html>
```

说明：

第 11 行代码使用函数 is_numeric()判断输入的成绩是否是数字，并在表达式中使用逻辑非!运算来判断是否是数字，不是数字成立的话，则显示相应的错误提示信息。

第 13 行代码判断成绩是否大于 100 或者小于 0，即不在 0～100 之间。若不在范围内的话，则显示相应的错误提示信息。

第 16 行代码使用 floor($score/10)返回$score 的整数部分。floor()函数用来向下舍入为最接近的整数，如 floor(3.4)=3，floor(9.0)=9。

第 19 行中，case 语句后没有任何语句，则意味着 case 10 和 case 9 执行相同的代码段，从 case 10 分支进入执行后，将执行 case 9 分支的语句。

(3) 在浏览器中预览程序，运行程序，效果如图 2.4.6 所示。

注意： switch 语句在执行时，遇到符合要求的case语句，就会继续往下执行，直到switch

图 2.4.6　使用 switch 语句判断学生成绩等级

语句结束。为了避免这种浪费时间和资源的情况发生，一定要在每个 case 语句段后添加 break 跳转语句跳出 switch 语句。

2.4.2　循环控制语句

在实际应用中，经常会遇到一些操作并不复杂但需要反复多次处理的问题，循环控制语句则是用来实现反复多次处理问题的语句。PHP 中的循环控制语句包括 while、do…while、for 和 foreach 语句。

1．while 循环语句

while 循环语句是 PHP 中最简单的循环控制语句。while 语句根据某一条件进行判断，决定是否执行循环。其语法格式如下：

```
while(循环条件){
    语句块；
}
```

在上述语法中，"{}"中的语句块称为循环体。当循环条件为 true 时，则执行循环体；否则结束整个循环。需要特别注意的是，如果循环条件永远为 true 时，会出现死循环。

【例 2-9】 while 循环语句示例：统计 100 以内的所有自然数的累加和。

设计思路：

(1) 定义两个变量，一个用来表示循环变量$i，另一个用来表示累加和$s。
(2) 使用 while 语句计算 100 以内所有自然数的累加和。
(3) 输出累加后的结果。

实现步骤：

(1) 在 DW CS6 中打开网站 examples，在文件夹"chapter2"下添加一个新的 PHP 文件，并重命名为"ch2_9.php"。
(2) 打开文件 ch2_9.php，编辑其代码。其代码实现如下：

```
1   <!DOCTYPE html>
2   <html>
3   <head>
4   <meta http-equiv="Content-Type" content="text/html; charset=utf-8" />
5   <title>1~100 的累加和计算</title>
6   </head>
7   <body>
8   <?php
9       $i=1;    //循环变量赋初值 1
10      $s=0;    //累加和变量赋初值 0
11      while($i<=100){//循环条件
12          $s=$s+$i;
13          $i++; //$i 执行加 1 运算
14      }
15      echo "1+2+...+100=",$s;
16  ?>
17  </body>
18  </html>
```

说明：

第 9 行代码用于初始化变量$i。

第 10 行代码用于初始化变量$s，将其设为 0。

第 11 行代码用于判断$i 是否小于 100，若判断结果为 true，则执行第 12、第 13 行的代码。

第 13 行代码中，"++"是自增运算符，表示将$i 的值加 1 后再赋给自身；然后再执行

11 行代码，重复以上动作，直到$i 等于 101，判断结果为 false，结束循环。

注意：递增递减运算符也称自增自减运算符。PHP 中的递增递减运算符如表 2.4.1 所示。

表 2.4.1　递增递减运算符

运算符	运算	例子	结果
++	自增(前)	$i=2;$j=++$i;	$i=3;$j=3;
++	自增(后)	$i=2;$j=$i++;	$i=3;$j=2;
--	自减(前)	$i=2;$j=--$i;	$i=1;$j=1;
--	自减(后)	$i=2;$j=$i--;	$i=1;$j=2;

(3) 在浏览器中预览程序，运行程序，效果如图 2.4.7 所示。

图 2.4.7　统计 1～100 的累加和

2．do…while 循环语句

while 语句还有一种形式即 do…while 循环语句。do…while 语句的语法格式如下：

```
do{
    语句块;
} while(循环条件);
```

在上述语法格式中，首先执行 do 后面的"{}"中的循环体，然后再判断循环条件，当循环条件为 true 时，继续执行循环体，否则结束本次循环。while 循环语句和 do…while 循环语句的执行流程图的比较如图 2.4.8 所示。while 语句是先判断后执行循环体，当循环条件判断为 false 则跳出循环，故有可能一次循环也不会执行；而 do…while 语句是先执行循环体，后进行判断，若循环条件判断为 false，则跳出循环，该语句的循环体至少执行一次。

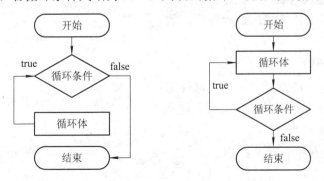

图 2.4.8　while 循环流程图和 do…while 循环流程图的比较

【例 2-10】do...while 循环语句示例：执行下列代码，比较 while 循环语句和 do...while 循环语句的不同。

实现步骤：

(1) 在 DW CS6 中打开网站 examples，在文件夹"chapter2"添加一个新的 PHP 文件，并重命名为"ch2_10.php"。

(2) 打开文件 ch2_10.php，编辑其代码。其代码实现如下：

```
1   <!DOCTYPE html>
2   <html>
3   <head>
4   <meta http-equiv="Content-Type" content="text/html; charset=utf-8" />
5   <title>比较 while 语句和 do...while 语句</title>
6   </head>
7   <body>
8   <?php
9       $num=1;                         //声明一个整型变量$num
10      while($num!=1){                 //使用 while 循环输出
11          echo "你看不到我哦！";       //该字符串不会输出，因为不满足判断条件
12      }
13      do{                             //使用 do...while 循环输出
14          echo "看到我了吧!";          //输出该字符串
15      }while($num!=1);                //由于循环条件判断是后判断的，因此该字符串至少输出一次
16  ?>
17  </body>
18  </html>
```

从上面的代码中可以看出两者的区别：do...while 要比 while 语句多循环一次。当 while 表达式的值为 false 时，while 循环直接跳出当前循环；而 do...while 语句则是先执行一遍循环体，然后对表达式进行判断。

(3) 在浏览器中预览程序运行程序，效果如图 2.4.9 所示。

3. for 循环语句

for 循环语句是 PHP 中较复杂的循环语句，for 循环能够按照已知的循环次数进行循环操作。其语法格式如下：

```
for(表达式 1;表达式 2;表达式 3){
    语句块;
}
```

图 2.4.9　比较 while 语句和 do...while 语句

表达式 1 用于初始化，表达式 2 用于判断循环条件，表达式 3 用于修改循环计数器的值。for 循环语句的执行流程如图 2.4.10 所示。

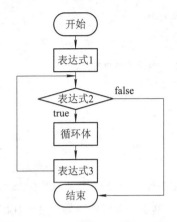

图 2.4.10　for 循环语句流程控制图

【例 2-11】 for 循环语句示例 1：编写程序计算 1～20 以内的所有奇数的乘积。

设计思路：

(1) 使用变量存储 1～20 以内奇数的乘积。

(2) 由于循环的初值和终值都已知，循环次数也确定，故选择 for 循环实现。

(3) 相邻两个奇数相差为 2，故循环变量每次变化值为 2。

实现步骤：

(1) 在 DW CS6 中打开网站 examples，在文件夹"chapter2"下添加一个新的 PHP 文件，并重命名为"ch2_11.php"。

(2) 打开文件 ch2_11.php，编辑其代码。其代码实现如下：

```
1   <!DOCTYPE html>
2   <html>
3   <head>
4   <meta http-equiv="Content-Type" content="text/html; charset=utf-8" />
5   <title>计算 1～20 所有奇数的乘积</title>
6   </head>
7   <body>
8   <?php
9      $s=1;
10     for($i=1;$i<=20;$i=$i+2){
11        $s=$s*$i;
12     }
13     echo "1～20 所有的奇数的乘积是",$s;
14  ?>
15  </body>
16  </html>
```

(3) 在浏览器中预览程序，运行程序，效果如图 2.4.11 所示。

图 2.4.11　计算 1~20 以内奇数乘积的运行效果

【例 2-12】 for 循环语句示例 2：编写程序输出 1~100 以内所有被 3 整除的整数，并且每五个数换行输出。

设计思路：

(1) 使用%运算找出所有被 3 整除的整数。

(2) 如何分行输出，统计所有被 3 整除的数，每五个数在一行输出。

(3) PHP 中换行如何实现，使用 echo 输出 html 换行标记
即可。

实现步骤：

(1) 在 DW CS6 中打开网站 examples，在文件夹"chapter2"下添加一个新的 PHP 文件，并重命名为"ch2_12.php"。

(2) 打开文件 ch2_12.php，编辑其代码。其代码实现如下：

```
1   <!DOCTYPE html>
2   <html>
3   <head>
4   <meta http-equiv="Content-Type" content="text/html; charset=utf-8" />
5   <title>格式化输出 1~100 以内所有被 3 整除的数</title>
6   </head>
7   <body>
8   <?php
9     $nums = 0;//统计所有被 3 整除数的计数
10    for($i=1;$i <= 100;$i++){
11      if($i%3 == 0){//当前是被 3 整除的数
12        $nums++;    //计数值加 1
13        echo $i;
14        if($nums % 5 == 0) { //若当前计数已经是 5 的倍数则换行，否则输出","
15          echo "<br/>";
16        }else{
17          echo ",";
```

```
18            }
19        }
20    }
21  ?>
22  </body>
23  </html>
```

(3) 在浏览器中预览程序运行结果，效果如图 2.4.12 所示。

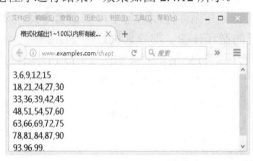

图 2.4.12　格式化输出 1～100 以内被 3 整除数的运行效果

【例 2-13】　for 循环语句示例 3：编写程序输出九九乘法表。

设计思路：

(1) 初始化九九乘法表的顶层为 1，使用 for 循环乘法表的层数。

(2) 使用 for 循环输出每层中的单元格。

(3) 利用每层中单元格的个数找出乘法与被乘数，进行求积运算。

(4) 将乘法运算显示在表格中。

实现步骤：

(1) 在 DW CS6 中打开网站 examples，在文件夹"chapter2"下添加一个新的 PHP 文件，并重命名文件为"ch2_13.php"。

(2) 打开文件 ch2_13.php，编辑其代码。其代码实现如下：

```
1   <!DOCTYPE html>
2   <html>
3   <head>
4   <meta http-equiv="Content-Type" content="text/html; charset=utf-8" />
5   <title>九九乘法表</title>
6   </head>
7   <body>
8   <?php
9     echo "<table border='1'>";
10    for($i=1;$i<=9;$i++){
11       echo "<tr>";
12       for($j=1;$j<=$i;$j++){
13          echo "<td>{$j}x{$i}=".$j*$i."</td>";
```

```
14        }
15        echo "</tr>";
16    }
17    echo "</table>";
18  ?>
19  </body>
20  </html>
```

从上述代码中可以看出，在循环控制语句中可以嵌套本身，从而构成多层循环，内部嵌套的循环作为外部循环的循环体的一部分来执行。

(3) 在浏览器中预览程序运行结果，效果如图 2.4.13 所示。

图 2.4.13　九九乘法表的运行效果

4．break 和 continue 跳转语句

跳转语句用于实现循环执行过程中程序流程的跳转，PHP 中常用的跳转语句有 break 语句和 continue 语句。它们的区别在于，break 语句是终止当前循环，跳出循环体；而 continue 语句是结束本次循环的执行，开始下一轮的执行循环。

2.4.3　文件包含语句

文件包含指将一个源文件的全部内容包含到当前源文件中进行使用。文件包含可以提高代码的重用性，减少很多工作，还可以提高代码的维护和更新的效率，是 PHP 编程的重要技巧。在 PHP 中，提供了 include、require、include_once 和 require_once 语句实现文件的包含。下面以 include 语句为例介绍其语法格式，其他包含语句与此类似。具体语法格式如下：

```
//第一种写法：
include "完整路径文件名"
//第二种写法：
include ("完整路径文件名")
```

在上述语法格式中，"完整路径文件名"指的是被包含文件所在的绝对路径或相对路径。所谓绝对路径，就是从盘符开始的路径，如"D:\PHPStudy2016\WWW\news\index.php"。相对路径就是从当前路径开始的路径，假设被包含文件 index.php 所在的当前路径是"D:\PHPStudy2016\WWW\news"，则其相对路径就是"./index.php"。其中"./"表示当前目录，

"../"表示当前目录的上级目录。

此外，require 语句与 include 语句虽然功能类似，但在使用时需要注意：在包含文件时，如果没有找到文件，include 语句会发出警告信息，程序继续执行；而 require 语句会发生致命错误，程序停止执行。

值得一提的是，对于 include_once、require_once 语句来说，与 include、require 的作用几乎相同。不同的是，带 once 的语句会先检查要导入的文件是否已经在程序中的其他地方调用过，如果有的话，就不会重复导入该文件，这样避免了同一个文件被重复包含。因此，推荐大家使用 include_once 或 require_once 语句。

2.4.4 输出语句

在 PHP 中，有两种基本的输出方法：echo 和 print。
echo 和 print 之间的差异：
- echo：能够输出一个以上的字符串。
- print：只能输出一个字符串，并始终返回 1。

提示：echo 比 print 稍快，因为它不返回任何值。

1. echo 语句

echo 是一个语言结构，有无括号，即 echo 或 echo()均可使用。

【例 2-14】 echo 语句示例：使用 echo 语句显示变量或字符串。

实现步骤：

(1) 在 DW CS6 中打开网站 examples，在文件夹"chapter2"下添加一个新的 PHP 文件，并重命名为"ch2_14.php"。

(2) 打开文件 ch2_14.php，编辑其代码。其代码实现如下：

```
1   <!DOCTYPE html>
2   <html>
3   <head>
4   <meta http-equiv="Content-Type" content="text/html; charset=utf-8" />
5   <title>echo 语句显示变量或字符串</title>
6   </head>
7   <body>
8   <?php
9   $txt1="Learn PHP";
10  $txt2="is a funny thing.";
11  $cars=array("Volvo","BMW","SAAB");
12  echo $txt1;
13  echo "<br>";
14  echo "Study PHP $txt2";
15  echo "<br>";
16  echo "My car is a {$cars[0]}";
```

```
17      ?>
18      </body>
19      </html>
```

(3) 在浏览器中预览程序运行结果，效果如图 2.4.14 所示。

图 2.4.14　echo 语句输出变量和字符串的运行效果

2．print 语句

print 也是语言结构，有无括号，即 print 或 print() 均可使用。

【例 2-15】　print 语句示例：使用 print 语句显示变量或字符串。

实现步骤：

(1) 在 DW CS6 中打开网站 examples，在文件夹"chapter2"下添加一个新的 PHP 文件，并重命名为"ch2_15.php"。

(2) 打开文件 ch2_15.php，编辑其代码。其代码实现如下：

```
1       <!DOCTYPE html>
2       <html>
3       <head>
4       <meta http-equiv="Content-Type" content="text/html; charset=utf-8" />
5       <title>使用 print 输出变量或字符串</title>
6       </head>
7       <body>
8       <?php
9       $txt1="Learn PHP";
10      $txt2="is a funny thing.";
11      $cars=array("Volvo","BMW","SAAB");
12      print $txt1;
13      print "<br>";
14      print "Study PHP $txt2";
15      print "<br>";
16      print "My car is a {$cars[0]}";
17      ?>
```

```
18    </body>
19    </html>
```

(3) 在浏览器中预览程序运行结果，效果如图 2.4.15 所示。

图 2.4.15　print 语句输出变量和字符串的运行效果

2.5　PHP 的数组与函数

数组是一种能够在一个变量名中保存一个或多个值的变量。PHP 中的数组相对其他高级语言而言，更为复杂和灵活。组成数组的每一个数据称为数组的一个数组元素。数组一般用于存储一组相关的数据。

PHP 真正的力量来自于它的函数，它有超过 1000 个内建函数。在 PHP 中，函数通常分为自定义函数和内建函数两类：自定义函数由程序设计人员自行定义；而内建函数则由 PHP 提供，在程序中的任何地方都可以直接使用。

2.5.1　数组的创建

数组是一个特殊的变量，它可以同时保存一个以上的值。

如果您需要保存一个项目列表，例如汽车品牌列表，那么在单个变量中存储这些品牌的情形是这样：

```
1    $cars1="Volvo";
2    $cars2="BMW";
3    $cars3="SAAB";
```

不过，如果您希望保存 300 个汽车品牌，而不是 3 个呢？解决方法就是创建数组。数组能够在单一变量中存储许多值，并且能够通过引用下标号来访问某个值。

在 PHP 中，有三种数组类型：
- 索引数组：带有数字索引的数组。
- 关联数组：带有指定键的数组。
- 多维数组：包含一个或多个数组的数组。

1．PHP 索引数组

有两种创建索引数组的方法：自动分配和手动分配。

索引是自动分配的(索引从 0 开始)，如下：

```
$cars=array("Volvo","BMW","BAAB");
```

索引是手动分配的，如下：

```
$cars[0]="Volvo";
$cars[1]="BMW";
$cars[2]="SAAB";
```

2．PHP 关联数组

关联数组指分配数组指定键值的数组。它有两种创建关联数组的方法，例如：

```
$student=array("name"=>"张三","gender"=>"男","age"=>17);
```

或者

```
$student["name"]="张三";
$student[vgender"]= "男";
$student["age"]=17;
```

3．PHP 多维数组

两维或以上的数组称之为多维数组。多维数组的定义和一维数组类似，不同的数组元素也为数组。多维数组的介绍这里从略。

2.5.2 数组的遍历与输出

遍历数组的方法有很多，通常使用循环语句来进行数组的遍历。对于索引数组，可以使用 for 语句循环输出；对于关联数组，可以使用 foreach 循环输出。

【例 2-16】 遍历索引数组示例：使用 for 语句遍历索引数组。

实现步骤：

(1) 在 DW CS6 中打开网站 examples，在文件夹"chapter2"下添加一个新的 PHP 文件，并重命名文件为"ch2_16.php"。

(2) 打开文件 ch2_16.php，编辑其代码。其代码实现如下：

```
1    <!doctype html>
2    <html>
3    <head>
4    <meta charset="utf-8">
5    <title>遍历索引数组</title>
6    </head>
7    <body>
8    <?php
9    $cars=array("Volvo","BMW","BAAB");
10   $arrlength=count($cars);
11   for($i=0;$i<$arrlength;$i++){
12       echo $cars[$i];
13       echo "<br>";
```

14	}
15	?>
16	</body>
17	</html>

说明：

第 9 行代码创建了一个索引数组 cars。

第 10 行使用系统内建函数 count 获取 cars 数组的长度，即数组元素的个数。PHP 中的数组功能非常强大，PHP 提供了大量的数组处理函数，包括数组统计、数组检索、数组排序等。后面将陆续介绍 PHP 中的内建数组函数。

(3) 在浏览器中预览程序，运行程序，效果如图 2.5.1 所示。

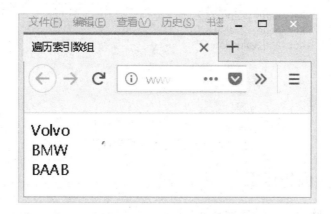

图 2.5.1　遍历索引数组的运行效果

【例 2-17】 遍历关联数组示例：使用 foreach 语句遍历关联数组。

实现步骤：

(1) 在 DW CS6 中打开网站 examples，在文件夹"chapter2"下添加一个新的 PHP 文件，并重命名为"ch2_17.php"。

(2) 打开文件 ch2_17.php，编辑其代码。其代码实现如下：

1	<!doctype html>
2	<html>
3	<head>
4	<meta charset="utf-8">
5	</head>
6	<body>
7	<?php
8	$student = array("name"=>"张三","gender"=>"男","age"=>16);
9	foreach($student as $key=>$value){
10	echo "key=". $key . ",value=" . $value;
11	echo " ";
12	}

```
13    ?>
14    </body>
15    </html>
```

第 8 行代码创建了一个关联数组 students；

第 9 行代码使用 foreach 循环遍历关联数组 students 各个元素的键和值。

(3) 在浏览器中预览程序运行结果，效果如图 2.5.2 所示。

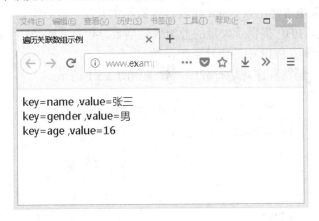

图 2.5.2　遍历关联数组的运行效果

2.5.3　PHP 的内建函数

PHP 的内建函数/内置函数是系统已经预定义好的函数，这些函数无需用户自己定义，在编程中可以直接使用。下面按照内建函数的功能的不同，介绍一些常用的内建函数。

1. 常用的数组内建函数

在 PHP 中，内建了不少数组函数，方便程序开发人员对数组进行操作。常用的数组函数如表 2.5.1 所示。

表 2.5.1　PHP 中常用的数组函数

函数名	功　能　描　述
count()	返回数组中元素的数目
rsort()	对数组逆向排序
sort()	对数组排序
in_array()	检查数组中是否存在指定的值
array_keys()	返回数组中所有的键名
ksort()	对数组按照键名排序
array_search()	搜索数组中给定的值并返回键名

【例 2-18】 数组函数示例：使用内置数组函数进行数组的操作。

实现步骤：

(1) 在 DW CS6 中打开网站 examples，在文件夹"chapter2"下添加一个新的 PHP 文件，并重命名为"ch2_18.php"。

(2) 打开文件 ch2_18.php，编辑其代码。其代码实现如下：

```
1   <!doctype html>
2   <html>
3   <head>
4   <meta charset="utf-8">
5   <title>数组函数示例</title>
6   </head>
7   <body>
8   <?php
9   $cars=array("Volvo","BMW","BAAB");
10  $cars_count=count($cars);
11  echo "共有" .$cars_count ."个汽车品牌"."<br>";
12  sort($cars);
13  echo "排序后:<br>";
14  for($i=0;$i<$cars_count;$i++){
15      echo $cars[$i];
16      echo "<br>";
17  }
18  if( in_array("Honda",$cars)){
19      echo "匹配已找到!";
20  }else{
21      echo "匹配未找到!";
22  }
23  ?>
24  </body>
25  </html>
```

(3) 在浏览器中预览程序，运行程序，效果如图 2.5.3 所示。

图 2.5.3　数组函数示例的运行效果

2. 常用的字符串内建函数

字符串函数用于操作字符串，在程序开发中有着非常重要的作用。PHP 中常用的字符串函数如表 2.5.2 所示。

表 2.5.2 PHP 中常用的字符串函数

函数名	功 能 描 述
strlen()	返回字符串的长度
substr()	返回字符串的一部分
strpos()	返回字符串在另一字符串中第一次出现的位置(对大小写敏感)
strrpos()	查找字符串在另一字符串中最后一次出现的位置(对大小写敏感)
trim()	移除字符串两侧的空白字符和其他字符
strcmp()	比较两个字符串(对大小写敏感)
str_replace()	替换字符串中的一些字符(对大小写敏感)
explode()	把字符串打散为数组
implode()	返回由数组元素组合成的字符串

【例 2-19】 数组函数示例：使用内置字符串函数进行字符串的操作。

实现步骤：

(1) 在 DW CS6 中打开网站 examples，在文件夹"chapter2"下添加一个新的 PHP 文件，并重命名为"ch2_19.php"。

(2) 打开文件 ch2_19.php，编辑其代码。其代码实现如下：

```
1    <!doctype html>
2    <html>
3    <head>
4    <meta charset="utf-8">
5    <title>字符串函数示例</title>
6    </head>
7    <body>
8    <?php
9       echo strlen('shanghai')."<br>";
10      echo substr('shanghai',2)."<br>";
11      echo str_replace('s','S','shanghai') . "<br>";
12      $citys=array('Beijing','Shanghai','Chongqing');
13      $city_str= implode(';',$citys);
14      echo $city_str;
15      echo "<br>";
16      var_dump( explode(';',$city_str));
17   ?>
18   </body>
19   </html>
```

说明：

第 9 行代码使用 strlen()函数返回字符串的长度。

第 10 行代码使用 substr()返回索引值为 2 开始的子串，故返回 'anghai'。

第 11 行代码使用 str_replace()将字符串"shanghai"中的"s"替换为"S"。

第 12 行代码定义包含三个元素的数组。

第 13 行代码使用 implode()函数将数组$citys 中的元素组合成字符串，元素之间用";"分割，故输出 Beijing;Shanghai;Chongqing。

第 16 行代码使用 explode()将字符串$city_str 打散为数组，且以";"为元素分割符。

(3) 在浏览器中预览程序，运行程序，效果如图 2.5.4 所示。

图 2.5.4　字符串函数示例的运行效果

3．常用的数学内建函数

数学函数也是 PHP 提供的内建函数，它大大方便了开发人员处理程序中的数学运算。PHP 中常用的数学函数如表 2.5.3 所示。

表 2.5.3　PHP 中常用的数学函数

函数名	功能描述	函数名	功能描述
abs()	绝对值	min()	返回最小值
ceil()	向上取最接近的整数	pi()	返回圆周率的值
floor()	向下取最接近的整数	pow()	返回 x 的 y 次方
fmod()	返回除法的浮点数余数	sqrt()	平方根
is_nan()	判断是否为合法数值	round()	对浮点数进行四舍五入
max()	返回最大值	rand()	返回随机整数

为了让读者更好地理解数学函数的使用，具体示例如下：

```
1    echo ceil(5.3);              //输出结果 6
2    echo floor(5.3);             //输出结果 5
3    echo rand(1,10);             //随机输出 1 到 20 之间的整数
4    echo fmod(5,2);              //输出结果 1
5    echo round(2.5634,2);        //输出 2.56，四舍五入保留 2 位小数
```

在上述例子中，ceil 函数对浮点数 5.3 向上取整；floor 函数对浮点数 5.3 向下取整；rand 函数的参数表示随机数的范围，第 1 个参数表示最小值，第 2 个参数表示最大值；round

函数用来对浮点数进行四舍五入，第 1 个参数表示计算的浮点数，第 2 个参数表示小数点后的位数。

2.5.4 PHP 的自定义函数

在程序开发中，通常将某段实现特定功能的代码定义成一个函数，而开发人员根据实际功能需求定义的函数称之为自定义函数。在 PHP 中，自定义函数的语法格式如下：

```
function functionname([arg_1],[arg_2],…,[arg_n]){
    被执行的代码;
}
```

function 是自定义函数的关键字；functionname 是函数名，函数名的命名规则与标识符相同，函数名对大小写不敏感；arg_1, arg_2, …, arg_n 是参数，为外界传递给函数的值，它是可选的，当有多个参数时，使用英文下的逗号","进行分割。

【例 2-20】自定义函数示例 1：定义圆面积计算函数。

实现步骤：

(1) 在 DW CS6 中打开网站 examples，在文件夹"chapter2"下添加一个新的 PHP 文件，并重命名为"ch2_20.php"。

(2) 打开文件 ch2_20.php，编辑其代码。其代码实现如下：

```
1   <!doctype html>
2   <html>
3   <head>
4   <meta charset="utf-8">
5   <title>自定义函数-圆面积计算函数</title>
6   </head>
7   <body>
8   <?php
9     function circle_area($radius){
10      $area=$radius*$radius*round(pi(),2);
11      return $area;
12    }
13    echo "半径为 3 的圆面积为". circle_area(3);
14  ?>
15  </body>
16  </html>
```

说明：

第 9~12 行代码定义了一个自定义函数，该函数名称为 circle_area，带有一个名为 $radius 的参数。

第 10 行中，pi()为返回圆周率的系统内建函数，其返回值为 3.1415926535898；为了降低计算精度，使用函数 round()保留圆周率的 2 位小数，其返回值为 3.14。

第 11 行代码为函数的返回值。

第 13 行代码 circle_area(3)为函数调用，3 为传递给参数的值。

(3) 在浏览器中预览程序，运行程序，效果如图 2.5.5 所示。

图 2.5.5　圆面积函数示例的运行效果

【例 2-21】自定义函数示例 2：定义阶乘运算函数。

设计思路：

由于阶乘运算公式可以写成 n!=n*(n-1)!，因此可以定义一个递归函数来实现阶乘运算。

实现步骤：

(1) 在 DW CS6 中打开网站 examples，在文件夹"chapter2"下添加一个新的 PHP 文件并重命名为"ch2_21.php"。

(2) 打开文件 ch2_21.php，编辑其代码。其代码实现如下：

```
1    <!doctype html>
2    <html>
3    <head>
4    <meta charset="utf-8">
5    <title>自定义函数-阶乘运算函数</title>
6    </head>
7    <body>
8    <?php
9    function fac($n){
10       if($n <= 0 || $n == 1){//判断是负数或者 1 时
11          return 1;
12       }else{
13          return $n*fac($n-1); //递归调用计算 n*(n-1)!
14       }
15    }
16    echo "4!=" . fac(4);
17    ?>
18    </body>
```

19   </html>

说明：

第 9～15 行定义了一个自定义函数，该函数名称为 fac，带有一个名为$n 的参数；在进行递归调用时，需要注意跳出递归调用的条件，如果设置不合理，很可能进入无限循环调用，导致程序进入死循环状态。

第 10 行代码对$n 进行判断，当$n>1 时，进行递归调用，否则直接返回值 1。

(3) 在浏览器中预览程序，运行程序，效果如图 2.5.6 所示。

图 2.5.6　阶乘运算函数示例的运行效果

2.6　PHP 的编码规范

很多初学者对编码规范不以为然，认为对程序开发没什么帮助；或者经过一段时间的使用，已经形成了一套自己的风格，不愿意去改变。这种想法是很危险的。

如今的 Web 开发不再是一个人就可以全部完成的，尤其是一些大型的项目，需要十几人甚至几十人来联合完成。在开发过程中，难免会有新的开发人员参与进来，那么这个新的开发人员在阅读前任留下来的代码时，编码规范的重要性就体现出来了。

2.6.1　什么是编码规范

以 PHP 开发为例，编码规范就是融合开发人员长时间积累下来的经验，形成的一种良好统一的编程风格，这种良好统一的风格会在团队开发或二次开发时起到事半功倍的效果。编码规范是一种总结性的说明和介绍，并不是强制性的规则。从项目长远的发展以及团队效率来考虑，遵守编码规范是十分必要的。

遵守编码规范的好处如下：
- 编码规范是团队开发成员的基本要求。
- 开发人员可以了解任何代码，理清程序的状况。
- 可提高程序的可读性，有利于相关设计人员的交流，从而提高软件质量。
- 防止新接触 PHP 的人出于节省时间的需要，自创一套风格并养成终生的习惯。
- 有助于程序的维护，降低软件的成本。
- 有利于团队管理，突显团队后备资源的可用性。

2.6.2 PHP 的编码规范

PHP 编码规范包括两大块：代码的书写规范和注释规范。

1. 代码的书写规范

(1) 缩进：使用制表符(<tab>键)缩进，缩进单位为 4 个空格左右。如果开发工具的种类多样，需要在开发工具中统一设置。

(2) 大括号{}：有两种大括号的放置规则是可以使用的。

- 将大括号放到关键词的下方、同列。例如：

```
if($expre)
{
    ……
}
```

- 首括号与关键词同行，尾括号与关键词同列。例如：

```
if($expre){
    ……
}
```

两种方式并无太大差别。

(3) 两元运算符：所有的两元运算符号都应该前后使用空格进行。例如：

```
<?php
$firstName = 'William';
$lastName = 'Smith';
echo $firstName . $lastName;
?>
```

(4) 命名的规范：就一般而言，类、函数、变量和常量的名字应该能让代码阅读者容易地知道这段代码的作用，避免使用模棱两可的命名。

- 常量的命名规范：常量的命名应该全部使用大写字母，单词之间用下划线"_"分割，如 define('DEFAULT_NUM_AVE',90)。
- 变量的命名规范：变量统一使用小驼峰，即第一个单词全部小写，其后每个单词首字母大写，如$workYears。
- 类命名规范：类名称统一使用大驼峰(即每个单词都首字母大写)，如 Cookie、SuperMan、BigClassObject 类。
- 函数命名规范：函数命名规范和变量一样，统一使用小驼峰命名。
- 类文件命名规范：PHP 类文件命名时都是以 class.php 为后缀，文件名和类名相同。例如，类名为 DBMySql，则类文件命名为 DbMySql.class.php。

2. 注释规范

(1) 程序注释：单行代码按照习惯写在代码尾部；大段注释采用/**/的方式，通常为文件或函数的顶部，代码内部使用'//'，注释不宜太多；代码注释应该描述为什么而不是做什么，给代码阅读者提供最主要的信息。

(2) 文件注释：文件注释一般放在文件的顶部，包括本程序的描述、作者、项目名称、文件名称、时间日期、版本信息、重要的使用说明(类的调用，注意事项等)。版本更改要修改版本号，并加上 modify 注释。

(3) 类和接口注释：按照一般的习惯，一个文件只包含一个类。

(4) 方法和函数注释：方法和函数的注释写在前面，通常需要表明信息的主要可见性、参数类型和返回值类型。例如：

```
/**
 *    连接数据库
 *    @param string $dbhost     数据库服务器地址
 *    @param string $dbuser     数据库用户名
 *    @param string $dbpwd      数据库密码
 */
```

思考与练习

1. 简述 PHP 中的逻辑操作符有哪些，它们各自的功能是什么。
2. 简述文件包含语句 include 和 require 的区别。为避免多次包含同一文件，可用什么语句代替它们？
3. 简述 echo() 和 print() 的区别。
4. 简述 PHP 语言中的 while 与 do while 语句的功能有什么区别。
5. 简述 PHP 函数有哪些编写规则。
6. 编写程序实现输出两个整数中的较大值。
7. 验证 18 位身份证号码并判断身份证主人的性别，身份证号码的规则为：① 前 17 位全部为数字，最后一位为数字或者字符'X'；② 第 17 位数为奇数表示性别为男，偶数表示性别为女。
8. 已知某字符串数组，包含如下初始数据：a1，a2，a3，a4，a5；已知另一字符串数组，包含如下初始数据：b1，b2，b3，b4，b5。写一程序将该两数组的每一对应数据相加后存入另一数组，并输出。
9. 编写一个程序，计算并输出数组(9.8，2.3，4.5，45，67，89，90)中的最大值、最小值和平均值。
10. 编写一个函数，判断给定字符串是否是回文串。所谓回文串是指一个字符串的第一位和最后一位相同，第二位和倒数第二位相同，以此类推。例如：'159951' 和 '19891' 是回文串，而 '2011' 不是。
11. 编写一个函数，判断输入的数据是否是偶数。

资源积累

1. 程序(program)：由算法和数据组成。算法是指为完成某项任务所采用方法的详细步骤。

2．常量(constant)：指在程序运行过程中始终保持不变的量。常量一旦被定义就不允许改变其值。

3．变量(variable)：用于存储其值可以发生变化的数据。变量是程序运行过程中存储数据、传递数据的容器，变量名实质上就是计算机内存单元的名称。

4．表达式(expression)：由常量、变量、值、运算符、函数、对象等相连接而组成的一个返回唯一结果值的式子。

5．函数(function)：在程序设计中经常需要用到一些重复的程序段，为简化编程通常会将这些重复的且具有一定功能的程序块独立出来形成函数。

6．数组(array)：一组数据有序排列的集合，即把一系列数据按一定规则组织起来，形成一个可操作的整体。

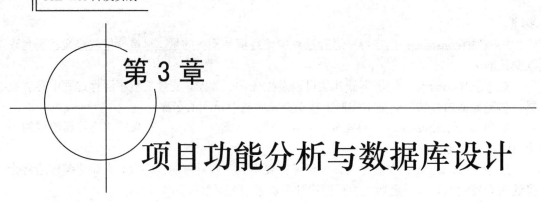

第 3 章 项目功能分析与数据库设计

本章要点

- 对项目进行需求分析并进行总体设计
- 掌握 MySQL 数据库的管理及图形管理工具 phpMyAdmin 的使用
- 掌握结构化查询语言 SQL
- 掌握 MySQL 中创建、删除和修改数据库的方法
- 掌握 MySQL 中创建、删除和修改数据表的方法

学习目标

- 能对系统进行需求分析。
- 能对系统进行总体设计。
- 能进行 MySQL 数据库的设计与管理。
- 培养项目思路，提高动手操作能力。
- 促进学生形成工程化的思维习惯：自顶向下，逐步精化。

新闻管理系统已经成为当今社会不可或缺的信息交流平台和门户，本书将以开发一个通用的、功能基本完善的新闻管理系统为载体展开对 PHP 技术的介绍。下面首先对该新闻管理系统的功能、整体的系统架构和数据库逻辑结构设计进行介绍，以方便后面的学习。

3.1 任务 1：新闻管理系统功能分析

当今社会是一个信息化的社会，新闻作为信息的一部分有着信息量大、类别繁多、形式多样的特点，新闻管理系统的概念由此提出。它是一种信息管理系统，是各类企事业单位实现信息及时、快速共享的前提和基础。实际上，不论是政府部门、国家机构还是公司或企业，新闻管理系统都是一个不可或缺的信息交流门户和平台。

新闻管理系统主要是发布新闻，提供不同类型的新闻以供网站访客查看，并对现有新闻及历史记录进行管理，同时可以管理访客的留言。

一个功能基本完善的新闻管理系统至少应该具有以下功能：
- 新闻查看：负责新闻列表、新闻分类查看和新闻详细信息查看的显示。
- 新闻查找：根据指定的条件查找新闻记录。
- 用户评论：负责登录用户增加对某条新闻的评论信息。
- 用户中心：负责对网站前台登录用户信息的维护，包括修改密码和编辑基本资料等。
- 管理员登录：负责处理系统管理员的登录和退出。
- 新闻管理：完成新闻信息的列表，新闻的添加、修改和删除操作。
- 新闻类别管理：系统管理员进行增加、修改和删除新闻类别的操作。
- 用户信息管理：对系统用户进行增加、修改和删除、权限管理等操作。
- 新闻评论管理：负责对评论信息进行管理，包括删除用户评论、过滤评论中的敏感词汇等。

除了上述基本功能外，新闻管理系统还可以具有一些其他的功能：如新闻置顶管理、热点新闻管理、统计新闻访问量、统计新闻点赞量等与新闻管理相关的操作。

3.1.1 系统功能模块设计

该系统角色主要分为两类：普通用户和系统管理员。普通用户可以访问 PHP 新闻管理系统前台各功能模块。网站后台由具有系统管理员权限的用户访问，主要完成网站的日常各种管理工作。

网站前台的基本功能如下：
- 用户登录：注册用户登录新闻管理系统。
- 注册：新用户注册功能。
- 新闻类别列表：列出新闻管理系统所有的新闻类别信息。
- 新闻列表：将设定新闻类表的新闻信息以列表的形式列出。
- 热点新闻查看：查看系统中的所有热点新闻。
- 推荐新闻查看：查看系统中的所有置顶新闻。
- 查看新闻：查看新闻的详细信息，同时显示该新闻的所有用户评论，新闻的访问量和点赞计数等。
- 新闻查找：按照指定的条件进行新闻信息的搜索。
- 新闻点赞：对查看的新闻进行点赞。
- 发表评论：对查看的新闻进行评论。
- 修改密码：修改当前登录用户的密码。
- 修改用户基本资料：编辑当前登录用户的信息。
- 登出：从新闻管理系统注销登录。

网站后台的基本功能如下：
- 新闻分类管理：执行新闻分类的添加、修改和删除功能。
- 新闻置顶：设置需要置顶显示的新闻。
- 新闻热点：设置热点新闻。
- 用户管理：执行用户的添加、修改和删除功能。

- 用户权限提权：将选定的普通用户权限提升为系统管理员，或者将系统管理员降级为普通用户。
- 新闻管理：执行新闻的添加、修改和删除功能。
- 新闻评论管理：执行新闻评论的删除、敏感词过滤等功能。

3.1.2 系统功能结构

为了使读者能够更加清楚地了解网站的结构，下面给出 PHP 新闻管理系统的前台功能模块结构图和后台功能模块结构图。

PHP 新闻管理系统的前台管理系统的功能设计如图 3.1.1 所示。

PHP 新闻管理系统的后台主要方便管理员对系统信息进行管理，其功能设计如图 3.1.2 所示。

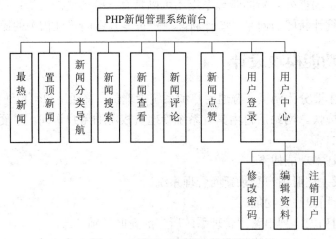

图 3.1.1　前台功能模块结构图

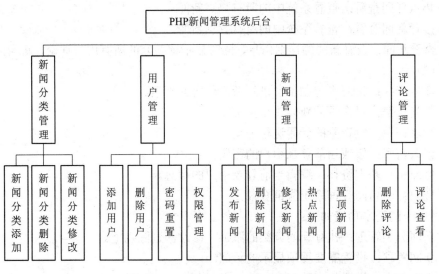

图 3.1.2　后台功能模块结构图

3.2 任务 2：系统数据库设计

要想长期保留网站数据，需要将网站数据保存在数据库中。数据库在 Web 应用程序中占有非常重要的地位，无论什么样的应用，其最根本的功能就是对数据的操作和应用。PHP 只有和数据库相结合，才能充分发挥动态网页编程语言的魅力。所以，只有先做好数据库的分析、设计和实现，才能进一步实现对应的功能模块。下面介绍基于前面对 PHP 新闻管理系统的需求分析，设计系统所需的数据库。

PHP 新闻管理系统可以实现从用户进行新闻查看、新闻查找、新闻评论、新闻点赞，并且在后台管理中实现对新闻类型、用户信息、新闻信息的添加和管理等功能。因此，根据系统的需求，需要设计相应的数据库表，才能实现对数据的存储和使用。

3.2.1 数据库概念模型设计

对 PHP 新闻管理系统而言，存在以下主要事物：用户、新闻、新闻类别、新闻评论、新闻点赞，这些事物对应于 E-R 模型(实体—联系模型)中的实体。事物之间存在联系，这些联系对应于 E-R 模型中的关系。对于 PHP 新闻管理系统而言，一条新闻属于一个新闻分类，一条新闻可以有多个用户评论，一个用户也可以评论多条新闻，一条新闻有多个点赞。系统的 E-R 模型如图 3.2.1 所示。

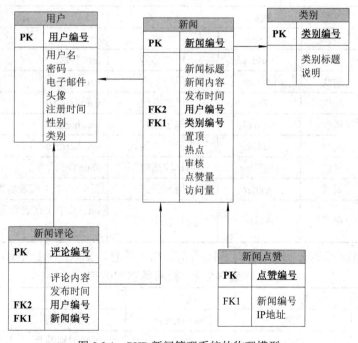

图 3.2.1 PHP 新闻管理系统的物理模型

该 E-R 模型中主要有以下实体。

(1) 用户实体：包括用户编号、用户名、密码、电子邮件、头像、注册时间、性别和类别。

(2) 新闻类别实体：包括类别编号、类别标题和说明。

(3) 新闻实体：包括新闻编号、新闻标题、新闻内容、发布时间、用户编号、类别编号、置顶、热点、审核、点赞量和访问量。

(4) 新闻评论实体：包括评论编号、评论内容、发布时间、用户编号和新闻编号。

(5) 新闻点赞实体：包括点赞编号、新闻编号和 IP 地址。

3.2.2 数据库物理模型设计

虽然 E-R 模型有助于人们理解数据库中的实体关系，但是，在进行具体的软件系统开发时，还需要把信息世界的 E-R 图转换为计算机世界的数据集合，将 E-R 图设计转换为关系设计，即将 E-R 模型转化为表。虽然关系和表之间存在区别，但在不太严格的情况下，可以将关系看成是某些值形成的一个表。数据库的每个实体集和关系集都有唯一的表与之对应，表名即为相应的实体集或关系集的名称。数据库物理模型设计的具体步骤如下：

(1) 将各实体转换为对应的表，将各属性转换为各表对应的列。

(2) 标识每个表的主键列。

(3) 在表之间建立主外键，体现实体之间的映射关系。

根据数据库物理模型设计原则，本任务阶段主要建立了以下 5 个数据表。

(1) 用户实体表：用来存储用户的相关信息，如表 3.2.1 所示。

表 3.2.1 用户实体表

对象名	类型	代码	描述	备注
用户	实体	User	用户	
用户编号	属性	uId	用户编号	int 主键
用户名	属性	uName	用户名称	varchar(50)
密码	属性	uPass	用户密码	varchar(20)
电子邮件	属性	uEmail	电子邮件	varchar(50)
头像	属性	headImg	头像图片地址	varchar(50)
注册时间	属性	regTime	用户注册时间	DateTime
性别	属性	gender	用户性别	int，其中 1 代表男性，2 代表女性
类别	属性	Power	用户权限类别	int，其中 1 代表普通用户，2 代表系统管理员

(2) 新闻类别实体表：用来存储新闻类别的相关信息，如表 3.2.2 所示。

表 3.2.2 新闻类别实体表

对象名	类型	代码	描述	备注
类别	实体	NewsClass	新闻类别	
类别编号	属性	classId	新闻类别编号	int 主键
类别标题	属性	className	新闻类别标题	varchar(50)
说明	属性	classdesc	新闻类别说明	varchar(200)

(3) 新闻实体表：用来存储新闻的相关信息，如表 3.2.3 所示。

表 3.2.3 新闻实体表

对象名	类型	代码	描述	备注
新闻	实体	News	新闻	
新闻编号	属性	newsId	新闻编号	int 主键
新闻标题	属性	Title	新闻标题	varchar(100)
新闻内容	属性	Content	新闻内容	Text
发布时间	属性	publishTime	发布时间	DateTime
用户编号	属性	uId	发布用户编号	int 外键
类别编号	属性	classId	所属新闻类别编号	int 外键
置顶	属性	isTop	强制置顶标志	int，默认值=0。1 代表置顶，0 代表不置顶
热点	属性	Ishot	强制热点标志	int，默认值=0。1 代表置热点，0 代表没有热点
点赞量	属性	likeCount	新闻点赞计数	int
访问量	属性	viewCount	新闻访问量	int

(4) 新闻评论实体表：用来存储新闻评论的相关信息，如表 3.2.4 所示。

表 3.2.4 新闻评论实体表

对象名	类 型	代 码	描 述	备 注
新闻评论	实体	Reply	新闻评论	
评论编号	属性	replyId	评论编号	Int 主键
评论内容	属性	content	评论内容	Text
发布时间	属性	publishTime	发布时间	Datetime
用户编号	属性	uId	发布用户编号	Int 外键
新闻编号	属性	newsId	所属新闻编号	Int 外键

(5) 新闻点赞实体表：用来存储新闻点赞的相关信息，如表 3.2.5 所示。

表 3.2.5 新闻点赞实体表

对象名	类 型	代 码	描 述	备 注
新闻点赞	实体	Like	新闻点赞	
点赞编号	属性	likeId	点赞编号	Int 主键
新闻编号	属性	newsId	所属新闻编号	Int 外键
用户 IP	属性	userIp	IP 地址	Text

3.3 MySQL 数据库

MySQL 数据库是一个开放源码的小型关系数据库管理系统，MySQL 被广泛地应用在 Internet 上的中小型网站中。由于其体积小、速度快、总体拥有成本低，尤其其开放源码这一特点，许多中小型网站为了降低网站的成本而选择了 MySQL 作为网站数据库。

这里将介绍根据 PHP 新闻管理系统的物理模型，在 MySQL 数据库中完成以下任务：
(1) 创建新闻管理系统的数据库。
(2) 创建新闻管理系统的数据表。
(3) 创建新闻管理系统的数据表的约束。

3.3.1　MySQL 服务器的启动和关闭

启动和停止 MySQL 服务器的操作非常简单，通常情况下，不要暂停或者停止 MySQL 服务器，否则数据库将无法使用。

在 phpStudy 集成安装环境下，MySQL 数据库的启动和关闭在第 1 章已经进行了详细的介绍，这里不再赘述。

1．连接 MySQL 服务器

MySQL 服务器启动后，就是连接服务器。MySQL 提供了 MySQL Console 命令窗口，客户端实现了与 MySQL 服务器之间的交互。单击 phpStudy 集成安装环境主界面上的『其他选项菜单』-『MySQL 工具』-『MySQL 命令行』，打开 MySQL 命令行窗口，如图 3.3.1 所示。输入 MySQL 服务器 root 账户的密码，并且按<Enter>键(root 账户的默认密码是 root)。如果密码输入正确，将出现如图 3.3.2 所示的提示界面，表明通过 MySQL 命令窗口成功连接了 MySQL 服务器。

图 3.3.1　MySQL 命令窗口

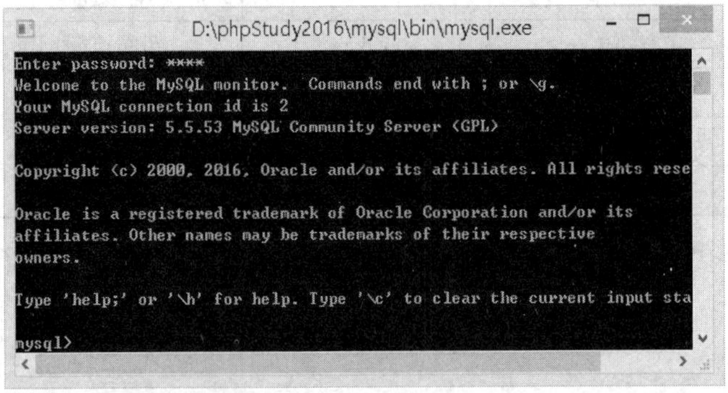

图 3.3.2　成功连接到 MySQL 服务器

2. 断开 MySQL 服务器

连接到 MySQL 服务器后，可以在 mysql>命令提示符下键入 "exit;" 或者 "quit;" 命令来断开 MySQL 服务器。

3.3.2 创建数据库

数据库是存储数据对象的容器，对数据库的操作如下：
- 查看数据库：显示系统中的全部数据库。
- 创建数据库：创建一个新的数据库。
- 切换数据库：切换默认数据库。
- 删除数据库：删除一个数据库。

1. 查看数据库

在 MySQL 中，使用 show databases 语句可查看 MySQL 服务器中所有数据库列表。其语法格式如下：

```
show databases;
```

2. 创建数据库

在 MySQL 中，使用 create database 语句创建数据库。其语法格式如下：

```
create database [if not exists] db_name
[create_specification[,create_specification]…]
其中 create_specification:
[default] character set charset_name | [default] collate collation_name
```

db_name 是数据库名。MySQL 的数据库在文件系统中是以目录方式表示的，因此命令中的数据库名必须符合操作系统文件夹命名规则。同时需要注意的是，在 MySQL 中数据库名是不区分大小写的。if not exists 在创建数据库前进行判断，只有该数据库当前不存在时才执行。default 指默认值；character set 指数据库字符集；charset_name 为字符集名称；collate 指字符集的校对规则；collation_name 为校对规则名称。

在 phpStudy 集成安装环境下，在 MySQL 的配置文件中设置了数据库文件的存储目录，一般安装在主目录的\MySQL\data 下。

3. 切换数据库

在 MySQL 中可以同时存在多个数据库，因此需要使用 use 命令来指定默认数据库。其语法格式如下：

```
use db_name;
```

4. 删除数据库

已经创建的数据库需要删除时，可以使用 drop database 命令。其语法格式如下：

```
drop database [if exists] db_name;
```

db_name 是要删除的数据库的名称。可以使用 if exists 子句避免删除不存在的数据库时出现 MySQL 的错误信息。这个命令必须小心使用，因为它将删除指定的整个数据库，该数据库的所有数据表也将一并删除。

【例3-1】 MySQL 创建数据库：创建 PHP 新闻管理系统的数据库 db_news，并设置默认字符集为 utf8，校对规则设为 utf8_general_ci；创建成功后，将 db_news 设置为默认数据库。

在 MySQL 控制台窗口中，输入以下命令，其结果如图 3.3.3 所示。

```
create database db_news
default character set utf8
default collate utf8_general_ci;
use db_news;
```

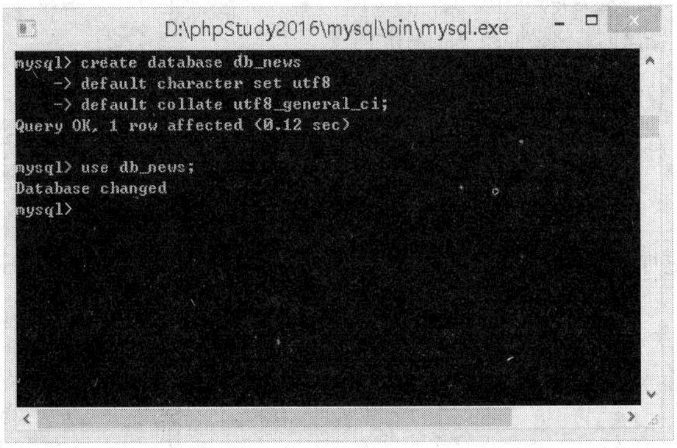

图 3.3.3　创建新闻管理系统数据库结果

3.3.3　创建数据表

数据表是数据库存放数据的对象，数据表的操作包括以下几种：
- 查看数据表：显示默认数据库中的全部数据表。
- 创建数据表：创建一个新的数据表。
- 修改数据表：更改数据表的结构。
- 重命名数据表：更改数据表的名称。
- 删除数据表：删除一个数据表及其全部数据。

1. 查看数据表

使用 show tables 命令可以显示数据库中的数据表列表。其语法格式如下：

```
show tables;
```

若需要查看一个数据表的具体信息，可以使用 describe 命令。其语法格式如下：

```
[describe |desc] tbl_name;
```

tbl_name 是数据表的名称，通常使用该命令的缩写形式 desc，如 desc tbl_user。

2. 创建数据表

在 MySQL 中创建表的基本语法格式如下：

```
create [temporary] table [if not exists] tbl_name
[(create_definition,…)]
[table_options] [select_statement]
```

create table 语句的参数说明如表 3.3.1 所示。

表 3.3.1 create table 语句的参数说明

关键字	说 明
temporary	如果使用该关键字，表示创建一个临时表
if not exists	该关键字用于避免表存在时 MySQL 报告的错误
create_definition	表的列定义部分，包括列名、数据类型和列上的约束等
table_options	表的一些特性参数
select_statement	select 语句部分可以在现有表的基础上创建表

在 MySQL 中列定义的语法格式如下：

```
col_name type[not null |null] [default default_value]
[auto_increment] [unique [key]] [primary key]
[comment 'string'] [reference_definition]
```

type 为列的数据类型；not null | null 指定该列是否允许为空，若不指定，则默认为 null；default default_value 为列指定默认值；auto_increment 设置字段的自增属性，只有整型列才能设置此属性；unique key|primary key 都表示字段中的值是唯一的；comment 'string'是对列的描述，string 是描述的内容；reference_definition 指定外键所引用的表和列。

在表的定义中还可以设置表选项，以更好地完成表的创建。表中大多数的选项涉及表数据如何存储及存储在何处。多数情况下，不必指定表选项。engine 选项是定义表的存储引擎，存储引擎负责管理数据存储和 MySQL 的索引。目前使用最多的是 MyISAM 和 InnoDB。MyISAM 引擎是一种非事务性的引擎，提供高速存储和检索，适合数据仓库等查询频繁的应用；InnoDB 引擎是一种支持事务的引擎，所有数据存储在一个或多个数据文件中，一般在 OLTP(联机事务型)应用中使用较广泛。

3．修改数据表

alter table 语句用于更改原有表的结构。例如，可以增加或删除列，创建或取消索引，更改原有列的类型，重命名列或表等。其语法格式如下：

```
lter [ignore] table tbl_name
alter_specification[,alter_specification]…
```

alter_specification 语句的语法格式如下：

```
add [column] column_definition [first | after col_name] /*添加列*/
| alter [column] col_name [set default literal | drop default] /*修改默认值*/
| change [column] old_col_name column_definition [first | after col_name] /*重命名列*/
| modify [column] column_definition [first | after col_name] /*修改列定义*/
| drop [column] col_name /*删除列*/
| rename [to] new_tbl_name  /*重命名表*/
| order by col_name /*排序*/
| convert to character set charset_name [collate collation_name]/*更改字符集*/
| [default] character set charset_name [collate collation_name] /*修改默认字符集*/
| table_options /*修改表选项*/
```

在 MySQL 中，可以使用注释实现对 SQL 语句的解释说明。MySQL 中可以使用单行注释或者多行注释，以"#"或"--"引导的是单行注释，以/* */界定的是多行注释。具体如下：

```
mysql> SELECT 1+1;        # 这个注释直到该行结束
mysql> SELECT 1+1;        -- 这个注释直到该行结束
mysql> SELECT 1  /* 这是一个在行中间的注释 */ + 1;
mysql> SELECT 1+
/*
这是一个
多行注释的形式
*/
1;
```

4．重命名数据表

除了上面的 alter table 命令重命名数据表，还可以使用命令 rename table 语句来修改表的名称。其语法格式如下：

```
rename table tbl_name to new_tbl_name;
```

其中 tbl_name 是修改之前的表名，new_tbl_name 是修改之后的表名。

5．删除数据表

当一个表不再需要时，可以将其删除。删除一个表时，表的定义及表中的所有数据、索引、约束等均被删除。

删除表可以使用 drop table 语句。其语法格式如下：

```
drop [temporary] table [if exists] tbl_name[,tbl_name]…
```

【例 3-2】 MySQL 创建数据表 1：创建 PHP 新闻管理系统的数据表 tbl_user。

在 MySQL 控制台窗口中，输入以下命令，其结果如图 3.3.4 所示。

```
create table tbl_user(
  uid int(11),
  uname varchar(50),
  upass varchar(20),
  uemail varchar(50),
  headimg varchar(50),
  regtime timestamp,
  gender smallint(6),
  power smallint(6) );
```

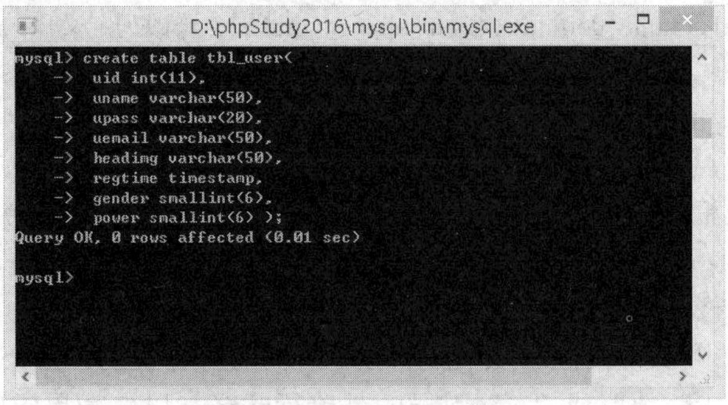

图 3.3.4　创建用户表结果

本例中创建的用户表只是定义了最基本的字段名和字段类型，而关于列的为空性和约束并没有给出，此外也没有给出列的描述以及表的相关存储选项。

【例 3-3】 MySQL 创建修改数据表：将例 3-2 中的数据表 tbl_user 中的 uid 列设为自动增长列，并添加列描述为用户编号。

在 MySQL 控制台窗口中，输入以下命令，其结果如图 3.3.5 所示。

```
alter table tbl_user modify column uid int(11) not null
auto_increment primary key comment '用户编号';
```

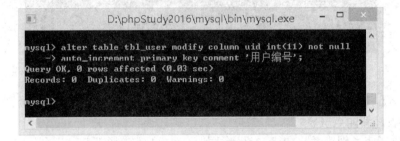

图 3.3.5　修改用户表结果

【例 3-4】 MySQL 删除数据表：删除用户数据表 tbl_user。

在 MySQL 控制台窗口中，输入以下命令，其结果如图 3.3.6 所示。

```
drop table if exists tbl_user;
```

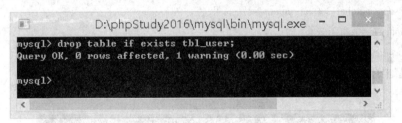

图 3.3.6　删除用户数据表结果

【例 3-5】 MySQL 创建数据表 2：创建完整的 PHP 新闻管理系统的数据表 tbl_user，设置 uid 为主键，为每列添加列描述，并设置表的存储引擎为 InnoDB 以及缺省字符集为 utf8。

在 MySQL 控制台窗口中，输入以下命令，其结果如图 3.3.7 所示。

```
drop table if exists tbl_user;
create table tbl_user(
    uid int(11) not null auto_increment comment '用户编号',
    uname varchar(50) not null comment '用户名',
    upass varchar(20) not null comment '密码',
    uemail varchar(50) not null comment '邮箱',
    headimg varchar(50) not null comment '头像',
    regtime timestamp not null default current_timestamp comment '注册时间',
    gender smallint(6) not null comment '性别',
```

power smallint(6) not null comment '用户权限',
primary key (uid) /*设置用户编号为主键*/
)engine=InnoDB default charset=utf8;

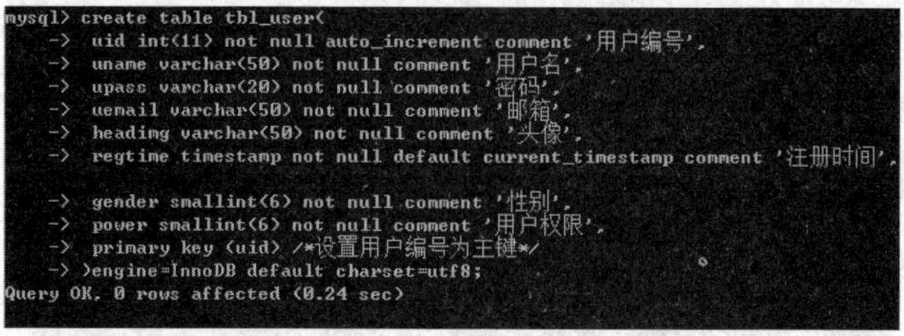

图 3.3.7 改进的创建用户表结果

【例 3-6】 MySQL 创建数据表 3：创建 PHP 新闻管理系统中的新闻类别表、新闻表和新闻评论表、新闻点赞表。

(1) 创建新闻类别表并将 classid 设为主键，其 sql 语句如下：

drop table if exists tbl_newsclass;

create table tbl_newsclass(

 classid int not null auto_increment comment '类别编号',

 classname varchar(50) comment '类别标题',

 classdesc varchar(200) comment '类别说明',

 primary key (classid)

)engine=InnoDB default charset=utf8;

其结果如图 3.3.8 所示。

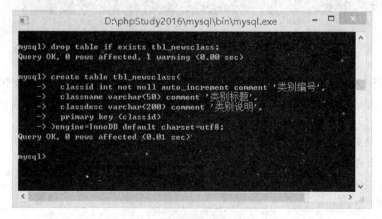

图 3.3.8 创建新闻类别表结果

(2) 创建新闻表并将 newsid 设为主键，其 sql 语句如下：

drop tables if exists tbl_news;

create table tbl_news(

 newsid int not null auto_increment comment '新闻编号',

 title varchar(100) not null comment '新闻标题',

content text comment '新闻内容',
publishtime timestamp not null default current_timestamp comment '发布时间',
uid int not null comment '用户编号',
classid int not null comment '新闻类别编号',
istop int not null default 0 comment '置顶标志',
ishot int not null default 0   comment '热点标志',
likecount int not null default 0   comment '新闻点赞计数',
viewcount int not null default 0   comment '新闻访问量',
primary key (newsid),
foreign key FK_uid (uid) references tbl_user(uid), /*设置外键*/
foreign key FK_classid (classid) references tbl_newsclass(classid)
)engine=InnoDB default charset=utf8;

其结果如 3.3.9 所示。

图 3.3.9　创建新闻表结果

（3）创建新闻评论表并将 replyid 设为主键，其 sql 语句如下：

drop table if exists tbl_reply;
create table tbl_reply(
　replyid int not null auto_increment comment '评论编号',
　content varchar(1000) comment '评论内容',
　　publishtime timestamp not null default current_timestamp comment '发布时间',
　　uid int not null comment '用户编号',
　　newsid int null comment '新闻编号',
　primary key (replyid),
　foreign key FK_uid(uid) references tbl_user(uid),
　foreign key FK_newsid(newsid) references tbl_news(newsid)
)engine=InnoDB default charset=utf8;

其结果如图 3.3.10 所示。

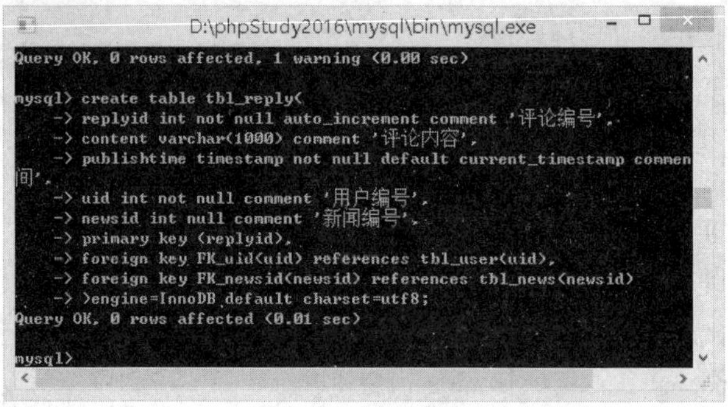

图 3.3.10　创建新闻评论表结果

(4) 创建新闻点赞表并将 likeid 设为主键，其 sql 语句如下：

drop table if exists tbl_like;

create table tbl_like(

　　likeid int not null auto_increment comment '点赞编号',

　　newsid int null comment '新闻编号',

　　userip varchar(40) not null comment 'IP 地址',

　　primary key (likeid),

　　foreign key FK_newsid(newsid) references tbl_news(newsid)

)engine=InnoDB default charset=utf8;

其结果如图 3.3.11 所示。

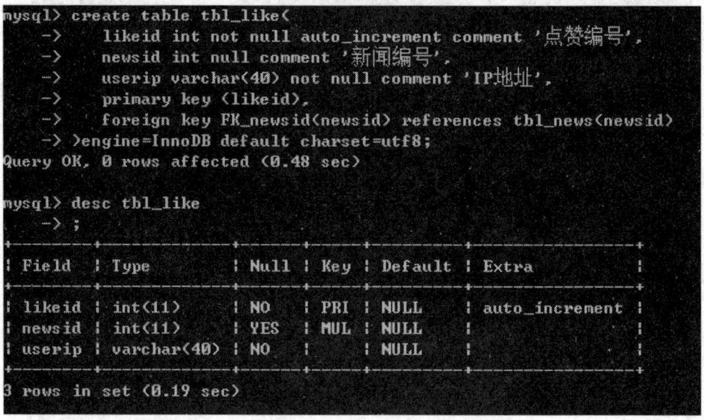

图 3.3.11　创建新闻点赞表结果

3.3.4　操作 MySQL 数据

创建数据库和表后，需要对表中的数据进行插入、查询、修改和删除操作，可以通过 SQL 语句来实现。

1. 插入数据 insert 语句

插入数据可以使用 insert 语句完成。其基本语法格式如下：

insert into tbl_name (col_name[,col_name]…) values (value[,value]…);

其中 col_name 是插入数据的列名。如果要插入全部列的数据，列名可以省略；如果只给表的部分列插入数据，则需要指定这些列。values 子句包含各列需要插入的数据列表，数据的顺序与列的顺序相对应。

【例 3-7】MySQL 插入数据 1：将表 3.3.2 所示的数据添加到新闻类别表 tbl_newsclass 中。

表 3.3.2 数据 1

新闻类别	说明	新闻类别	说 明
军事	关于军事的新闻	财经	关于财经的新闻
科技	关于最新科技上发展的新闻	体育	各类体育赛事的新闻
娱乐	娱乐相关的新闻	时尚	所有时尚相关的新闻
汽车	关于汽车的购买、保养以及最新产品介绍的新闻	房产	关于房产的新闻
健康	关于健康相关的新闻	国际要闻	国际社会上最新的新闻

在 MySQL 控制台窗口中，输入以下命令：

```
insert into tbl_newsclass(classname,classdesc)values('军事','关于军事的新闻');
insert into tbl_newsclass(classname,classdesc)values('财经','关于财经的新闻');
insert into tbl_newsclass(classname,classdesc)values('科技','关于最新科技上发展的新闻');
insert into tbl_newsclass(classname,classdesc)values('体育','各类体育赛事的新闻');
insert into tbl_newsclass(classname,classdesc)values('娱乐','娱乐相关的新闻');
insert into tbl_newsclass(classname,classdesc)values('时尚','所有时尚相关的新闻');
insert into tbl_newsclass(classname,classdesc)values('汽车','关于汽车的购买、保养以及最新产品介绍的新闻');
insert into tbl_newsclass(classname,classdesc)values('房产','关于房产的新闻');
insert into tbl_newsclass(classname,classdesc)values('健康','关于健康相关的新闻');
insert into tbl_newsclass(classname,classdesc)values('国际要闻','国际社会上最新的新闻');
```

由于 classid 是 auto_increment 字段，即使在插入语句中没有指定其值，MySQL 系统也会自动根据当前表中该列的最大值来计算新添加的记录的 classid 字段值，auto_increment 顺序从 1 开始。插入所有数据后，使用 select 语句进行查询，可以看到如图 3.3.12 所示的结果。

图 3.3.12 新闻分类表添加数据后的查询结果

【例3-8】MySQL 插入数据 2：将表 3.3.3 所示的数据添加到用户表 tbl_user 中。

表 3.3.3　数据 2

用户编号	用户名	密码	注册时间	性别	用户权限
1	admin	admin	2016-09-18 22:25:10	1	2
2	william	123456	2017-08-23 10:15:05	1	1
3	wendycui	123456	2018-04-01 10:23:09	2	1
4	laowang	123	2011-09-01 15:15:15	1	1
5	xmu	123456	2014-05-01 12:12:12	2	2

在 MySQL 控制台窗口中，输入以下命令：

insert into tbl_user (uid,uname,upass,regtime,gender,power) values (1,'admin','admin','2016-09-18 22:25:10',1,2);

insert into tbl_user (uid,uname,upass,regtime,gender,power) values (2,'william','123456','2017-08-23 10:15:05',1,1);

insert into tbl_user (uid,uname,upass,regtime,gender,power) values (3,'wendycui','123456','2018-04-01 10:23:09',2,1);

insert into tbl_user (uid,uname,upass,regtime,gender,power) values (4,'laowang','123456','2011-09-01 15:15:15',1,1);

insert into tbl_user (uid,uname,upass,regtime,gender,power) values (5,'xmu','123456','2014-05-01 12:12:12',2,2);

插入所有数据后，使用 select 语句进行查询，可以看到如图 3.3.13 所示的结果。

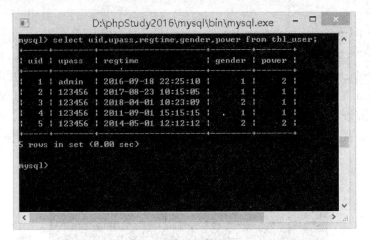

图 3.3.13　用户表添加数据后的查询结果

2．查询数据 select 语句

使用数据库和表的最主要目的是存储数据以便在需要时进行检索、统计或者组织输出。SQL 中的 select 语句用于从数据表或视图中查询数据，并可以从一个或多个数据表或视图中选择一个或多个列。select 语句的基本语法格式如下：

　　select　　select_expr[,select_expr…]　　　　--select 子句

```
    from table_reference                          --from 子句
    where where_condition                         --where 子句
    group by {col_name |expr | position}          --group by 子句
    having where_condition                        --having 子句
    order by {col_name |expr| position}           --order by 子句
        [asc|desc]
    limit [offset] row_count                      --limit 子句
```

select 语句的完整语法比较复杂，其中主要子句包括 select 子句、from 子句、where 子句、group by 子句、having 子句、order by 子句和 limit 子句。

1) select 子句

select 子句中的 select_expr 用来指定需要查询的列，也可以显示一张表的某些列，列名之间用逗号分隔；若要选择所有列，也可以用*代表查询所有列。在 select 子句中可以使用 as 子句来定义查询结果中的别名。在查询时，有时需要对查询结果进行替换，例如在新闻管理系统中查询用户表中用户性别采用整数存储，其值 1 表示男性，2 表示女性，希望将查询的结果显示为男或女，则需要将查询结果进行替换。可以使用查询中的 case 表达式，其格式如下：

```
case
    when 条件 1 then 表达式 1
    when 条件 2 then 表达式 2
    …
    else 表达式
end
```

在 select 子句中还可以包含聚合函数。聚合函数通常用于对一组值进行计算，然后返回单个值。在 MySQL 数据库进行操作时，有时需要对数据库中的记录进行统计，如求平均值，最小值，最大值等，这时可以使用 MySQL 中的聚合函数。常用的聚合函数如表 3.3.4 所示。

表 3.3.4　MySQL 中常用的聚合函数

函数名	说　　明
count	统计给定表达式中所有值的数目
max	返回给定表达式中所有值中的最大值
min	返回给定表达式中所有值中的最小值
sum	返回给定表达式中所有值的和
avg	返回给定表达式所有值的平均值
std 或 stdtev	返回给定表达式中所有值的标准差

【例 3-9】　MySQL 查询结果替换：显示用户表中的用户名和性别，要求将性别的查询结果替换为男或女。

在 MySQL 控制台窗口中，输入以下命令，其运行结果如图 3.3.14 所示。

```
select uname as '用户名',
```

```
    case
        when gender=1 then '男'
        when gender=2 then '女'
    end as '性别'
from tbl_user;
```

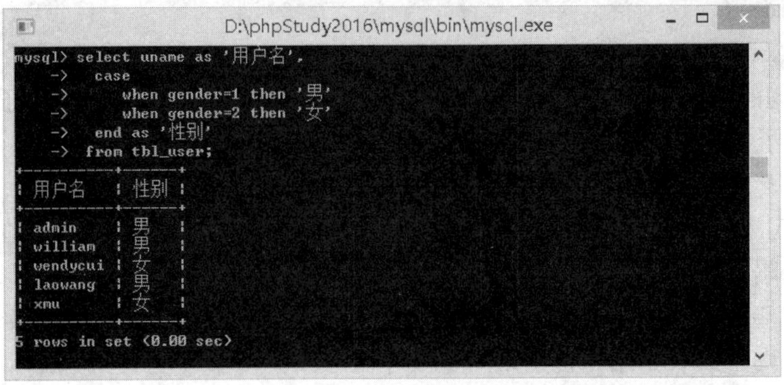

图 3.3.14　用户表性别替换查询结果

【例 3-10】 MySQL 聚合函数使用：显示用户表中的用户数。

在 MySQL 控制台窗口中，输入以下命令，其运行结果如图 3.3.15 所示。

```
select count(*) from tbl_user;
```

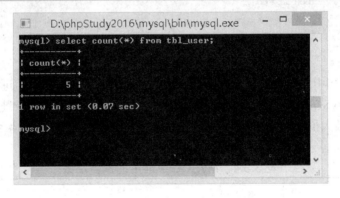

图 3.3.15　聚合函数使用结果

2）from 子句

select 语句的查询对象由 from 子句组成。from 子句中可以只包含一张表，也可以引用多张表。

3）where 子句

where 子句用于提供查询条件，实现对数据的过滤。由于数据库中存储海量的数据，用户往往需要的是满足特定条件的部分记录，这就需要对数据进行过滤筛选。where 子句的功能非常强大，通过它可以实现很多复杂的查询条件。where 子句使用的过滤条件是一个逻辑表达式，满足表达式的记录将被返回。

下面例子中给出了 PHP 新闻管理系统中将会用到的一些查询语句。

【例 3-11】MySQL 查询过滤条件：① 从用户表中找到用户名为 laowang 的用户记录；

② 从用户表中找到所有性别为女的用户记录；③ 显示新闻类型中含有"国际"字符的类型；④ 显示所有注册时间在 2017 年 8 月的用户记录；⑤ 显示新闻表中所有新闻类型为"科技"的记录。

设计思路：

(1) 在此查询要求中需要按照用户名过滤，且给出具体的用户名，故查询语句如下：

```
select * from tbl_user where uname='laowang';
```

(2) 用户表中性别用整数存储，1 表示男性，2 表示女性，所以查询语句如下：

```
select * from tbl_user where gender=2;
```

(3) 含有"国际"字符的新闻类型，这里需要用到模式匹配 like 运算符。在使用 like 进行模式匹配时，常使用特殊字符"%"和"_"进行模糊查询，"%"表示 0 或多个字符，"_"代表单个字符。故查询语句可写成以下形式：

```
select * from tbl_newsclass where classname like '%国际%';
```

(4) 注册时间为 2017 年 8 月的用户，这个值是一个范围，其值为 2017 年 8 月 1 日到 31 日这样一个范围。当要查询的条件是某个值的范围时，可以使用 between 关键字。故查询语句可以写成以下形式：

```
select * from tbl_user where regtime between '2017-8-1' and '2017-8-31';
```

(5) 新闻类型信息在新闻分类表中，而新闻的具体信息在新闻表中，因此这是一个多表查询的问题。故查询语句可以写成以下形式：

```
select a.* from tbl_news as a, tbl_newsclass as b
where a.classid=b.classid and b.classname='科技';
```

4) order by 子句

使用 order by 子句可以对查询结果进行排序。关键字 asc 表示升序，desc 表示降序，系统默认为升序。order by 子句后可以是列、表达式或正整数；正整数表示列在查询结果中的位置，例如使用 order by 2 表示对 select 子句中第 2 个字段进行排序。

5) group by 和 having 子句

group by 子句主要用于根据字段进行分段，having 子句与 where 子句功能类似，having 子句通常和 group by 子句一起使用，用来对查询的结果进一步进行筛选。

【例 3-12】 MySQL 查询分组统计：统计用户表中不同性别用户的人数。

设计思路：

在此查询要求中需要按照性别进行分组统计。为了方便查看，同时将整数表示的性别查询结果替换为男或女并以文字显示。在 MySQL 控制台窗口中输入以下语句，其运行结果如图 3.3.16 所示。

```
select
    case
        when gender=1 then '男'
        when gender=2 then '女'
    end as '性别',count(*) as 人数
from tbl_user
group by gender;
```

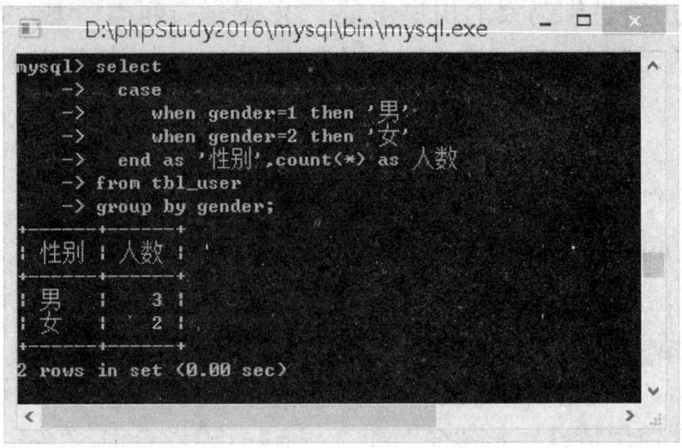

图 3.3.16　group by 子句使用结果

6) limit 子句

limit 子句是 select 语句的最后一个子句,主要用于限制返回的记录行数。

【例 3-13】　MySQL 查询排序及限制行数:显示最新注册的 2 位用户。

设计思路:

在此查询要求显示最新注册的 2 位用户,即首先需要将用户按照注册时间降序排序,然后限制输出前 2 条记录,即为最新注册的 2 位用户。在 MySQL 控制台窗口中输入以下语句,其运行结果如图 3.3.17 所示。

```
select * from tbl_user
    order by regtime desc
    limit 2;
```

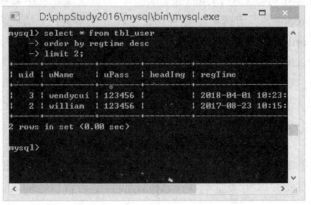

图 3.3.17　排序子句和 limit 子句使用结果

3. 修改数据 update 语句

要修改表中的数据,可以使用 update 语句。其语法格式如下:

```
update tbl_name
    set col_name1=expr1[,col_name2=epr2 …]
    [where where_definition]
```

set 子句根据 where 中指定的条件对符合条件的数据进行修改,若没有 where 子句,则修改表中所有记录。col_name1，col_name2…为要修改的列，可同时修改多个列，中间用逗号隔开。

4．删除数据 delete 语句

delete 语句用于删除表中的一行或多行数据。其语法格式如下：

```
delete from tbl_name
    [where where_definition]
```

from 子句用于指明从何处删除数据。where 子句用于指明删除时的过滤条件，如果不指明，则默认删除全部数据。

3.3.5　phpMyAdmin 图形管理工具的使用

在实际的 Web 开发中，常常需要直接进行数据库的操作，虽然这些操作可以在 MySQL 中的命令行窗口进行，但命令行操作数据库毕竟没有那么直观，phpMyAdmin 是 MySQL 的一个出色的图形化用户界面的管理工具，是众多 MySQL 数据库管理员和网站管理员的首选数据库维护工具。

phpMyAdmin 是一个用 PHP 编写的软件工具，可以通过 Web 方式控制和操作 MySQL 数据库。通过 phpMyAdmin 可以完成对数据库的各项操作，如建立数据库、创建数据表、插入、删除、修改和查询数据等。

1．打开 phpMyAdmin

安装 phpStudy 集成安装环境后，系统就会附带安装 phpMyAdmin 图形管理工具。可以打开通过 phpStudy 主窗口，选择『MySQL 管理器』-『phpMyAdmin』即可打开 phpMyAdmin 的图形管理主界面进行数据库操作，具体操作如图 3.3.18 所示。启动后首先进入 phpMyAdmin 的登录界面，如图 3.3.19 所示；也可以直接在浏览器的地址栏中输入"http://localhost/phpMyAdmin/"，同样可以打开 phpMyAdmin 的登录界面。

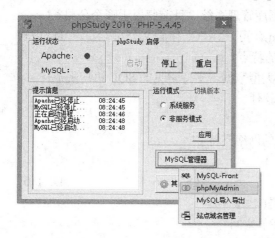

图 3.3.18　使用 phpStudy 主窗口打开 phpMyAdmin　　图 3.3.19　phpMyAdmin 的登录界面

2．phpMyAdmin 的主界面

phpMyAdmin 的主界面分为两部分，左边是数据库列表，phpMyAdmin 读取 MySQL

服务器中现有的额数据库，并列出这些数据库的名称。右边是功能区，phpMyAdmin 支持多国语言及各种字符集，可以在功能区进行选择。在功能区顶部位置给出了当前 MySQL 服务器地址，下面是一组功能标签，分别对应相应的功能页面或者执行相应的功能。phpMyAdmin 的主界面如图 3.3.20 所示。

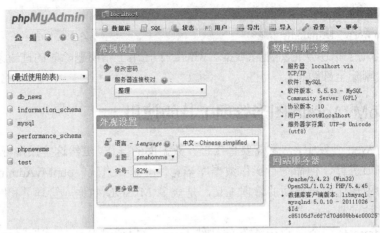

图 3.3.20 phpMyAdmin 的主界面

思考与练习

一、选择题

1. MySQL 数据库是属于什么结构模型的数据库？（   ）
   A. 网状结构模型   B. 层次结构模型
   C. 关系结构模型   D. 线性结构模型
2. MySQL 是一个小型关系型数据库管理系统，目前归属于哪个公司？（   ）
   A. 瑞典 MySQL AB 公司   B. Sun 公司   C. 甲骨文公司   D. 微软
3. 以下哪个不是 MySQL 数据库的特点？（   ）
   A. 可以处理拥有上千万条记录的大型数据，支持常见的 SQL 语句规范
   B. 是需要授权认证收费的数据库软件
   C. 可移植行高，安装简单小巧
   D. 良好的运行效率，有丰富信息的网络支持
4. MySQL 默认使用的端口是(   )。
   A. 2403   B. 80   C. 3306   D. 110
5. MySQL 数据类型说法错误的是(   )。
   A. TINYINT 类型数据占用 1 个字节空间
   B. DOUBLE 类型数据占用 8 个字节空间
   C. TEXT 类型数据最多占用 65535 个字节空间
   D. DECIMAL(7，3) 表示总有效位数为 7 位，整数部分 3 位有效长度
6. MySQL 语句中以下说法错误的是(   )。

A. show database ;# 是显示当前服务器的所有数据库
B. Describe news;# 显示表 news 定义时的信息
C. Use newsdb;# 打开并使用数据库 newsdb
D. create database newsdb;# 创建数据库 newsdb

7. 以下哪个不是 MySQL 的注释符号？（   ）
A. #注释　　　　　B. /* 注释 */　　　　C. //注释　　　　　D. -- 注释

8. 下面哪个不是合法的 SQL 的归类函数？（   ）
A. AVG　　　　　B. SUM　　　　　C. MIN　　　　　D. CURRENT_DATE()

二、填空题

1. 数据库中存储会员注册的时间的数据类型是_____。
2. MySQL 中的通配符%可以匹配_____个字符，_可以匹配_____个字符。
3. 数据常见的四种操作语句是：_____(写语句关键词)。
4. 设计数据库时，表间关系分为 3 种，分别是_____。
5. 将表名 news 修改为 newsTable 的语句：_____。
6. 建表时的描述："engine=innodb default charset=gbk auto_increment=1;"是什么含义？_____。

三、简答与练习题

1. 简述创建数据库的方法。
2. 简述创建数据表的方法。
3. 简述 Select 语句各个子句的作用。
4. 假设有学生信息管理系统的数据库，数据库名为 XSGL，其中主要有如题表 3-1～题表 3-8 所示的表及其样本数据。

题表 3-1　students：学生信息表

列名	说明	类型	可否为空	备注
sno	学号	char(10)	否	主键
sname	姓名	varchar(50)	否	
gender	性别	char(1)	否	
birth	出生年月	date	否	
classNo	班级号	char(10)	否	外键

题表 3-2　学生信息表样本数据

学号	姓名	性别	出生年月	班级号
10001	Aa	f	1995-9-1	40801
10002	Df	f	1996-8-4	40802
10003	Adf	f	1997-9-12	40802
10004	Gh	m	1998-2-2	40803
10005	Sd	m	1994-6-12	40804
10006	Dfb	f	1997-7-3	40805

题表 3-3 class：班级信息表

列名	说明	类型	可否为空	备注
classNo	班级号	char(10)	否	主键
className	班级名	varchar(50)	否	
number	人数	int	否	
major	专业	varchar(100)	否	

题表 3-4 班级信息表样本数据

班级号	班级名	人数	专业
40801	yyy	35	OS
40802	xx	45	AD
40803	rr	36	CS
40804	Yy	35	OS
40805	ee	78	RY

题表 3-5 courses：课程信息表

列名	说明	类型	可否为空	备注
courseNo	课程号	char(10)	否	主键
courseName	课程名	varchar(50)	否	
creditHours	课时	double	否	
credits	学分	Double	否	

题表 3-6 课程信息表样本数据

课程号	课程名	课时	学分
1	Operating	48	3
2	Computer	32	2
3	Music	32	2
4	Data base	64	4

题表 3-7 choices：选课信息表

列名	说明	类型	可否为空	备注
choiceNo	选课号	char(10)	否	主键
courseNo	课程号	char(10)	否	外键
sNo	学号	char(10)	否	外键
grade	成绩	double		

题表 3-8 选课信息表样本数据

选课号	课程号	学号	成绩
1	1	10001	89
2	2	10002	90
3	1	10003	67
4	3	10001	90

完成以下操作：

(1) 创建数据库 XSGL。
(2) 创建学生信息表、班级信息表、课程信息表和选课信息表。
(3) 插入各表的样本数据。
(4) 在学生信息表中，删除学号为 10005 的学生信息。
(5) 将学号为 10002 的学生的班级编号修改为 40802。
(6) 根据学生信息样本数据表重新插入学生编号为 10005 的数据。
(7) 查询学生信息表中所有学生的信息。
(8) 查询班级为 40802 的所有学生的学号、姓名。
(9) 查询所有女学生的信息。
(10) 统计所有学生的数目。
(11) 查找学生名以 D 开头的信息。
(12) 统计员工信息中男生和女生的人数。

部分参考答案：

一、选择题

1. C 2. C 3. B 4. C 5. C 6. A 7. C 8. D

二、填空题

1. timestamp
2. 多 单
3. insert，delete，update，select
4. 1:1 1:n n:n
5. rename table news to newsTable;
6. 数据库引擎，编码为 gbk，自增

资 源 积 累

1．实体：客观存在且可以区分的事物。
2．属性：实体所具有的某一特性。
3．码：能唯一标识实体的属性集合。
4．关系：实体集合间存在的相互关系。
5．E-R 图：实体—关系模型图。E-R 模型使用实体-关系来模拟现实世界，E-R 图可以将数据库的全局逻辑结构图形化表示，它是从计算机角度出发来对计算机建模的。
6．主键：是实体的一个或多个属性，它的值用来唯一性标识一个实体对象。

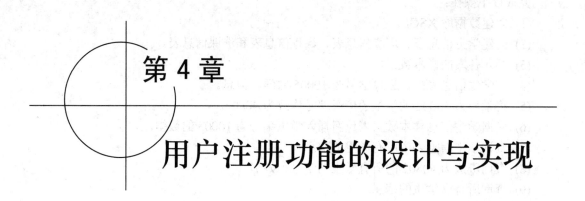

第 4 章

用户注册功能的设计与实现

本章要点

- 表单数据的提交方式
- 应用 PHP 全局变量获取表单数据
- 实现文件上传的方法
- 服务器端获取数据的其他方法
- PHP 与 MySQL 数据库连接的操作流程
- PHP 访问 MySQL 的相关函数

学习目标

- 掌握 Web 表单的使用,学会用 PHP 处理表单数据。
- 了解 get 方式和 post 方式的区别。
- 掌握文件的上传,学会用 PHP 处理上传文件信息。
- 掌握 PHP 访问数据库的基本步骤,能够对访问过程进行描述。
- 掌握 MySQL 扩展,会使用 PHP 对 MySQL 数据库进行增、删、改、查操作。
- 掌握利用 PHP 访问 MySQL 数据库的方法。
- 学会利用 PHP 对数据表和记录等进行操作。
- 促进学生养成良好的编程风格:命名规范,缩进合理,注释清晰,可读性好。

PHP 与 Web 页面交互式学习是 PHP 语言编程的基础。Web 表单用于在网页中发送数据服务器,从而使浏览者与网站发生互动。本章将以实现用户注册功能为例详细讲解 PHP 与 Web 页面交互的相关知识,如获取表单数据、处理表单数据、PHP 中的 Session、上传文件等。

要想顺利完成动态网站的开发,掌握其核心技术 PHP 与数据库的操作非常重要。本章中通过将用户注册表单的数据存储到用户表为例子,介绍 PHP 访问 MySQL 数据库的方法,以及操作 MySQL 数据表和记录的方法。

4.1 任务 1：创建用户注册页面

前面我们已经学习了 PHP 的相关基础知识，调查了 PHP 新闻管理系统的需求分析，根据需求分析的结果设计和创建了新闻管理系统的数据库。从本章开始，将具体实现新闻管理系统的各个功能模块。

进入到 Web 2.0 时代以后，互联网的网站开发注重用户参与，浏览网站的用户可以注册成为会员，而网站可以通过用户名来区分每个用户。本任务将带领大家开发一个网站用户的注册功能，通过案例学习表单的创建、表单数据的接收和处理等相关知识。

在新闻管理系统中，游客可以浏览新闻网页，但不可以对新闻进行评论和点赞，只有注册用户才具有这些功能。为此需要设计用户注册功能，该功能的具体设计思路如下：
(1) 首先添加一个页面，在表单中添加一个表单，用于填写用户注册信息。
(2) 在浏览器中访问用户注册页面，填写注册信息后提交表单。
(3) 通过 PHP 接收表单数据，并将新注册用户的信息显示出来。

4.1.1 表单概述

表单在 web 页面中用来给访问者填写信息，从而获取用户信息，使网页具有交互功能。一般把表单设计在一个 HTML 文档中，当用户填写完信息后执行提交(submit)操作，于是表单的内容就从客户端的浏览器传送到服务器上，经过服务器中的处理程序处理后，再将用户所需的信息回传到客户端的浏览器上，这样网页就具有了交互性。在表单的制作过程中，可以使用 CSS 样式引入表单的布局设计，使表单的样式更美观。

1. <form>标签

<form>、</form>标签用于创建表单，即定义表单的开始和结束位置，在标签对之间的一切内容都属于表单的内容。其语法格式如下：

```
<form name="form_name" action="action_url" method="get|post" >
    …
</form>
```

其中 name、action 和 method 是表单的常用属性，其作用如下：
(1) name 属性：指明表单的名字，在同一个 Web 页面中，表单具有唯一的名字。
(2) action 属性：指明表单数据的接收方页面的 URL(Uniform Resource Locator，统一资源定位)地址。
(3) method 属性：指明表单数据提交的方式，其中最常用的是 get 和 post 两种方式。

get 方式将表单数据以 URL 传值的方式提交，即将数据附加在 URL 后面以参数形式发送，这种方式传送的数据量是有所限制的。对于普通用户而言，使用 get 方式提交的数据是可见的，因为数据就在 url 地址的参数中。例如：

http://www.examples.com/chapter4/ch4_1_ok.php?username=admin&userpassword=123456

post 方式将表单数据以隐藏方式发送，传送的数据量要比 get 方式大得多，因此在实际开发中，通常都会使用 post 方式提交表单。

对于普通用户而言，以 post 方式发送的数据是不可见的，而 Web 开发者可以通过浏览器的开发者工具进行查看。目前，主流的浏览器都提供了开发者工具。以火狐浏览器为例，在浏览器窗口中按下<F12 键>可以启动开发者工具，然后切换到『网络』-『消息头』，如图 4.1.1 所示。

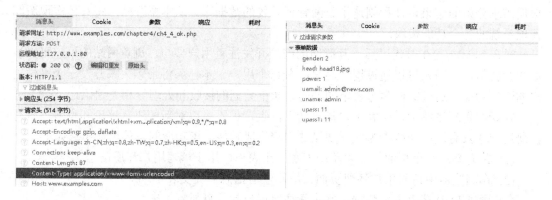

图 4.1.1 查看 post 发送的数据

从图 4.1.1 可以看出，通过 post 方式发送数据时，Content-Type 会自动设置为"application/x-www-form-urlencoded" Content-Length 为内容的长度。切换到参数页面可以查看具体的数据，以 post 方式发送的数据也分为参数名和参数值。

2．表单元素

表单元素包含文本框、密码框、隐藏域、复选框、单选框、提交按钮、下拉列表框和文件上传框等，用于采集用户输入或选择的数据。下面以文本框为例，介绍表单元素的常用属性。例如：

```
<input type="" name="" maxlength="" value="" size="" placeholder="" required >
```

其中 type、name、maxlength 和 value 的作用如下：

(1) type 属性：指明表单元素类型，"text" 表示文本框，"password"为密码输入框，"radio" 为单选按钮，"checkbox" 表示复选框。

(2) name 属性：表示表单元素的名字。表单元素的名字也具有唯一性。

(3) maxlength 属性：表明该表单元素最多可以输入的字符数。

(4) value 属性：表明该表单元素的初始值。

(5) size 属性：表明表单元素的宽度。

(6) placeholder 属性：用来对用户提供一些提示，描述表单元素所期待输入的值。

(7) required 属性：用来表明表单元素输入内容不能为空。

4.1.2　使用 PHP 全局变量获取表单数据的方法

客户端在与服务器端连接时，无法通过 HTML 记录客户信息。服务端把每个客户端的请求单独处理，在请求完成后就结束与客户端的连接。当从一个页面跳转到另一个页面时，前一个页面的变量就消失了，无法传递到后一个页面。HTTP 无法记录 Web 应用程序环境的变量和 Web 应用程序内的值。因此，HTTP 是无状态的。

页面间传递信息有很多种实现方法，如表单、Session、Cookie 等。PHP 可以通过表单获取从一页传递到另一页的变量，可以快捷、方便地实现各种 Web 站点功能。

Web 页面中通过表单传递变量最基本的方法有两种：get 和 post。同样，页面中接收表单数据的方式也有两种：一种是$_GET，另一种是$_POST，它们属于 PHP 中的预定义变量。这些预定义变量都是全局变量，在 PHP 中的任何地方都可以使用这些变量。

变量$_GET 是由表单数据组成的数组，它由 HTTP 的 get 方法传递的表单数据组成。表单元素的名称(即 name 属性的值)就是数组的索引。也就是说，通过表单元素的名称，就可以获得表单元素的值。例如，表单中有个名称为"username"的文本域，在 PHP 中就可以通过$_GET["username"]获取文本框中用户输入的数据。在这里表单元素的名称是区分大小写的，如果忽略大小写的话，将无法提取表单元素的值。

变量$_POST 的用法和$_GET 类似，通过 HTTP 的 post 方法获取的表单数据都存在该变量中，该变量也是一个数组。

在 PHP 中还定义了类似的一些预定义变量，具体如表 4.1.1 所示。

表4.1.1 常用预定义变量

元素/代码	描 述
$_COOKIE	通过 HTTP cookie 传递到页面的信息
$_SESSION	包含所有与会话变量有关的信息，常用语会话控制和页面传值
$_FILES	包含通过 post 方法传递的已上传文件数据
$_REQUEST	由$_GET, $_POST 和$_COOKIE 组成的数组
$_SERVER['SERVER_ADDR']	当前运行脚本所在的服务器的 IP 地址
$_SERVER['SERVER_NAME']	当前运行脚本所在的服务器的主机名称，如果所在服务器是虚拟主机，则显示虚拟主机的设置值
$_SERVER['REMOTE_ADDR']	访问当前页面用户的 IP 地址
$_SERVER['REMOTE_HOST']	访问当前页面用户主机名称
$_SERVER['REMOTE_PORT']	用户连接到服务器时所使用的接口
$_SERVER['REQUEST_METHOD']	访问页面使用的请求方法
$_SERVER['SCRIPT_FILENAME']	当前页面的绝对地址
$_SERVER['PHP_SELF']	当前执行脚本的文件名
$_SERVER['DOCUMENT_ROOT']	当前访问页面所在的文档根目录

【例 4-1】 使用 get 方法传递表单数据：实现用户登录表单(ch4_1.php)，表单的传值方式为 get。用户在表单中输入用户名和密码后，单击提交按钮，然后在接收页面(ch4_1_ok.php)中显示输入的用户名和密码。用户登录表单设计如图 4.1.2 所示。

设计思路：

(1) 使用<form>标签添加表单,使用输入控件添加表单元素。

图 4.1.2 用户登录页面

(2) 为了表单的美观性，使用 CSS 样式表来修改表单的设计外观。

(3) 由于表单的传值方式为 get，故使用全局变量 $_GET 在接收页面提取表单元素的数据。

实现步骤：

(1) 在 DW CS6 中打开网站 examples，在右边文件面板添加一个新的文件夹"chapter4"，并在新文件夹下添加一个新的 PHP 文件"ch4_1.php"，然后打开文件"ch4_1.php"，编辑其代码。其代码实现如下：

```
1   <!doctype html>
2   <html>
3   <head>
4   <meta charset="utf-8">
5   <title>web 表单--get 传值方式</title>
6   <link href="styledform.css" type="text/css" rel="stylesheet">
7   </head>
8   <body>
9   <form name="form1" action="ch4_1_ok.php" method="get">
10      <div class="tableRow">
11          <p></p>
12          <p class="heading">用户登录</p>
13      </div>
14      <div class="tableRow">
15          <p>用户名:</p>
16          <p><input type="text" name="username" size="30" required/></p>
17      </div>
18      <div class="tableRow">
19          <p>密码:</p>
20          <p><input type="password" name="userpassword" size="30" required/></p>
21      </div>
22      <div class="tableRow">
23          <p></p>
24          <p> <input type="submit" value="提交"> </p>
25      </div>
26  </form>
27  </body>
28  </html>
```

说明：

第 6 行代码中，引入一个外部 CSS 样式表文件用来格式化表单元素输出，具体的样式定义见后面 styledform.css 的代码实现。

第 9~26 行代码中，添加了一个表单，表单的名字为"form1"，表单数据处理网页为"ch4_1_ok.php"，表单数据传送的方式为 get 方法。

(2) 在新建立的"chapter4"文件夹下添加一个 CSS 样式表文件"styledform.css",编辑其代码。其代码实现如下:

```
1    form {
2        display: table;
3        padding: 10px;
4        border: thin dotted #7e7e7e;
5    }
6    form textarea {
7        width: 300px;
8        height: 200px;
9    }
10   div.tableRow {
11       display: table-row;
12   }
13   div.tableRow p {
14       display: table-cell;
15       vertical-align: top;
16       padding: 3px;
17   }
18   div.tableRow p:first-child {
19       text-align: right;
20       width:100px;
21   }
22   div.tableRow p.heading {
23       font-weight: bold;
24       font-size:+2;
25       text-align:center;
26       padding:20px;
27   }
```

说明:

第 1~5 行代码定义了<form>标签的样式,<form>标签以 table 样式显示。

第 6~9 行代码定义了<form>标签下子标签<textarea>的样式,也定义了宽度和高度值。

第 10~12 行代码定义了 class 属性为 tableRow 的<div>标签的样式。

第 13~17 行代码定义了 class 属性为 tableRow 的<div>标签的子标签<p>的样式。

第 18~21 行代码定义了 class 属性为 tableRow 的<div>标签的第一个子节点<p>的样式。

第 22~27 行代码定义了 class 属性为 tableRow 的<div>标签的子节点,且该子节点是 class 属性为 heading 的<p>标签。

该样式表将用表单。表单用 CSS 中的 table(即表格)样式显示,每个表单输入元素占据表格的一行,表格的第一列显示字段名称,第二列显示输入元素。

(3) 添加一个新的 PHP 文件 "ch4_1_ok.php"，用来实现收集 "ch4_1.php" 网页的表单输入的数据，编辑其代码。其代码实现如下：

```
1   <?php
2       header('Content-Type:text/html;charset=utf-8');
3       $username=$_GET["username"];
4       $userpassword=$_GET["userpassword"];
5       echo "您输入的用户名为:" .$username .",密码为:" . $userpassword;
6   ?>
```

说明：

第 2 行代码使用 header 函数定义了网页的内容类型和字符编码方式。

第 3、第 4 行使用 $_GET 全局变量分别获取表单两个元素的值。"username" 和 "userpassword" 是在表单中定义的表单元素名称。需要特别注意的是，在这里获取表单元素名称区分字母大小写，如果忽略字母大小写，那么在程序运行时将无法获取表单元素的值或弹出错误提示信息。

(4) 在用户登录表单 "ch4_1.php" 中输入用户名和密码，并单击提交按钮后浏览器跳转到表单处理页面 "ch4_1_ok.php"，并将提交的数据附加到 URL 地址后面。例如：http://www.examples.com/chapter4/ch4_1_ok.php?username=admin&userpassword=123456。url 和表单元素之间用 "?" 隔开，多个表单元素之间用 "&" 隔开，每个表单元素的格式都是 "name=value"，具体效果如图 4.1.3 所示。

图 4.1.3 使用 get 方法提交表单数据

【例 4-2】 使用 post 方法传递表单数据：实现一个收集用户个人信息的表单(ch4_2.php)，添加文本框、单选按钮、复选按钮、文本区域等多种表单元素，并在表单处理页面(ch4_2_ok.php)显示搜集的用户个人信息，表单的传值方式为 post。收集用户个人信息表单设计如图 4.1.4 所示。

设计思路：

(1) 为了表单的美观性，使用例 4-1 同样的方式样式化网页。

(2) 添加<form>标签以及各种输入标签,完成表单数据的收集。

(3) 由于表单指定使用 post 方法传递数据，故使用全局变量$_POST 在接收页面提取表单元素的

图 4.1.4 使用 get 方法提交表单数据

数据。

实现步骤：

(1) 在 DW CS6 中打开网站 examples，在文件夹 "chapter4" 下添加一个新的 PHP 文件 "ch4_2.php"，然后打开文件 "ch4_2.php"，编辑其代码。其代码实现如下：

```
1    <!doctype html>
2    <html>
3    <head>
4    <meta charset="utf-8">
5    <title>web 表单--post 传值方式</title>
6    <link href="styledform.css" type="text/css" rel="stylesheet">
7    </head>
8    <body>
9        <form name="form1" action="ch4_2_ok.php" method="post">
10         <div class="tableRow">
11           <p></p>
12           <p class="heading">请输入您的个人信息</p>
13         </div>
14         <div class="tableRow">
15           <p>姓名：</p>
16           <p><input type="text" name="name" ></p>
17         </div>
18         <div class="tableRow">
19           <p>性别：</p>
20           <p><input type="radio" name="gender"  value="男" checked>男
21              <input type="radio" name="gender" value="女">女
22           </p>
23         </div>
24         <div class="tableRow">
25           <p>出生年月：</p>
26           <p><input type="date" name="birthday"></p>
27         </div>
28         <div class="tableRow">
29           <p>爱好：</p>
30           <p><input type="checkbox" name="hobby[]" value="听音乐">听音乐
31              <input type="checkbox" name="hobby[]" value="演奏乐器">演奏乐器
32              <input type="checkbox" name="hobby[]" value="打篮球">打篮球
33              <input type="checkbox" name="hobby[]" value="看书">看书
34              <input type="checkbox" name="hobby[]" value="上网">上网
```

```
35          </p>
36        </div>
37        <div class="tableRow">
38          <p>地址：</p>
39          <p><input type="text" name="address"></p>
40        </div>
41        <div class="tableRow">
42          <p>电话：</p>
43          <p><input type="text" name="telephone"></p>
44        </div>
45        <div class="tableRow">
46          <p>QQ：</p>
47          <p><input type="text" name="qq"></p>
48        </div>
49        <div class="tableRow">
50          <p>自我评价</p>
51          <p><textarea name="content"></textarea></p>
52        </div>
53        <div class="tableRow">
54          <p></p>
55            <p> <input type="submit" value="提交">
56                <input type="reset" value="重置">
57            </p>
58        </div>
59      </form>
60    </body>
61  </html>
```

说明：

第 6 行代码加载了一个外部样式表，即为例 4-1 中同一个样式表，实现对表单及表单元素的样式化。

第 9～59 行代码建立了一个表单，表单名为"form1"，表单处理网页为"ch4_2_ok.php"，表单的数据传值方式为 post。

第 20、第 21 行代码添加了单选按钮，用来提供用户性别的选择。

第 26 行代码添加了一个输入日期类型的输入元素。这是 html5 新支持的新的输入元素类型，目前已经可以在所有主流的浏览器中使用它们，即使不被支持，仍然可以显示为常规的文本域。

第 30～34 行代码添加了复选框，用来提供用户的爱好选择。这几个复选框具有相同的 name 属性 hobby[]，hobby[]是一个数组名，当表单提交数据时，具有相同的 name 属性的表单元素就会以数组的方式向 Web 服务器提交多个数据。

第 51 行代码添加了一个用来输入多行文本的文本域输入元素。

(2) 同在"chapter4"文件夹下添加一个新的 PHP 文件"ch4_2_ok.php",用来实现收集"ch4_2.php"网页的表单输入的数据,然后编辑其代码。其代码实现如下:

```
1   <?php
2   header('Content-Type:text/html;charset=utf-8'); //设置字符编码
3   //判断$_POST 是否为非空数组
4   if(!empty($_POST)){//数据非空,说明有表单提交
5   $fields=array('name','gender','birthday','address','telephone','qq','content','hobby');
6     foreach($fields as $v){
7         $save_data[$v]=isset($_POST[$v])?$_POST[$v]:'';
8     }
9   if(is_array($save_data['hobby'])){
10  $save_data['hobby'] = implode(',',$save_data['hobby']);
11  //将数组转换为用逗号分隔的字符串
12    }else{
13        $save_data['hobby']='';
14    }
15    foreach($save_data as $key=>$value){
16        echo $key. ":" .$value;
17        echo "<br>";
18    }
19  }
20  ?>
```

说明:

第 4 行代码中,empty()是一个 PHP 内置函数,用来判断参数中的变量是否为空,""、0、"0"、NULL、FALSE、array()以及没有属性的对象都被认为是空的。在这里判断$_POST 数组是否为空数组,若非空,则说明有表单通过 POST 方式提交。

第 5 行代码定义一个数组来保存需要接收的表单字段。

第 6~8 行代码将使用关联数组$save_data 保存$_POST 中的指定字段数据,不存在的字段填充空字符串,其中的 isset()函数是一个 PHP 内置函数,用来判断参数中变量是否设置过。

第 9 行代码用来判断$save_data['hobby']是否是数组,是的话,将数组转化为用逗号分隔的字符串。

第 15~18 行代码使用循环将数组$save_data 遍历输出。

(3) 在浏览器中运行"ch4_2.php"页面,输入用户的个人信息,如图 4.1.5 所示。单击提交按钮,可以看到"ch4_2_ok.php"会显示输入的个人信息,如图 4.1.6 所示。

图 4.1.5　输入个人信息　　　　　　图 4.1.6　输出个人信息

【例 4-3】 PHP 预定义变量的使用：应用$_SERVER[]全局变量获取脚本所在地的 IP 地址及服务器和客户端的相关信息。

实现步骤：

(1) 在 DW CS6 中打开网站 examples，在文件夹"chapter4"下添加一个新的 PHP 文件"ch4_3.php"，然后打开文件"ch4_3.php"，编辑其代码。其代码实现如下：

```
1   <!doctype html>
2   <html>
3   <head>
4   <meta charset="utf-8">
5   <title>使用 SERVER 变量获取 IP 地址及相关信息</title>
6   </head>
7   <body>
8   <?php
9   echo "当前服务器 IP 地址是：". $_SERVER["SERVER_ADDR"]."<br>";
10  echo "当前服务器的主机名称是：".$_SERVER["SERVER_NAME"]."<br>";
11  echo "客户端 IP 地址是：". $_SERVER["REMOTE_ADDR"]."<br>";
12  echo "当前运行脚本的绝对地址：". $_SERVER["SCRIPT_FILENAME"]. "<br>";
13  echo "当前运行脚本所在文档的根目录：". $_SERVER["DOCUMENT_ROOT"]. "<br>";
14  echo "当前运行脚本的文件名：". $_SERVER["PHP_SELF"]. "<br>";
15  ?>
16  </body>
17  </html>
```

(2) 在浏览器预览程序，其运行结果如图 4.1.7 所示。

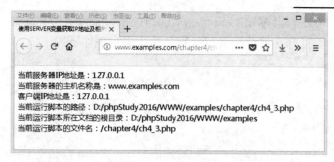

图 4.1.7　获取服务器及客户端相关信息

4.1.3　用户注册页面的实现

【例 4-4】 编写用户注册页面(ch4_4.php)：新增一个 PHP 文件，并添加用来实现用户注册的表单。

设计思路：

(1) 用户注册表单是为了收集用户的基本信息，即用户名、密码、性别、email、头像、注册时间、权限等。

(2) 性别和权限字段在数据库中用整数存储，需要设计合适的方式方便用户选择。

(3) 用户头像提供系统中，对预先准备好的头像文件进行选择。

实现步骤：

(1) 在 DW CS6 中打开网站 examples，在文件夹"chapter4"下添加一个新的文件夹"headimg"，文件夹用来存放用户的头像文件，头像文件命名格式为"head 序号.jpg"。例如，第 1 张头像文件命名为"head1.jpg"。添加后效果如图 4.18 所示。

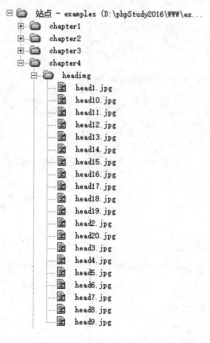

图 4.1.8　添加头像文件夹后

(2) 在 DW CS6 中打开网站 examples，在文件夹"chapter4"下添加一个新的 PHP 文件 "ch4_4.php"，然后打开文件并编辑其代码。其代码实现如下：

```
1   <!doctype html>
2   <html>
3   <head>
4   <meta charset="utf-8">
5   <title>PHP 新闻管理系统--用户注册</title>
6   <link href="styledform.css" rel="stylesheet" type="text/css">
7   </head>
8   <body>
9     <form name="regForm" action="ch4_4_ok.php" method="post">
10     <div class="tableRow">
11       <p></p>
12       <p class="heading">用户注册</p>
13     </div>
14     <div class="tableRow">
15         <p>用户名:</p>
16         <p><input type="text" name="uname" size="30" required/></p>
17     </div>
18  <div class="tableRow">
19         <p>密码:</p>
20         <p><input type="password" name="upass" size="30"/></p>
21     </div>
22       <div class="tableRow">
23         <p>重复密码:</p>
24         <p><input type="password" name="upass1" size="30"/></p>
25     </div>
26       <div class="tableRow">
27         <p>电子邮件:</p>
28         <p><input type="email" name="uemail" size="30"/></p>
29     </div>
30       <div class="tableRow">
31         <p> 性别:</p>
32         <p> <input type="radio" name="gender" value="1" checked="checked">男
33            <input type="radio" name="gender" value="2">女</p>
34     </div>
35       <div class="tableRow label">
36         <p> 请选择头像: </p>
37         <p> <?php
```

```
38                    for($i=1;$i<=20;$i++){
39                        $headfile="head".$i.".jpg";//头像文件格式 head 序号.jpg
40                        echo "<img src='headimg/".$headfile."' width='50' height='50'/> <input type='radio'
41   name='head' value='".$headfile."'/>";
42                        if($i % 5==0) echo "<br>";    //每 5 个换行
43                    }
44                ?> </p>
45            </div>
46            <div class="tableRow">
47                <p><input type="hidden" name="power" value="1"></p>
48                <p><input type="submit" value="注册"> </p>
49            </div>
50        </form>
51    </body>
52 </html>
```

说明：

第 6 行代码用于加载样式表文件，并进行样式化表单及表单元素。

第 9 行代码定义用户注册页面中的表单，action 属性表示需要将用户数据提交的页面的 url 为同一相对路径下的 register_ok.php，method 属性表示将使用 post 方法提交数据。

第 16 行代码定义用户名输入框；第 20 行代码定义密码输入框；第 24 行代码定义重复密码输入框；第 32～33 行代码定义性别选择按钮，默认为男性。

第 37～44 行代码用于输出可供选择的系统头像，其中通过循环输出了 20 种系统头像，每行显示 5 个头像，且所有头像统一大小为宽度和高度 50px。

第 47 行代码定义了一个隐藏域，用来设置用户的权限类型，注册新用户默认为普通用户，其权限值为整数 1，因此该隐藏域的初始值设置为整数 1。

(3) 同在"chapter4"文件夹下添加一个新的 PHP 文件"ch4_4_ok.php"，用来处理用户注册数据，编辑其代码。其代码实现如下：

```
1  <?php
2    header('Content-Type:text/html;charset=utf-8');//设置字符编码
3    //判断$_POST 是否为非空数组
4    if(!empty($_POST)){
5        $fields=array('uname','upass','upass1','gender','head','power');
6        foreach($fields as $v){
7            $save_data[$v]=isset($_POST[$v])?$_POST[$v]:'';
8        }
9        foreach($save_data as $key=>$value){
10           echo $key .":" .$value ."<br>";
11       }
```

```
12      }
13  ?>
```

说明：

第 2 行代码使用了 header 函数来定义网页的内容类型和字符编码。

第 4 行代码用来判定是否有表单通过 post 方式提交。

第 5 行代码将表单传来的字段保存在数组中。

第 6~8 行代码使用 save_data 数组保存$_POST 指定字段的数据，若字段不存在则保存空字符串。

（4）在浏览器中运行"ch4_4.php"页面，输入用户的注册信息，如图 4.1.9 所示。单击提交按钮，可以看到"ch4_4_ok.php"会显示输入的用户注册信息，如图 4.1.10 所示。

图 4.1.9　注册用户页面

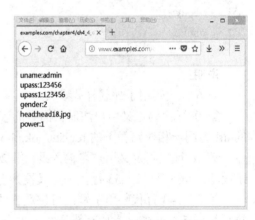

图 4.1.10　注册用户处理页面

4.2　任务 2：注册信息输入验证

表单用来收集用户输入的数据，并且增加了用户和 Web 应用系统的交互性。然而，用户输入的数据是否满足系统要求呢，这是一个重要的问题。在注册用户任务完成的过程中，需要通过表单收集用户输入的信息。但如果用户输入的不符合要求的数据时，系统应该提供一种方法提示错误，防止不合法的数据进入系统。这就是表单数据验证的范畴。在本任务中有两大关键点：一是了解客户端验证和服务端验证的区别；二是了解 PHP 服务端验证如何实现。

4.2.1　为什么要做 PHP 表单验证

表单是 HTML 中实现用户和系统交互的设计。在通过表单接收用户填写的数据时，表单中的每一个字段都有特定的含义，例如当接收邮箱地址时，就需要验证是不是一个合法的邮箱格式。表单中的各字段还应限制用户输入的长度或者范围，如密码一般要求最少 6 位。如何保证用户输入的数据符合要求，那么就需要对输入的数据进行验证；对表单的输入数据进行验证，还可以提高 Web 系统的安全性，对于防范黑客和垃圾邮件很重要。

表单验证分为服务器端和客户端两种验证。服务器端验证是指将用户输入的信息全部发送到 Web 服务器端进行验证；而客户端验证一般指利用 javascript 脚本，在数据发送到服务器之前进行验证。这两种方式各有特点：客户端验证能快速响应用户要求，但所使用的脚本会直接暴露给客户，安全性不高；服务器端验证相对安全，但所有数据必须发送到服务器才能验证，所以响应速度相对较慢，且如果用户数巨大则相对服务器的要求比较高。具体采用哪种验证方式取决于系统要求，在本节中主要给大家介绍使用 PHP 进行服务器端的表单验证。

4.2.2　PHP 表单的基本验证

在 Web 开发中，表单是下载到用户浏览器中的 HTML 页面，虽然开发者可以在表单中限制用户能提交的内容，但是用户可以伪造表单提交到服务器。也就是说，表单中的任何限制都是不可靠的，为了防止用户伪造表单破坏程序原有的规则，应在接收到表单后验证这些数据是否合法。

【例 4-5】　简单计算器(ch4_5.php)：新增一个 PHP 文件，添加一个表单用来完成简单的计算器功能，两个文本框用来输入两个操作数，一个下拉列表用来选择操作符类型，单击提交按钮后跳转到表单处理页面(ch4_5_ok.php)。输入要求：两个输入的数不能为空且必须为数值类型。

设计思路：

(1) 编写一个 PHP 网页，在页面中添加一个表单，用于编辑计算器的操作数和选择操作符。

(2) 编写一个表单处理程序，处理表单的数据，并对提交的表单数据进行验证。

(3) 表单验证失败时，将错误信息显示在页面中。

(4) 验证表单的验证功能是否能正确验证非法数据。

实现步骤：

(1) 在 DW CS6 中打开网站 examples，在文件夹"chapter4"下添加一个新的 PHP 文件 "ch4_5.php"，然后打开文件并编辑其代码。其代码实现如下：

```
1    <!doctype html>
2    <html>
3    <head>
4    <meta charset="utf-8">
5    <title>简单计算器示例</title>
6    <link href="styledform.css" rel="stylesheet" type="text/css">
7    </head>
8    <body>
9        <form  method="post" action="ch4_5_ok.php">
```

```
10      <div class="tableRow">
11         <p></p>
12         <p class="heading">简单计算器</p>
13      </div>
14      <div class="tableRow">
15         <p>数1：</p>
16         <p><input type="text" name="number1" size="30" >   </p>
17      </div>
18      <div class="tableRow">
19         <p>运算符：</p>
20         <p><select name="oper" >
21             <option value="+">加法
22             <option value="-">减法
23             <option value="*">乘法
24             <option value="/">除法
25            </select>
26         </p>
27      </div>
28      <div class="tableRow">
29         <p>数2：</p>
30         <p><input type="text" name="number2" size="30" > </p>
31      </div>
32      <div class="tableRow">
33         <p> </p>
34         <p><input type="submit" value="提交" > </p>
35      </div>
36     </form>
37   </body>
38 </html>
```

说明：

第 20～25 行代码添加了一个下拉菜单。下拉菜单提供了有限的选项，用户只能选择下拉菜单中的某一项。例如，如果用户选择了"加法"并提交表单，则提交的数据为"oper=+"。

（2）同在"chapter4"文件夹下添加一个新的 PHP 文件"ch4_5_ok.php"，用来处理计算器数据，并编辑其代码。其代码实现如下：

```
1  <?php define('APP','newsmgs');?>
2  <?php
3    header('Content-Type:text/html;charset=utf-8');//设置字符编码
4    //$error 数组保存验证后的错误信息
```

```
5      $error=array();
6      //判断$_POST是否为非空数组
7      if(!empty($_POST)){
8        $fields=array('number1','oper','number2');
9        foreach($fields as $v){
10         $save_data[$v]=isset($_POST[$v])?$_POST[$v]:'';
11       }
12     //验证number1字段,若为空或者不是数值,将错误信息保存到$error数组中
13     if($save_data['number1']=='' || !is_numeric($save_data['number1']) ) {
14         $error['number1']="操作数1输入有误,输入不能为空或必须为数值";
15     }
16     //验证number2字段,若为空或者不是数值,将错误信息保存到$error数组中
17     if($save_data['number2']=='' || !is_numeric($save_data['number2']) ) {
18         $error['number2']="操作数2输入有误,输入不能为空或必须为数值";
19     }
20     //验证oper字段,若不在合法值之列,将错误信息保存到$error数组中
21     $oper=array('+','-','*','/');
22     if( ! in_array( $save_data['oper'],$oper)) {
23         $error['oper']="选择的操作符不在允许的操作符列表中";
24     }
25     //如果$error数组为空,说明没有错误
26     if(empty($error)){
27         //表单验证成功
28         die("表单数据验证成功!");
29     }else{
30         //表单验证失败,显示错误信息
31         require 'error.php';
32     }
33   }
34   ?>
```

说明:

第1行代码定义了一个常量APP。

第13~15行代码用来验证表单字段number1输入是否合法,不允许输入为空或者不是数值型数据; is_numeric()函数用来判断参数是否是数字或数字型字符串的内置函数,有错误则将错误信息保存到$error中。

第17~19行代码用来验证表单字段number2。

第21行代码用数组$oper保存所有合法的操作符选项,如果用户提交的数据为数组元素,则为合法输入。

第 31 行代码引入了错误显示页面 error.php，用来输出$error 数组。

（3）在"chapter4"文件夹下添加一个新的 PHP 文件"error.php"，用来显示表单验证错误信息，并编辑其代码。其代码实现如下：

```
1   <?php
2   //防止被直接访问
3   if(!defined('APP')) die('error!');
4   ?>
5   <!doctype html>
6   <html>
7   <head>
8   <meta charset="utf-8">
9   <style>
10  body{margin:0;padding:0;}
11  .error-box{margin:20px;padding:10px;background:#FFF0F2;
12  border:1px dotted #ff0099;font-size:14px;color:#ff0000;}
13  .error-box ul{margin:10px;padding-left:25px;}
14  </style>
15  </head>
16  <body>
17  <div class="error-box">
18      错误信息如下：
19      <ul><?php
20          foreach($error as $v){
21              if($v!=''){
22                  echo "<li>$v</li>"; }
23          }
24      ?></ul>
25  </div>
26  </body>
27  </html>
```

说明：

当表单验证失败时，应将错误信息显示在网页中。由于$error 数组保存了所有表单字段验证后的错误信息，因此只要在网页中输出$error 数组即可。上述第 20～24 行代码遍历$error 数组，并将数组中的每个错误信息放在了<li>元素中，从而使错误信息看起来更有条理。

第 3 行代码在网页顶部验证常量 APP 是否存在，如果不存在，则网页不执行并显示 error 信息。这样做的目的是，防止用户直接访问 error.php 文件，提供了一定程度上的安全性。die()函数是 PHP 的系统函数，它的功能是输出一条消息并退出当前程序。

(4) 测试表单验证功能，在浏览器运行"ch4_5.php"文件，当输入不合法时，验证结果如图 4.2.1 所示。

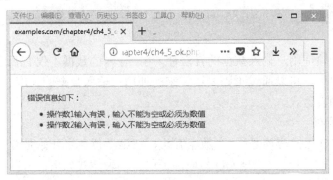

图 4.2.1　显示错误信息

4.2.3　PHP 表单安全验证

1．输入过滤

在开发 PHP 程序时，为了便于调试，会将用户输入的内容直接显示在网页中，但是网站上线时，如果对用户的输入不做任何过滤，会带来安全风险。例如：

```
$username=$_POST["username"];
$userpassword=$_POST["userpassword"];
echo "您输入的用户名为:" .$username .",密码为:" . $userpassword;
```

上述代码将一个来自 post 方式提交的 username 和 password 字段输出到网页中，如果用户输入的是一段脚本，如"<script>alert('ok');</script>"，那么这些代码就会被执行，从而威胁到网站的安全。因此在用户提交表单时，需要对用户输入的数据进行过滤。

输入过滤主要包括以下几个方面：
- 去除用户输入数据中不必要的字符(多余的空格、制表符、换行符等)。
- 删除用户输入数据中的反斜杠(\)。
- 将用户输入数据中的 HTML 字符转换为 HTML 实体字符，从而防止被浏览器解析。

我们可以通过 PHP 提供的一些函数过滤用户输入的数据，接下来通过一些例子展示这些函数的使用。

1) trim()函数

trim()函数可以去除字符串左右两端的空白字符，包括空格、换行和制表符等。例如：

```
echo trim(" hello,world! ");         //输出结果: hello,world!
echo trim("\n\thello world! ");      //输出结果：  hello world!
```

2) htmlspecialchars()函数

htmlspecialchars()函数可以将字符串中的 HTML 特殊字符转换为 HTML 实体字符，从而防止浏览器解析。例如：

```
echo htmlspecialchars("<test>");//输出结果:&lt;test&gt;
echo htmlspecialchars("<script>alert('ok')</script>");
 //输出结果:&lt;script&gt;alert('ok')&lt;/script&gt;
```

3) stripslashes()函数

stripslashes()函数可以去除字符串中的反斜杠。例如：

echo stripslashes("Who\'s Bill Gates?");   //输出结果:Who's Bill Gates?

2. 数据验证

数据验证是指验证用户输入数据的合法性，用户输入的数据不仅有长度和范围的要求，还有格式上面的要求，可以通过正则表达式来验证用户输入数据的长度、范围和格式。下面介绍常用的正则表达式。

1) 验证QQ号码

一个正确的QQ号码应该是1~9数字开头，从第2位数字开始是0~9的任意数字。QQ号码的长度至少为5位。实现QQ号码验证的正则表达式如下：

/^[1-9][0-9]{4,19}$/

在正则表达式中，"^[1-9]"表示以1~9的数字开头；"[0~9]{4,19}"表示4~19个任意的十进制数字；"$"表示字符串结尾。

2) 验证身份证号码

身份证号码是15位或18位数字。实现身份证号码验证的正则表达式如下：

/^\d{15}|\d{18}$/

在正则表达式中，"\d"用于匹配任意的十进制数字，相当于[0-9]；"|"表示或者的逻辑含义。

3) 验证email地址

一个完整的email地址是由"用户名"、"@"和"服务器域名"三部分组成，用户名可以使用英文字母和数字，服务器域名要符合域名的规则。实现email地址验证的正则表达式如下：

/^[a-z0-9]+@([a-z0-9]+\.)+[a-z]{2,4}$/i

"[a-z0-9]"用于匹配一个英文字母或数字字符，"[a-z0-9]+"表示匹配一次或多次；"([a-z0-9]+\.)"用于循环匹配符合"[a-z0-9]"且以"."结束的字符串，由于"."是正则表达式中的符号，故使用"\."进行转义；"[a-z]{2,4}"用于匹配域名后缀，即"edu"、"com"、"org"等；"i"表示大小写不敏感。

4) 验证电话号码

国内电话号码是3位区号加8位电话号码或者4位区号加7位或8位电话号码。实现电话验证的正则表达式如下：

/^\d{3}-\d{8}|\d{4}-\d{7,8}$/

4.2.4 加入验证后的用户注册页面

【例4-6】表单验证功能：为例4-4中的表单注册功能添加表单验证功能，即过滤用户输入的数据，去除一些非法字符，验证一些特殊字段的格式，如密码字段为至少长度是6的字符串，email地址必须为合法的email地址等。

设计思路：

(1) 编写test_input()函数，用于实现用户输入数据过滤。

(2) 编写 checkUsername()函数，用于验证用户名格式是否合法。

(3) 编写 checkPassword()函数，用于验证密码格式是否合法。

(4) 编写 checkConfirmPassword ()函数，用于验证密码和重复密码是否一致。

(5) 编写 checkEmail()函数，用于验证邮箱地址是否合法。

(6) 编写 PHP 程序，通过引入表单验证函数库验证用户的输入。

(7) 当表单验证失败时，将错误信息显示在网页中。

(8) 测试表单验证功能是否能正确验证非法数据。

实现步骤：

(1) 创建表单验证函数库文件。在 DW CS6 中打开网站 examples，在文件夹"chapter4"下添加一个新的 PHP 文件"checkFormLib.php"。

(2) 用户输入过滤功能。在表单验证函数库文件中添加 test_input()函数，用于过滤用户的数据输入。其代码实现如下：

```
1    //输入过滤
2    function test_input($data) {
3        $data = trim($data);                    //去除左右两端的空白字符
4        $data = stripslashes($data);            //去除输入中的反斜杠
5        $data = htmlspecialchars($data);        //将特殊字符转换为实体引用
6        return $data;
7    }
```

(3) 用户名格式验证。在表单验证函数库文件中添加 checkPassword()函数，用于验证密码格式是否合法。为了用户账号的安全，网站不允许使用低于 6 位的段密码。实现密码验证的代码如下：

```
1    //验证用户名不能为空
2    function checkUsername($username){
3      if(!strlen($username)){
4          return '用户名不能为空';
5      }
6      return true;
7    }
```

(4) 密码格式验证。在表单验证函数库文件中添加 checkPassword()函数，用于验证密码格式是否合法。为了用户账号的安全，网站不允许使用低于 6 位的段密码。实现密码验证的代码如下：

```
1    //验证密码(长度6~16位,只允许英文字母,数字,下划线)
2    function checkPassword($password){
3        if(!preg_match('/^\w{6,16}$/',$password)){
4            return '密码格式不符合要求';
5        }
6        return true;
7    }
```

在上述代码中，preg_match()是一个正则表达式匹配函数，该函数的第 1 个参数为正则表达式，第 2 个参数为待验证的字符串变量，返回值为正则表达式的匹配次数，当返回值为 0 时，表示输入的字符串不符合规则。

(5) 密码和重复密码一致性验证。在表单验证函数库文件中添加 checkPassword()函数，用于验证密码格式是否合法。为了用户账号的安全，网站不允许用于使用低于 6 位的段密码。实现密码验证的代码如下：

```
1   //验证密码和重复密码必须一致
2   function checkConfirmPassword($password,$password1){
3       if($password!=$password1){
4           return '密码和重复密码不一致';
5       }
6       return true;
7   }
```

(6) 邮箱格式验证。在表单验证函数库文件中添加 checkEmail()函数，用于验证 email 格式是否合法。实现邮箱验证的代码如下：

```
1   //验证邮箱(不超过 50 位)
2   function checkEmail($email){
3       if(strlen($email) > 50){
4           return '邮箱长度不符合要求';
5       }elseif(!preg_match('/^[a-z0-9]+@([a-z0-9]+\.)+[a-z]{2,4}$/i',$email)){
6           return '邮箱格式不符合要求';
7       }
8       return true;
9   }
```

(7) 引入表单验证函数库。当定义好表单验证函数库后，就可以在其他 PHP 文件中调用了。打开"ch4_4_ok.php"文件，编辑其代码，通过引入表单验证函数库验证用户的输入。代码实现如下：

```
1   <?php
2       define('APP','newsmgs');
3       header('Content-Type:text/html;charset=utf-8');//设置字符编码
4       require 'checkFormLib.php';    //引入表单验证函数库
5       //判断$_POST 是否为非空数组
6       if(!empty($_POST)){
7           $fields=array('uname','upass','upass1','uemail','gender','head','power');
8           //表单字段若不为空，则将数据过滤后存入 save_data 指定字段中
9           foreach($fields as $v){
10              $save_data[$v]=isset($_POST[$v])?test_input($_POST[$v]):'';
11          }
12          //$error 数组保存验证后的错误信息
```

```
13      $error=array();
14      //验证用户名
15      $result=checkUsername($save_data['uname']);
16      if($result !== true){
17          $error['uname']=  $result;
18      }
19      //验证密码
20      $result=checkPassword($save_data['upass']);
21      if($result !== true){
22          $error['upass']=  $result;
23      }
24       //验证重复密码
25      $result=checkConfirmPassword($save_data['upass'], $save_data['upass1']);
26      if($result !== true){
27          $error['upass1']=  $result;
28      }
29      //验证邮箱
30      $result=checkEmail($save_data['uemail']);
31      if($result !== true){
32          $error['uemail']=  $result;
33      }
34      if(empty($error)){
35        foreach($save_data as $key=>$value){
36            echo $key .":" .$value ."<br>";
37        }
38      }else{
39         require 'error.php';
40      }
41    }
42    ?>
```

说明：

上述第 4 行代码引入表单验证库函数文件，这样在本 PHP 程序中就可以使用定义好的验证函数。

第 10 行代码使用 test_input() 函数对不为空的输入字段进行过滤。

第 15~18 行代码对用户名字段进行验证，其中 "!==" 为不全等符号，当两边表达式值不同或者类型不同时，返回 true。当验证函数返回值不全等于 true 时，将错误描述存储到对应的 $error 数组元素中。

第 20~33 行代码依次调用验证函数验证相应字段格式是否合法。

第 34 行代码判断 $error 数组是否为空，若为空，则意味着没有任何违反格式要求的地方；若不为空，则引入错误显示页面将验证不合法的地方显示给用户看。

(8) 测试表单验证功能。将数据输入成不符合要求的内容，验证结果如图 4.2.2 所示。

图 4.2.2　用户注册验证错误信息

4.3　任务 3：用户头像上传

在添加用户账号时，为了使用户的形象更加具体、鲜活，经常需要设置头像。同样，在 Web 开发过程中，也经常需要为某个用户设置头像。在用户注册任务中，我们已经学习了如何添加系统预先提供的头像的实现。如果用户不喜欢系统提供的头像，希望自己上传感兴趣的图片作为头像时，就需要对原有功能进行扩展，使其可以上传头像。本任务中将介绍用户头像上传的功能，从而掌握 PHP 对上传文件的接收和处理的相关知识。

4.3.1　文件上传表单

<form>标签的 enctype 属性规定了在提交表单时要使用哪种内容类型，要想实现文件上传，需要将 enctype 属性设置为 "multipart/form-data"，让浏览器知道在表单信息中除了其他数据外，还有上传的文件数据，浏览器会将表单提交的数据(除了文件数据外)进行字符编码，并单独对上传的文件进行二进制编码。在 URL 地址栏上不能上传二进制编码数据，所以想实现文件上传表单，必须将表单提交方式设置为 post 方式。具有文件上传功能的表单具体代码如下：

```
<form method="post" enctype="mutipart/form-data">
...
<input type="file" name="upload">
   <input type="submit">
</form>
```

<input>标签的 type="file"属性规定了应该把输入作为文件来处理。允许用户上传文件是一个巨大的安全风险，请仅允许可信的用户执行文件上传操作。

4.3.2 处理上传文件

要实现文件上传功能,首先需要在配置文件 php.ini 中对上传的文件做一些设置,然后通过预定义变量$_FILES 对上传文件做一些限制和判断,最后用 move_uploaded_file()函数实现上传。

在 php.ini 配置文件中定位到 File Uploads 项,完成对上传相关选项的设置。上传相关选项的含义如下:

(1) file_uploads:如果值为"on",说明服务器支持文件上传;如果为"off",则不支持。一般默认是支持的。

(2) upload_tmp_dir:上传文件临时目录。如果文件被成功上传之前,文件首先被存放在服务器的临时目录中。多数使用系统默认目录,也可以自行设置。在处理表单的文件中,会在系统临时目录下生成一个临时文件,当 PHP 执行完毕后,临时文件就会被释放。

(3) upload_max_filesize:服务器允许上传文件大小的最大值,以 MB 为单位。系统默认为 2 MB,如果需要上传超过 2MB 的文件,需要修改此值,这里将其改成 5MB。

(4) max_file_uploads:在单个请求中,允许上传的最大文件数,系统默认值为 20。

PHP 中提供了超全局数组$_FILES 保存上传的文件信息,可以通过函数 move_uploaded_file(临时文件,目标文件地址),将临时文件保存到用户为其指定的文件地址中。

4.3.3 获取上传的文件信息

在 PHP 获取上传文件时,使用$_FILES 二维数组来存储上传文件的信息,该数组的一维保存的是上传文件的名字,二维保存的是该上传文件的具体信息。例如:

```
echo "上传文件名称: " . $_FILES["file"]["name"] . "<br />";
echo "上传文件类型: " . $_FILES["file"]["type"] . "<br />";
echo "上传文件大小: " . ($_FILES["file"]["size"] / 1024) . " Kb<br />";
echo "存储在: " . $_FILES["file"]["tmp_name"];
```

4.3.4 判断上传文件类型

在 Web 系统实际开发过程中,经常需要对用户上传的文件类型进行判断。例如,上传头像时,仅允许用户上传 jpg、png 和 gif 格式的图片信息,那么在处理上传文件时,就需要对上传文件的类型进行判断。代码如下:

```
if (($_FILES["file"]["type"] == "image/gif")
    || ($_FILES["file"]["type"] == "image/jpeg")
    || ($_FILES["file"]["type"] == "image/png"))
{
    ...
}
```

在上面的代码中,判断用户上传文件的类型是否为允许的几种类型中的一个。

"image/gif"、"image/jpeg"和"image/png"是 MIME 类型，MIME 类型是 Internet 内容类型描述的事实标准，"/"前面的部分表示数据的大类别，如图像 image、声音 audio 等，后面的部分表示大类型下的具体类型。

【例 4-7】 文件上传功能：创建一个上传表单，允许上传 50 KB 以下的图片文件，将上传文件保存在根目录下的"upfiles"文件夹下，注意保证文件名的唯一性。

设计思路：

(1) 检查上传文件是否有错误，有错误的话则根据错误类型提示错误信息。

(2) 检查上传文件大小是否超出大小限制，若超出，则给出相应错误信息。

(3) 检查上传文件类型是否在规定的范围内，若不是合法文件类型，则给出相应错误信息。

(4) 使用 move_uploaded_file()函数将临时文件保存到指定的目录，文件名采用一定算法以使文件名不与现有文件重名。

(5) 当上传文件失败时，将错误信息显示在网页中。

(6) 测试表单上传功能是否能正确上传文件，并将上传文件信息显示在网页中。

实现步骤：

(1) 创建文件上传表单文件。在 DW CS6 中打开网站 examples，在文件夹"chapter4"下添加一个 PHP 文件，将文件名改为"ch4_6.php"，编辑其代码。代码实现如下：

```
1   <!doctype html>
2   <html>
3   <head>
4   <meta charset="utf-8">
5   <title>文件上传示例</title>
6   <link href="styledform.css" rel="stylesheet" type="text/css">
7   </head>
8   <body>
9     <form method="post" enctype="multipart/form-data"    action="ch4_6_ok.php">
10      <div class="tableRow">
11        <p>选择文件:</p>
12        <p><input type="file" name="myfile" ></p>
13      </div>
14      <div class="tableRow">
15        <p></p>
16        <p> <input type="submit" value="上传"></p>
17      </div>
18    </form>
19  </body>
20  </html>
```

上述第 9 行代码添加了一个文件上传表单，表单的 enctype 属性设置为"multipart/form-data"。

(2) 创建表单处理文件。在文件夹"chapter4"下添加一个 PHP 文件,将文件名改为"ch4_6_ok.php",然后编辑其代码。代码实现如下:

```php
1   <?php
2   define('APP','newsmgs');
3   header('Content-Type:text/html;charset=utf-8');//设置字符编码
4   $error=array();
5   if(!empty($_FILES['myfile'])){
6       $myfile=$_FILES['myfile'];
7       if($myfile['error']>0){
8           $error_msg='上传错误:';
9           switch($myfile['error']){
10              case 1:
11              case 2:
12                  $error_msg="文件大小超出系统限制";break;
13              case 3: $error_msg .= '文件只有部分被上传'; break;
14              case 4: $error_msg .= '没有文件被上传'; break;
15              case 6: $error_msg .= '找不到临时文件夹'; break;
16              case 7: $error_msg .= '文件写入失败'; break;
17              default: $error_msg .='未知错误'; break;
18          }
19          $error['myfile']=$error_msg;
20      }else{
21          if($myfile['size']<50000){
22              $type=$myfile['type'];
23              $allow_type=array('image/jpeg','image/png','image/gif');
24              if(in_array($type,$allow_type)){
25                  $type=substr(strrchr($myfile['name'],'.'),1);
26                  $file=date("YmdHis").rand(100, 999).".".$type;
27                  move_uploaded_file($myfile['tmp_name'],"upfiles/".$file);
28              }else{
29                  $error['myfile']='图像类型不符合要求,允许的类型为:'.implode (",",
30  $allow_type);
31              }
32          }else{
33              $error['myfile']='文件大小应小于50k';
34          }
35      }
36  }
37  if(empty($error)){
```

```
38          echo "文件上传成功<br>";
39          foreach($myfile as $name=>$value){
40           echo $name. '=' . $value . '<br>';
41          }
42         }else{
43          require 'error.php';
44         }
45     ?>
```

说明：

第 5 行代码判断是否有上传文件。

第 7 行代码判断上传的文件是否存在错误，并按照返回值给出不同的错误说明。

第 21 行代码判断上传文件大小是否小于 50 KB，50 KB 是文件上传限制的最大值。

$allow_type 存放了所有允许上传文件类型的数组；第 24 行代码判断当前上传文件的类型是否位于数组$allow_type 中。

第 25 行代码使用 strrchr()函数找出文件名中右端第一个"."字符的位置，并返回右端"."以及以后的所有字符(如 star.bmp，则返回.bmp)，再用 substr()函数返回从下标 1 开始的字串，即获得了文件的扩展名。

第 26 行代码利用当前的日期和时间加上一个三位的随机数构成文件名，以防止指定上传文件夹中存在重名文件而产生错误。

第 27 行代码将临时文件存储到指定的 upfiles 文件夹下。

(3) 测试上传表单功能。运行并选择上传文件，当无误时运行结果如图 4.3.1 所示。

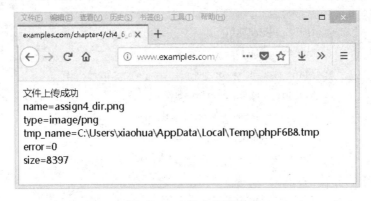

图 4.3.1 文件上传结果

4.3.5 用户头像上传功能的实现

【例 4-8】 用户头像上传功能：为例 4-4 中的表单注册功能添加用户头像上传功能，头像图片格式要求只能为 gif、png 或者 jpeg 三者之一，且要求文件大小不超过 50 KB。

设计思路：

(1) 编写一个新的用户注册表单，除了包含用户名、密码等输入元素外，添加一个用于用户头像文件上传的输入元素。

(2) 在浏览器中访问用户注册信息，选择上传的文件后提交表单。

(3) 通过 PHP 接收、处理上传文件信息。

实现步骤：

(1) 创建用户注册表单。在 DW CS6 中打开网站 examples，在文件夹"chapter4"下添加一个 PHP 文件，将文件改名为"ch4_7.php"，再将例 4-4 中的"ch4_4.php"的代码复制过来，并稍做修改。其具体代码实现如下：

```
1   <!doctype html>
2   <html>
3   <head>
4   <meta charset="utf-8">
5   <title>PHP 新闻管理系统--用户注册(添加头像上传功能)</title>
6   <link href="styledform.css" rel="stylesheet" type="text/css">
7   </head>
8   <body>
9       <form name="regForm" action="ch4_7_ok.php" method="post" enctype="multipart/form-data">
10          <div class="tableRow">
11              <p></p>
12              <p class="heading">用户注册</p>
13          </div>
14          <div class="tableRow">
15              <p>用户名:</p>
16              <p><input type="text" name="uname" size="30" required/></p>
17          </div>
18          <div class="tableRow">
19              <p>密码:</p>
20              <p><input type="password" name="upass" size="30"/></p>
21          </div>
22          <div class="tableRow">
23              <p>重复密码:</p>
24              <p><input type="password" name="upass1" size="30"/></p>
25          </div>
26          <div class="tableRow">
27              <p>电子邮件:</p>
28              <p><input type="email" name="uemail" size="30"/></p>
29          </div>
30          <div class="tableRow">
31              <p> 性别:</p>
32              <p> <input type="radio" name="gender" value="1" checked="checked">男
33                  <input type="radio" name="gender" value="2">女</p>
```

```
34          </div>
35          <div class="tableRow label">
36              <p>请选择头像: </p>
37              <p> <?php
38                  for($i=1;$i<=20;$i++){
39                      $headfile="head".$i.".jpg";
40                      echo "<img src='headimg/".$headfile."' width='50' height='50'/> <input type='radio' name='head' value='".$headfile."'/>";
42                      if($i % 5==0) echo "<br>";
43                  }
44              ?>
45              </p>
46          </div>
47          <div class="tableRow">
48              <p> 自定义头像: </p>
49              <p>  <input type="file" name="myhead"></p>
50          </div>
51          <div class="tableRow">
52              <p><input type="hidden" name="power" value="1"></p>
53              <p><input type="submit" value="注册"> </p>
54          </div>
55          </form>
56      </body>
57  </html>
```

上述代码中，第 9 行代码做了修改，增加了 enctype 属性以使表单支持文件上传功能。第 47~50 行代码增加了一个文件上传输入控件用来上传头像图片。

(2) 创建表单处理文件。在 DW CS6 中打开网站 examples，在文件夹"chapter4"下添加一个 PHP 文件，将文件改名为"ch4_7_ok.php"，编辑其代码(为了省略，将验证部分代码略过)。其具体代码实现如下：

```
1   <?php
2       define('APP','newsmgs');
3       header('Content-Type:text/html;charset=utf-8');//设置字符编码
4       require 'checkFormLib.php';   //引入表单验证函数库
5       //判断$_POST 是否为非空数组
6       if(!empty($_POST)){
7           $fields=array('uname','upass','upass1','uemail','gender','head','power');
8           //表单字段若不为空，则将数据过滤后存入 save_data 指定字段中
9           foreach($fields as $v){
10              $save_data[$v]=isset($_POST[$v])?test_input($_POST[$v]):'';
```

```php
11      }
12          //$error 数组保存验证后的错误信息
13      $error=array();
14      ......//验证部分代码略过
15      //上传文件处理
16      $upload_flag=false; //上传成功标志，初始化为 false
17      if(!empty($_FILES['myhead'])){
18          $myhead=$_FILES['myhead'];
19          if($myhead['name']==''){
20              //若用户没有选择上传头像，则不做任何处理
21          }else{
22              if($myhead['error']>0){
23                  $error_msg='上传错误:';
24                  switch($myhead['error']){
25                      case 1:
26                      case 2: $error_msg="文件大小超出系统限制";break;
27                      case 3: $error_msg .= '文件只有部分被上传'; break;
28                      case 4: $error_msg .= '没有文件被上传'; break;
29                      case 6: $error_msg .= '找不到临时文件夹'; break;
30                      case 7: $error_msg .= '文件写入失败'; break;
31                      default: $error_msg .='未知错误'; break;
32                  }
33                  $error['myhead']=$error_msg;
34              }else{
35                  if($myhead['size']<50000){
36                      $type=$myhead['type'];
37                      $allow_type=array('image/jpeg','image/png','image/gif');
38                      if(in_array($type,$allow_type)){
39                          $type=substr(strrchr($myhead['name'],'.'),1);
40                          $head=date("YmdHis").rand(100, 999).".".$type;
41                          move_uploaded_file($myhead['tmp_name'],"headimg/".$head);
42                          $upload_flag=true;
43                      }else{
44                          $error['myhead']='图像类型不符合要求，允许的类型为：' .implode(",",
45  $allow_type);
46                      }
47                  }else{
48                      $error['myhead']='文件大小应小于 50k';
49                  }
```

```
50          }
51      }
52   if(empty($error)){
53      foreach($save_data as $key=>$value){
54          echo $key .":" .$value ."<br>";
55      }
56   if($upload_flag){echo '文件上传成功';}
57      }else{
58          require 'error.php';
59      }
60   }
61   }
62   ?>
```

说明：

第 16 行代码定义了一个标志变量$upload_flag，初始化为 false；当文件上传没有出现任何错误，在第 39 行代码设置为 true；在第 56 行代码判断其是否为 true，为真则提示用户文件上传成功。

(3) 查看运行结果。在浏览器访问网页，单击"浏览"按钮选择用户头像，单击提交后，程序运行结果如图 4.3.2(a)所示。打开文件夹"chapter4"下的 headimg 文件夹，可以看到该文件夹中存在一个"20170210123553792.png"的图片，如图 4.3.2(b)所示，说明用户头像上传成功。

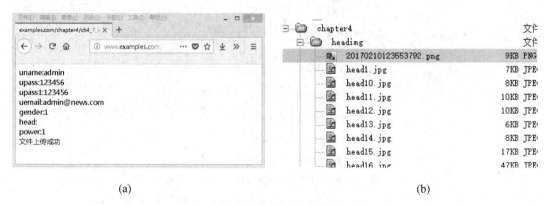

图 4.3.2　文件成功上传后

4.4　任务 4：将注册信息写入数据库

在任务 1 中我们实现了用户注册的表单；在任务 2 中我们对用户输入的数据做了输入过滤和数据验证，保证用户数据不存在特殊字符以及符合系统的格式要求；在任务 3 中我们实现用户自定义头像文件的上传。总而言之，前三个任务完成了用户注册的界面，在本任务中将实现用户信息保存到数据库的用户表中。

任务中首先需要连接到 MySQL 数据库，然后将用户信息存入到用户表中。本任务的关键点是如何使用 PHP 访问 MySQL 数据库并实现数据库的添加操作。

4.4.1　PHP 操作 MySQL 数据库的步骤

与其他高级语言一样，PHP 也提供了访问数据库的功能。在 PHP 中通过两个扩展库来实现对 MySQL 的支持：mysql 扩展库和 mysqli 扩展库。mysql 扩展是基础扩展库，用来支持对 MySQL 的常规操作；mysqli 则提供了对 MySQL 更完善的支持，增加了对 MySQL 新特性的支持。本书中将以 mysql 扩展库为例介绍数据库访问技术。

为了使 PHP 支持数据库的访问功能，需要在 PHP 配置文件 php.ini 中添加 mysql 扩展库。在 phpStudy 集成开发环境安装后，默认支持 mysql 扩展库和 mysqli 扩展库。若是其他的安装方式安装的话，可以在文件中添加如下语句：

```
extension=PHP_mysql.dll
```

修改完上述配置文件之后，重启 apache 服务器，该设置即生效。

使用 PHP 访问和操作 MySQL 数据库的一般步骤如下：
- 建立 MySQL 连接。
- 选择数据库。
- 定义 SQL 语句。
- 执行 SQL 语句。向 MySQL 发送 SQL 请求，MySQL 收到 SQL 语句执行并返回执行结果。
- 读取和处理结果。
- 释放内存，关闭连接。

4.4.2　连接 MySQL 数据库

PHP 操作 MySQL 数据库，首先需要建立与 MySQL 数据库的连接。mysql 扩展提供了 mysql_connect()函数，实现与 MySQL 数据库的连接。函数定义如下：

```
mysql_connect(servername,username,password);
```

mysql_connect()函数用来打开一个到 MySQL 服务器的连接，如果成功，返回一个 MySQL 连接的标识，失败则返回 false。参数 servername 表示连接 MySQL 数据库的服务器名称或者地址，参数 username 为连接 MySQL 数据库的用户名，参数 password 为用户密码。

【例 4-9】　连接 MySQL 服务器：定义一个创建与 MySQL 服务器连接的自定义函数，并在网页测试且运行该函数。

设计思路：
(1) 创建数据库操作函数库文件，并定义连接到 MySQL 的服务器的函数。
(2) 添加一个 PHP 程序用来测试自定义函数。

实现步骤：
(1) 创建数据库操作函数库文件。在 DW CS6 中打开网站 examples，在文件夹"chapter4"下添加一个 PHP 文件，将文件改名为"mysqlLib.php"，然后编辑其代码。具体代码实现如下：

```
1   //建立与MySQL数据库的连接
2   function get_connect(){
3       $link=mysql_connect("localhost","root","root") ;
4       if(!$link){
5           die('数据库连接失败!') . mysql_error();
6       }
7   }
```

在创建数据库连接时，如果发生错误(也就是mysql_connect函数返回false时)，则输出一些错误提示信息并退出当前程序。die函数是PHP的系统函数，它的功能是输出一条消息并退出当前程序。mysql_error是mysql扩展库中的函数，用来输出错误原因信息；使用这条语句构成了对mysql_connect函数的错误处理方法。

(2) 创建测试网页并测试自定义函数。在文件夹"chapter4"下添加一个PHP文件，将文件改名为"ch4_9.php"，然后编辑其代码。具体代码实现如下：

```
1   <?php
2   require 'mysqlLib.php';
3   if($conn=get_connect()){
4       echo '连接成功!' ;
5   }
    ?>
```

(3) 浏览并测试网页。在浏览器中运行测试网页，若本地计算机中安装好了MySQL服务器，且用户名和密码分别为root和root，就会输出"连接成功!"的提示。若把MySQL服务器停止，运行测试网页，则输出如图4.4.1所示的信息，即输出了错误提示信息"数据库连接失败!"，上面同时还输出了一些警告信息。在网站开发和测试阶段，可以保留这些警告信息；在网站正式运行阶段，可以把这些警告信息屏蔽掉，即在mysql_connect()函数前使用专用符号"@"来屏蔽错误信息。

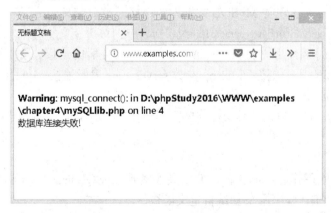

图4.4.1 关闭MySQL服务器的错误提示信息

在取得数据库连接后，执行SQL语句之前，需要先选择待操作的数据库并设置字符集。确定字符集是为了保证得到的数据能正确显示，不出现乱码。选择数据库是由于一个

MySQL 数据库服务器上存在多个数据库，因此需要选择要操作的数据库。

选择数据库和设置字符集均可以使用 mysql_query()函数，该函数的作用是执行一条 SQL 语句。

【例 4-10】 选择 MySQL 数据库：在例 4-9 的基础上，选择 PHP 新闻管理系统的数据库(db_news)作为后续操作的数据库，并将字符编码设置为 utf8。

在例 4-9 的基础上，使用 mysql_query()函数完成数据库和字符集的选择。程序如下：

```
1    //建立与 MySQL 数据库的连接
2    function get_connect(){
3        $link=@mysql_connect("localhost","root","root") ;
4        if(!$link){
5            die('数据库连接失败!') . mysql_error();
6        }
7        mysql_query('set names utf8');//设置字符集
8        mysql_query('use db_news') ; //选择数据库
9        return $link;
10   }
```

在这里，mysql_connect()函数前加了专用符号"@"来屏蔽警告信息。在使用 PHP 和 MySQL 开发 Web 应用程序时，为了保证数据能够正确显示，建议读者保持以下几个编码格式的统一：PHP 脚本文件的编码格式、PHP 声明的 HTTP 报头编码格式、数据表编码格式。与 PHP 不同的是，MySQL 中指定 UTF8 编码格式使用"utf8"，而不是"utf-8"。

4.4.3 使用 mysql_query()增加一条记录

在 MySQL 数据库中，通过执行 SQL 语句可以实现数据库的增、删、改、查询操作。而 PHP 操作 MySQL 同样使用 SQL 语句，不过需要借助 mysql_query()函数来执行 SQL 语句。mysql_query()函数声明方式如下：

resource mysql_query(string $query [,resource $link_identifier]);

在上述声明中，$query 表示 SQL 语句。$link_identifier 是可选项，表示 MySQL 连接标识；若省略，则使用最近打开的连接。对于查询语句，当函数成功执行，返回查询结果集的资源引用，否则返回 false；对于其他 SQL 语句，成功执行则返回 true，否则返回 false。

当 mysql_query()函数返回的是资源类型的结果集时，需要进一步处理，才能得到有关的数据。mysql 扩展中提供了几个用来处理结果集的函数：mysql_fetch_row()、mysql_fetch_assoc()、mysql_fetch_array()和 mysql_fetch_object()。分别介绍如下：

(1) mysql_fetch_row()函数。该函数的作用是，从结果集中读取一条数据，以索引数组的形式返回。其声明方式如下：

array mysql_fecth_row(resource $result);

当函数执行成功后，会自动读取下一条数据，直到结果集中没有下一条数据为止。

(2) mysql_fetch_assoc ()函数。该函数的作用是，从结果集中读取一条数据，以关联数组的形式返回，该关联数组的键就是数据表的字段名，值就是字段下对应的数据。其声明方式如下：

```
array mysql_fecth_assoc(resource $result);
```

当函数执行成功后，会自动读取下一条数据，直到结果集中没有下一条数据为止。

(3) mysql_fetch_array()函数。该函数可以看成 mysql_fetch_assoc 和 mysql_fetch_row 的集合体，它会将结果集中的数据分别以索引数组和关联数组的形式返回。其声明方式如下：

```
array mysql_fecth_array(resource $result[, int $result_type]);
```

由于该函数同时返回索引数组和关联数组，因此提供了一个可选参数$result_type，其值可以是 mysql_both(默认参数)、mysql_assoc 或 mysql_num 中的一种。

(4) mysql_fetch_object ()函数。mysql_fetch_object 函数的返回值是一个对象。其声明方式如下：

```
object mysql_fecth_object(resource $result);
```

由于该函数的返回值类型是 object 类型，所以只能通过字段名来访问数据，并且此函数返回的字段名大小写敏感。

当与数据库的操作结束后，需要释放资源。所谓释放资源，指的就是清除结果集和关闭数据库连接。

(1) mysql_free_result ()函数。由于从数据库查询到的结果集都是加载到内存中的，因此当查询的数据十分庞大时，如果不及时释放就会占据大量的内存空间，导致服务器性能下降。mysql_free_result ()函数就是用来清除结果集的函数。其声明方式如下：

```
bool mysql_free_result(resource $result);
```

由于该函数的返回值类型是 bool 类型，执行成功返回 true，执行失败则返回 false。

(2) mysql_close ()函数。数据库连接也是十分宝贵的系统资源，一个数据库能够支持的连接数是有限的，而且大量数据库连接的产生，也会对数据库的性能造成一定的影响。因此，可以使用 myql_close()函数及时关闭数据库连接。其声明方式如下：

```
bool mysql_close([resource $link_identifier=NULL]);
```

函数的返回值类型是 bool 类型。可选参数$link_identifier 代表要关闭的 MySQL 连接资源。如果没有指定连接资源，则关闭上一个打开的连接。

【例 4-11】创建 MySQL 插入数据 SQL 语句：在 PHP 新闻管理系统的数据库(db_news)的用户表(tbl_user)中添加一条记录，具体数据如表 4.4.1 所示。

表 4.4.1 数 据

用户名	密码	注册时间	邮箱	头像	性别	权限
test	123456	2017-09-18	test@163.com	head1.jpg	1	1

根据前面对用户表 tbl_user 的设计，表中各字段结构如图 4.4.2 所示。

根据表的字段设计及添加数据要求，可以构造插入 SQL 语句如下：

```
insert into 'tbl_user'
('uname', 'upass', 'uemail', 'headimg', 'regtime', 'gender', 'power')
values
```

('test','123456','test@163.com','head1.jpg','2017-09-18',1,1)

```
mysql> desc tbl_user;
+--------+-------------+------+-----+-------------------+----------------+
| Field  | Type        | Null | Key | Default           | Extra          |
+--------+-------------+------+-----+-------------------+----------------+
| uid    | int(11)     | NO   | PRI | NULL              | auto_increment |
| uname  | varchar(50) | NO   |     | NULL              |                |
| upass  | varchar(20) | NO   |     | NULL              |                |
| uemail | varchar(50) | NO   |     | NULL              |                |
| heading| varchar(50) | NO   |     | NULL              |                |
| regtime| timestamp   | NO   |     | CURRENT_TIMESTAMP |                |
| gender | smallint(6) | NO   |     | NULL              |                |
| power  | smallint(6) | NO   |     | NULL              |                |
+--------+-------------+------+-----+-------------------+----------------+
```

图 4.4.2　表中各字段结构

在上述 SQL 语句中，数据表名和所有字段名都使用反引号包含，使用反引号包含的原因是为了避免用户定义的表名以及字段名和 MySQL 的关键字产生冲突，从而避免错误的发生。所有字段值(除了数值型字段值)均使用单引号包含，这是 SQL 语句规范的要求。

4.4.4　SQL 字符串中含有变量的书写方法

当将用户添加在表单中的值填写入数据库时，所有的字段值保存在变量中。此时，如何构造含有变量的 SQL 语句对于使用 PHP 访问数据库实现各种数据库操作是一个关键问题。

【例 4-12】创建 MySQL 插入数据 SQL 语句：在用户表 tbl_user 中插入一个新用户信息，所有用户信息都保存在变量中，其中 $username='test'，$userpassword='123456'，$useremail='test@163.com'，$headimage='head1.jpg'，$registertime='2017-09-18'，$gender='1'，$power='1'，请设计实现插入用户信息的 SQL 语句。

书写带有变量的 SQL 语句可以分以下步骤完成：

(1) 书写类似于例 4-11 中的 SQL 语句实例。

(2) 将常量换成变量。代码实现如下：

insert into `tbl_user`

(`uname`,`upass`,`uemail`,`headimg`,`regtime`,`gender`,`power`)

values

('$username','$userpassword','$useremail','$headimage','$registertime',$gender,$power)

(3) 在字符串两端加上" "(英文状态下的双引号)号。代码实现如下：

"insert into 'tbl_user'

(`uname`,`upass`,`uemail`,`headimg`,`regtime`,`gender`,`power`)

values

('$username','$userpassword','$useremail','$headimage','$registertime',$gender,$power)"

经过这样三个步骤，就可以轻松实现在 PHP 中执行的 SQL 语句。

【例 4-13】查询 MySQL 数据库：编写程序查询并显示 PHP 新闻管理系统中的新闻分类表中的记录。

设计思路：

(1) 首先需要创建与数据库的连接，并选择数据库和字符集。

(2) 其次需要使用 mysql_query 函数执行一条 SQL 查询语句，用来查询所有新闻分类表中的记录。

实现步骤：

(1) 添加显示新闻分类信息函数。在 DW CS6 中打开网站 examples，在文件夹"chapter4"下打开文件"mysqlLib.php"，添加一个用于获取所有新闻分类信息的函数 getAllNewsClass()。函数的具体代码实现如下：

```
1    //返回所有的新闻分类信息
2    function getAllNewsClass(){
3        $sql="select * from tbl_newsclass";
4        $link=get_connect();
5        $res=@mysql_query($sql,$link);
6        if(!$res) die(mysql_error());
7        //定义结果数组，用以保存结果信息
8        $results = array();
9        //遍历结果集，获取每条记录的详细数据
10       while($row = mysql_fetch_assoc($res)){
11           //把从结果集中取出的每一行数据赋值给$emp_info 数组
12           $results[] = $row;
13       }
14       //释放资源
15       mysql_free_result($res);//释放记录集
16       mysql_close();//关闭数据库连接
17       return $results;
18   }
```

在上述代码中，第 3 行代码产生查询新闻分类表的 SQL 语句；第 4 行代码利用例 4-10 中所建立的函数 get_connect()建立与 MySQL 服务器的连接，并选择 db_news 数据库和设置字符编码为 utf8；第 5 行代码使用 mysql_query()函数执行 SQL 查询语句，在获取结果集之后，通过 mysql_fetch_assoc 函数将查询结果逐行读取到数组中，并最终生成一个二维数组的记录集；第 15 行代码释放记录集；第 16 行代码关闭数据库连接。

(2) 添加测试页面。在文件夹"chapter4"下添加一个新的 PHP 文件，并将文件名修改为"ch4_10.php"，打开文件并编辑其代码。具体代码实现如下：

```
1    <!doctype html>
2    <html>
3    <head>
4    <meta charset="utf-8">
5    <title>新闻分类信息列表</title>
6    <style type="text/css">
```

```
7            .box{margin:20px;}
8            .box .title{font-size:22px;font-weight:bold;text-align:center;}
9            .box table{width:100%;margin-top:15px;border-collapse:collapse;
10   font-size:12px;border:1px solid #B5D6E6;min-width:460px;}
11           .box table th,.box table td{height:20px;border:1px solid #B5D6E6;}
12           .box table th{background-color:#E8F6FC;font-weight:normal;}
13           .box table td{text-align:center;}
14   </style>
15   </head>
16   <body>
17   <?php
18   require 'mysqllib.php';
19   //将所有新闻分类信息保存到二维数组$newsclass_info 中
20   $newsclass_info = getAllNewsClass();
21   ?>
22     <div class="box">
23           <div class="title">新闻分类信息列表</div>
24           <table border="1">
25               <tr>
26                   <th width="5%">ID</th><th>新闻分类</th><th>描述</th><th width="25%">相
27   关操作</th>
28               </tr>
29               <?php  if(!empty($newsclass_info)) { ?>
30               <?php foreach($newsclass_info as $row){ ?>
31               <tr>
32                   <td><?php echo $row['classid']; ?></td>
33                   <td><?php echo $row['classname']; ?></td>
34                   <td><?php echo $row['classdesc']; ?></td>
35                   <td><div align="center"><span><img src="images/edt.gif" width="16"
36   height="16" /> 编 辑     <img src="images/del.gif" width="16" height="16" /> 删 除
37   </span></div></td>
38               </tr>
39               <?php } ?>
40               <?php  }else{    ?>
41                   <tr><td colspan="6">暂无新闻分类数据！</td></tr>
42               <?php } ?>
43           </table>
44     </div>
45   </body>
```

46   </html>

由于自定义函数定义在 mysqllib.php 中，第 18 行代码用来引入文件；第 20 行代码使用二维数组$newsclass_info 保存函数 getAllNewsClass()的返回值，即所有新闻分类信息的结果集；第 29 行代码首先判断二维数组$newsclass_info 是否为空，若为空则在网页上显示"暂无新闻分类数据"，否则逐条提取新闻分类信息，并显示在网页的单元格中。

(3) 浏览并运行测试页面。在浏览器中运行测试页面"ch4_10.php"，运行结果如图 4.4.3 所示。

图 4.4.3　显示新闻分类信息列表

【例 4-14】 MySQL 数据库添加记录：编写程序实现新增新闻分类信息。

设计思路：

(1) 首先需要创建与数据库的连接，并选择数据库和字符集。

(2) 其次需要使用 mysql_query 函数执行一条 SQL 插入语句，用来插入新增新闻分类数据。

实现步骤：

(1) 添加增加新闻分类函数。在 DW CS6 中打开网站 examples，在文件夹"chapter4"下打开文件"mysqlLib.php"，添加一个用于新增新闻分类信息的函数 addNewsClass()。函数的具体代码实现如下：

```
1    function addNewsClass($classname,$classdesc){
2        $sql="insert into `tbl_newsclass` (`classname`,`classdesc`) values ('$classname','$classdesc')";
3        $link=get_connect();
4        $res=@mysql_query($sql,$link);
5        if(!$res) die('数据库操作失败!').mysql_error();
6        mysql_close();
7        return $res;
8    }
```

第 2 行代码产生了用于新增新闻分类的 SQL 语句，字段名和表名为了防止与 MySQL 关键字冲突均用反引号包裹；第 3 行代码调用自定义函数 get_connect()建立数据库连接、选择数据库等；第 4 行代码调用 mysql_query()函数执行插入操作。

(2) 添加测试页面。在文件夹"chapter4"下添加一个新的 PHP 文件，并将文件名修改为"ch4_11.php"，然后打开文件并编辑其代码。具体代码实现如下：

```
1    <?php
2        require 'mysqllib.php';
3        header('Content-Type:text/html;charset=utf-8');//设置字符编码
4        $classname='新闻分类测试';
5        $classdesc='这是一个用来测试的分类名';
6        $rs=addNewsClass($classname,$classname);
7        echo '新闻分类新增'.($rs?'成功':'失败');
8    ?>
```

【例 4-15】 MySQL 数据库修改记录：编写程序实现修改新闻分类表中记录的功能。

设计思路：

(1) 首先需要创建与数据库的连接，并选择数据库和字符集。

(2) 其次需要使用 mysql_query 函数执行一条 SQL 更新语句，用来更新新闻分类的数据。

实现步骤：

(1) 添加更新新闻分类信息函数。在 DW CS6 中打开网站 examples，在文件夹"chapter4"下打开文件"mysqlLib.php"，添加一个用于更新用户信息的函数 updateNewsClass()。函数的具体代码实现如下：

```
1    function updateNewsClass($classid,$classname,$classdesc){
2        $sql="update tbl_newsclass set `classname`='$classname',
3    `classdesc`='$classdesc' where `classid`=$classid";
4        $link=get_connect();
5        $res=@mysql_query($sql,$link);
6        if(!$res) die('数据库操作失败!').mysql_error();
7        mysql_close();
8        return $res;
9    }
```

通过 updateNewsClass()和 addNewsClass()两个自定义函数的比较，可以发现编辑操作和插入操作具有相似的操作过程。当 SQL 命令准备好后，即执行相同的数据库连接，调用 mysql_query()函数执行命令，最后释放资源。

(2) 添加测试页面。在文件夹"chapter4"下添加一个新的 PHP 文件，并将文件名修改为"ch4_12.php"，然后打开文件并编辑其代码。具体代码实现如下：

```
1    <?php
2        require 'mysqllib.php';
3        header('Content-Type:text/html;charset=utf-8');//设置字符编码
4        $classid=11;        //新添加分类的编号
```

5	$classname='新闻分类测试 a';
6	$classdesc='这是刚刚添加的新闻分类的描述';
7	$rs=updateNewsClass($classid,$classname,$classdesc);
8	echo '新闻分类修改'.($rs?'成功':'失败');
9	?>

【例 4-16】 MySQL 数据库删除记录：编写程序实现删除新闻分类表指定分类信息的功能。

设计思路：
(1) 首先需要创建与数据库的连接，并选择数据库和字符集。
(2) 其次需要使用 mysql_query 函数执行一条 SQL 删除语句，用来删除指定新闻分类。

实现步骤：
(1) 添加删除新闻分类函数。在 DW CS6 中打开网站 examples，在文件夹"chapter4"下打开文件"mysqlLib.php"，添加一个用于删除用户信息的函数 deleteNewsClass()。函数的具体代码实现如下：

1	function deleteNewsClass($classid){
2	$sql="delete from tbl_newsclass where \`classid\`=$classid";
3	$link=get_connect();
4	$res=@mysql_query($sql,$link);
5	if(!$res) die('数据库操作失败!').mysql_error();
6	mysql_close();
7	return $res;
8	}

(2) 添加测试页面。在文件夹"chapter4"下添加一个新的 PHP 文件，并将文件名修改为"ch4_13.php"，打开文件并编辑其代码。具体代码实现如下：

1	<?php
2	require 'mysqllib.php';
3	header('Content-Type:text/html;charset=utf-8');//设置字符编码
4	$rs=deleteUser(11);
5	echo '新闻分类删除'.($rs?'成功':'失败');
6	?>

4.4.5 SQL 注入的介绍以及如何防止 SQL 注入

很多 Web 开发者没有注意到 SQL 查询是可以被篡改的，因而把 SQL 查询当作可信任的命令。殊不知，SQL 查询可以绕开访问控制，从而绕过身份验证和权限检查。更有甚者，有可能通过 SQL 查询去运行主机操作系统级的命令。SQL 注入就是常用的一种 Web 攻击方式。

所谓 SQL 注入，就是通过把 SQL 命令插入到 Web 表单提交或输入域名或页面请求的查询字符串，最终达到欺骗服务器执行恶意的 SQL 命令。SQL 注入产生的原因，和很多其他的攻击方法类似，就是未经检查或者未经充分检查的用户输入数据，意外变成了代码执行。比如，很多影视网站泄露 VIP 会员密码大多就是通过 Web 表单递交查询字符暴出的，这类表单特别容易受到 SQL 注入式攻击。

下面介绍 SQL 注入的危害性。

【例 4-17】 SQL 注入：在 PHP 程序中有以下代码。

```
1   $unsafe_variable = $_POST['user_input'];
2   …
3   mysql_query("INSERT INTO `tbl_user` (`uname`) VALUES ('$unsafe_variable')");
```

在这里假定$unsafe_variable 将要接受用户输入不安全的数据，用户可以输入"test'); DROP TABLE table;--"，此时 SQL 语句就变成了这样：

```
INSERT INTO `tbl_user` (`uname`) VALUES (' test'); DROP TABLE table;--')
```

此时将执行一条插入语句和一条恶意的删除表格的语句。"--"是 MySQL 中的注释字符，将后面的单引号(')忽略执行。

SQL 注入所利用的漏洞就是没有验证的表单域中可能出现的危险字符。"危险字符"就是任何可能改变一个 SQL 查询实质的字符，如逗号、引号或注释字符，设置一段数据最后的空格也可能是有害的。幸运的是，SQL 注入是很容易避免的，只要做到两步：输入过滤和转义输出。输入过滤在表单验证中已经介绍过，过滤输入的方式取决于输入数据的类型，可以将不符合要求的(范围、长度和格式等)数据拦截下来。转义输出可以通过 PHP 系统提供的函数 mysql_real_escape_string()或 addslashes()来实现。mysql_real_escape_string()函数转义 SQL 语句中使用的字符串中的特殊字符；addslashes()函数是为了数据库查询语句的需要在某些字符前加上反斜线,这些字符是单引号(')、双引号(")、反斜线(\)与 NUL(NULL 字符)。使用 mysql_real_escape_string()进行输出转义需要建立和数据库的连接，也就意味着需要消耗服务器连接资源，但还是尽量使用为数据库设计的转义函数。只有在某些情况下，可以使用 addslashes()函数来转义。

【例 4-18】 避免 SQL 注入：对例 4-17 中的代码加上输入过滤和输出转义，避免用户的 SQL 注入。

设计步骤：

(1) 输入过滤。定义一个函数用来对输入数据过滤非法字符。其代码实现如下：

```
1   function test_input($data) {
2       $data = trim($data); //去除左右两端的空白字符
3       $data = stripslashes($data); //去除输入中的反斜杠
4       $data = htmlspecialchars($data); //将特殊字符转换为实体引用
5       return $data;
6   }
```

(2) 转义输出。定义一个函数为数据输出添加转义字符。其代码实现如下：

```
1   function  mysql_dataCheck($sql){
2           return mysql_real_escape_string($sql);
3   }
```

(3) 测试代码。将输入过滤和转义输出用到表单提交字段上，测试结果如下：

```
1    $unsafe_variable = test_input($_POST['user_input']);
2    ...//建立数据库连接
3    $unsafe_variable= mysql_dataCheck($unsafe_variable);
4    mysql_query("INSERT INTO `tbl_user` (`uname`) VALUES ('$unsafe_variable')");
```

同样在表单域输入"test\'); DROP TABLE table;--",此时输出的 SQL 语句如下：

INSERT INTO `tbl_user` (`uname`) VALUES ('test\'); DROP TABLE table;--');

使用自定义函数 mysql_dataCheck 转义输出后，用户输入的数据就转义成为了"test\'); DROP TABLE table;--"，在特殊字符单引号(')前加了一个转义字符，此时意味着这个单引号不再是字段值的结束，而是字段值的一部分，此时用户输入的所有内容将作为字段值添加到表中，从而有效地避免了 SQL 注入漏洞的产生。

4.4.6 公共数据表访问层的设计与实现

由 PHP 新闻管理系统的需求分析可知，数据库由五张数据表组成，即用户表 tbl_user、新闻分类表 tbl_newsclass、新闻表 tbl_news、新闻评论表 tbl_reply 以及新闻点赞表 tbl_like。对新闻信息的读写需要对这五张数据表进行各种操作，而针对各张数据表的操作程序基本类似。为了简化程序编写和提高程序的可读性、可维护性，可将读写新闻管理系统数据库的操作程序进行抽象，形成数据库操作层，由公共程序文件"common.php"组成。

通常对数据表执行的操作是增加(Create)、查询(Retrieve)、更新(Update)和删除(Delete)，即 CRUD。所有数据表的 CRUD 操作存在许多类似的地方，可将其抽象出来形成一些公共的程序，如表 4.4.2 所示。

表4.4.2 公共程序文件清单

序号	函 数	描 述
1	get_connect()	创建与数据库的连接
2	mysql_dataCheck($paramter)	对 SQL 命令参数进行输出转义
3	array execQuery($strQuery)	执行查询类 SQL 语句，并返回结果集；结果集以二维数组的形式给出
4	execUpdate(string $strUpdate)	执行非查询类 SQL 语句，并将执行结果返回。

该程序的实现清单如下：

```
1    <?php
2    //建立与 MySQL 数据库的连接
3    function get_connect(){
4        //数据库默认连接信息
5        $config = array(
6            'host' => '127.0.0.1',
7            'user' => 'root',
8            'password' => 'root',
9            'charset' => 'utf8',
10           'dbname' => 'db_news',
```

```php
11                'port' => 3306
12            );
13            $link = @mysql_connect($config['host'].':'.$config['port'],$config['user'],$config['password']);
14
15            if(!$link){
16                die('数据库连接失败!') . mysql_error();
17            }
18            //设置字符集，选择数据库
19            mysql_query('set names '.$config['charset']);
20            mysql_query('use `'.$config['dbname'].'`');
21            return $link;
22        }
23        //对 SQL 命令参数进行输出转义
24        function    mysql_dataCheck($parameter){
25                return mysql_real_escape_string($parameter);
26        }
27        //执行查询操作
28        function execQuery($strQuery,$link){
29            $res=@mysql_query($strQuery,$link);
30            if(!$res) die(mysql_error());
31            //定义结果数组，用以保存结果信息
32            $results = array();
33            //遍历结果集，获取每条记录的详细数据
34            while($row = mysql_fetch_assoc($res)){
35                //把从结果集中取出的每一行数据赋值给$emp_info 数组
36                $results[] = $row;
37            }
38            mysql_free_result($res);//释放记录集
39            return $results;
40        }
41
42        //执行增、删、改操作
43        function execUpdate($strUpdate,$link){
44            $res=@mysql_query($strUpdate,$link);
45            if(!$res) die('数据库操作失败!').mysql_error();
46            return $res;
47        }
48    ?>
```

4.4.7 用户数据表访问层的设计与实现

根据 PHP 新闻管理系统的需求分析可知,针对用户数据表(tbl_user)的核心业务主要包括用户登录校验、获取指定用户详细信息、注册新用户、修改用户基本信息(如修改密码,提升用户权限等)、删除用户。因此,访问该数据表的操作可设计为如表 4.4.3 所示。

表 4.4.3 用户表操作函数清单

序号	函 数	描 述
1	addUser($uname,$upass,$uemail,$headimg,$gender="1",$power="1")	注册新用户,参数$uname 为用户名,$upass 为密码,$uemail 用电子邮件,$headimg 是用户头像文件信息,$gender 和$power 分别为性别和权限,1 为默认值
2	updateUser($uid,$uname,$upass,$uemail,$headimg,$gender,$power)	修改用户信息,参数$uid 为用户编号,$uname 为用户名,$upass 为密码,$uemail 用电子邮件,$headimg 是用户头像文件信息,$gender 和$power 分别为性别和权限
3	deleteUser($uid)	删除注册用户,$uid 为用户编号
4	findUserByName($name)	根据用户名查询用户信息
5	findUserById($uid)	根据用户编号查询用户信息
6	updateUserPass($uid,$upass)	将用户编号为$uid 用户的密码修改为$upass

在项目中创建文件名为"user.dao.php"的文件,并在文件中定义用户表的各种操作函数。其程序中函数清单如下:

```
1    <?php
2    /**用户信息操作文件**/
3    require_once 'common.php';
4    function addUser($uname,$upass,$uemail,$headimg,$gender="1",$power="1"){
5        $link=get_connect();
6        $uname=mysql_dataCheck($uname);
7        $upass=mysql_dataCheck($upass);
8        $uemail=mysql_dataCheck($uemail);
9        $headimg=mysql_dataCheck($headimg);
10       $format="%Y-%m-%d %H:%M:%S";//设置时间格式
11       $regtime=strftime($format); //获取系统时间
12       $sql = "insert into `tbl_user` (`uname`,`upass`,`uemail`,`headimg`,`regtime`,`gender`,`power`) values ('$uname','$upass','$uemail','$headimg','$regtime',$gender,$power)";
14       $rs= execUpdate($sql,$link);
15       return $rs;
16   }
17
```

```
18  function updateUser($uid,$uname,$upass,$uemail,$headimg,$gender,$power){
19      //定义变量$update，用来保存处理后的用户数据
20      $link=get_connect();
21      $uname=mysql_dataCheck($uname);
22      $upass=mysql_dataCheck($upass);
23      $uemail=mysql_dataCheck($uemail);
24      $headimg=mysql_dataCheck($headimg);
25      //组合 sql 语句
26      $sql = "update `tbl_user` set
27  `uname`='$uname',`upass`='$upass',`uemail`='$uemail',`headimg`='$headimg',`gender`=$gender,`power`=$
28  power where `uid`=$uid";
29      $rs=execUpdate($sql,$link);
30      return $rs;
31  }
32
33  function updateUserPass($uid,$upass){
34      $link=get_connect();
35      $upass=mysql_dataCheck($upass);
36      //组合 sql 语句
37      $sql = "update `tbl_user` set `upass`='$upass' where `uid`=$uid";
38      $rs=execUpdate($sql,$link);
39      return $rs;
40  }
41
42  function deleteUser($uid){
43      $sql="delete from `tbl_user` where `uid`=$uid";
44      $link=get_connect();
45      $rs=execUpdate($sql,$link);
46      return $rs;
47  }
48
49  function findUserByName($name){
50      $link=get_connect();
51      $name=mysql_dataCheck($name);
52      $sql = "select `uid`,`uname`,
53  case
54      when gender=1 then '男'
55      when gender=2 then '女' end as `gender`,`upass`,`regtime`,`headimg`,`uemail`,
56  case
```

```
57        when power=1 then '普通用户'
58        when power=2 then '系统管理员' end as `power` from `tbl_user` where
59    `uname`='$name'";
60    $rs=execQuery($sql,$link);
61    if(count($rs)>0){return $rs[0];}
62    return $rs;
63 }
64 function findUserById($uid){
65    $sql = "select `uid`,`uname`,
66    case
67        when gender=1 then '男'
68        when gender=2 then '女' end as `gender`,`upass`,`regtime`,`headimg`,`uemail`,
69    case
70        when power=1 then '普通用户'
71        when power=2 then '系统管理员' end as `power` from `tbl_user` where `uid`=$uid";
72    $link=get_connect();
73    $rs=execQuery($sql,$link);
74    if(count($rs)>0){return $rs[0];}
75    return $rs;
76 }
77 ?>
```

在函数 findUserById()和函数 findUserByName()中,由于性别和权限字段在设计时使用整数表示,在这里对查询结果进行了转换。

4.4.8 将用户注册信息写入数据库

为了将用户信息写入数据库,任务中首先需要将用户输入的用户名与数据库中的值进行比较以判断是否有用户注册过,若已经注册需要给用户提示;其次将用户信息存入用户表中。

实现步骤:

(1) common 文件夹的建立。在 DW CS6 中打开网站 examples,在文件夹"chapter4"下新建一个文件夹,并将文件夹改名为"common",将前面完成的公共数据表访问文件 common.php 和用户访问层 user.dao.php 文件复制其中。同时,将项目前面阶段创建的表单验证函数库文件 checkFormLib.php 以及出错处理页面 error.php 也复制其中。复制后的"common"文件夹如图 4.4.4 所示。

(2) 资源文件夹的建立。在 DW CS6 中打开网站 examples,在文件夹"chapter4"下导入 PHP 新闻管理系统的资源文件(主要是 headimg 目录、Images 目录和 style 目录),如图 4.4.5 所示。

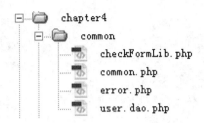
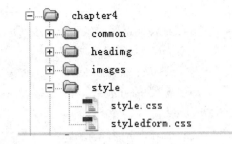

图 4.4.4　引入公共文件夹　　　　　　图 4.4.5　导入资源文件

(3) 添加用户注册页面。在 DW CS6 中打开网站 examples，在文件夹 "chapter4" 下新建一个 PHP 文件，并将文件改名为 "rcgister.php"，然后打开并编辑其代码。具体程序如下：

```
1   <!doctype html>
2   <html>
3   <head>
4   <meta charset="utf-8">
5   <title>PHP 新闻管理系统--用户注册</title>
6   <link href="style/styledform.css" rel="stylesheet" type="text/css">
7   </head>
8   <body>
9   <form name="form1" action="doReg.php" method="post" enctype="multipart/form-data">
10      <div class="tableRow">
11          <p></p>
12          <p class="heading">用户注册</p>
13      </div>
14      <div class="tableRow">
15          <p>用户名:</p>
16          <p><input type="text" name="uname" size="30" required/></p>
17      </div>
18      <div class="tableRow">
19          <p>密码:</p>
20          <p><input type="password" name="upass" size="30"/></p>
21      </div>
22      <div class="tableRow">
23          <p>重复密码:</p>
24          <p><input type="password" name="upass1" size="30"/></p>
25      </div>
26      <div class="tableRow">
27          <p>电子邮件:</p>
28          <p><input type="email" name="uemail" size="30"/></p>
```

```
29            </div>
30            <div class="tableRow">
31                <p> 性别:</p>
32                <p> <input type="radio" name="gender" value="1" checked="checked">男
33                    <input type="radio" name="gender" value="2">女</p>
34            </div>
35            <div class="tableRow label">
36                <p> 请选择头像: </p>
37                <p> <?php
38                    for($i=1;$i<=20;$i++){
39                        $headfile="head".$i.".jpg";
40                        echo "<img src='headimg/".$headfile."' width='50' height='50'/> <input type='radio'
41  name='head' value='".$headfile."'/>";
42                        if($i % 5==0) echo "<br>";
43                    }
44                ?> </p>
45            </div>
46            <div class="tableRow">
47                <p> 自定义头像: </p>
48                <p> <input type="file" name="myhead"></p>
49            </div>
50            <div class="tableRow">
51                <p><input type="hidden" name="power" value="1"></p>
52                <p><input type="submit" value="注册"> </p>
53            </div>
54        </form>
55    </body>
56 </html>
```

(4) 添加用户注册处理页面。在 DW CS6 中打开网站 examples，在文件夹 "chapter4" 下新建一个 PHP 文件，并将文件改名为 "doReg.php"，然后打开并编辑其代码。具体程序如下：

```
1  <?php define('APP','newsmgs');
2     header('Content-Type:text/html;charset=utf-8');//设置字符编码
3     require 'common/checkFormLib.php';   //引入表单验证函数库
4     require 'common/user.dao.php';       //引入用户数据表数据访问层
5     //判断$_POST 是否为非空数组
6  if(!empty($_POST)){
7     $fields=array('uname','upass','upass1','uemail','gender','head','power');
8     //表单字段若不为空,则将数据过滤后存入 save_data 指定字段中
```

```php
9       foreach($fields as $v){
10          $save_data[$v]=isset($_POST[$v])?test_input($_POST[$v]):'';
11      }
12      //$error 数组保存验证后的错误信息
13      $error=array();
14      //验证用户名
15      $result=checkUsername($save_data['uname']);
16      if($result !== true){
17          $error['uname']=   $result;
18      }
19      //验证用户名是否重名
20      if( findUserByName($save_data['uname'])){
21          $error['uname']=   '用户名已经存在，请重新选择一个用户名';
22      }
23      //验证密码
24      $result=checkPassword($save_data['upass']);
25      if($result !== true){
26          $error['upass']=   $result;
27      }
28       //验证重复密码
29      $result=checkConfirmPassword($save_data['upass'], $save_data['upass1']);
30      if($result !== true){
31          $error['upass1']=   $result;
32      }
33      //验证邮箱
34      $result=checkEmail($save_data['uemail']);
35      if($result !== true){
36          $error['uemail']=   $result;
37      }
38      //处理头像文件上传
39      $upload_flag=false; //上传成功标志，初始化为 false
40      if(!empty($_FILES['myhead'])){
41          $myhead=$_FILES['myhead'];
42          if($myhead['error']>0){
43              $error_msg='上传过程发生错误';
44              $error['myhead']=$error_msg;
45          }else{
46              if($myhead['size']<50000){
47                  $type=$myhead['type'];
```

```php
48                    $allow_type=array('image/jpeg','image/png','image/gif');
49                    if(in_array($type,$allow_type)){
50                        $type=substr(strrchr($myhead['name'],'.'),1);
51                        $head=date("YmdHis").rand(100, 999).".".$type;
52                    move_uploaded_file($myhead['tmp_name'],"headimg/".$head);
53                        $upload_flag=true;
54                    }else{
55                        $error['myhead']=' 图 像 类 型 不 符 合 要 求， 允 许 的 类 型 为：
56    '.implode(",",$allow_type);
57                    }
58                }else{
59                    $error['myhead']='文件大小应小于 50k';
60                }
61            }
62        }
63    if(empty($error)){
64        //表单数据全部符合要求
65            if($upload_flag){echo '文件上传成功'; $save_data['head']=$head;}
66        $rs=addUser( $save_data['uname'],$save_data['upass'],$save_data['uemail'] ,$save_data['head'],$sav
67        e_data['gender'],$save_data['power']);
68        if($rs){
69            header("location: ../index.html");      //注册成功，跳转到首页
70        }else {
71            $error['error']='用户注册失败';
72            require 'error.php';
73        }
74    }else{
75        //调用公共文件 error.php 显示错误提示信息
76        require 'error.php';
77    }
78    }
79    ?>
```

说明：

第 20 行代码调用用户表访问层中定义的 findUserByName()函数，查找注册的用户名是否存在，若返回的记录集不为空，则用户名已经定义，需要用户重新选择一个用户名使用。

第 65 行代码首先判断是否已经成功上传自定义头像，若成功上传，则将用户头像设置为自定义头像文件。

第 66 行代码调用用户表访问层中定义的 addUser()函数将用户注册信息写入用户表，若返回值为 true，表示注册成功。

第 69 行代码使用系统函数 header()结合脚本命令 location 实现页面跳转功能，若返回值为 false，表示注册失败。

第 71 行代码将错误提示信息写入数组变量$error，并引入 error.php 文件显示错误信息。

思 考 与 练 习

1. 根据 PHP 新闻管理系统的需求和数据库设计，完成其他数据表数据库访问层的设计：
(1) 新闻分类表的数据访问层的设计与实现。
(2) 新闻表的数据访问层的设计与实现。
(3) 新闻评论表的数据访问层的设计与实现。
(4) 新闻点赞表的数据访问层的设计与实现。
2. 在 PHP 中，实现文件上传功能，通常分为哪几个步骤？
3. 请简述表单的作用，并列出所有可用的表单输入控件。
4. 处理复杂一些的表单页面，综合使用单选框、复选框、下拉框和多行文本框等表单元素的用户注册页面信息的提取。网页界面设计如题图 4-1(a)所示，单击提交按钮后如题图 4-1(b)所示。

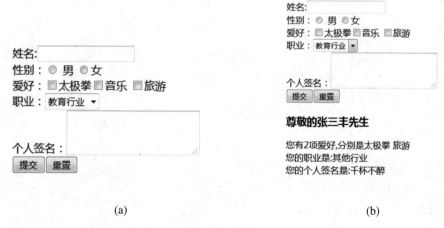

(a)　　　　　　　　　　　　　　　　(b)

题图 4-1　网页界面设计

5. 请简述 get 方法和 post 方法的区别。
6. 请为新闻管理系统创建一个用户登录页面，如登录成功则显示成功登录信息，否则跳转到注册页面。
7. 请为新闻管理系统创建一个用户密码修改页面，用户可以修改自己的密码。

资 源 积 累

1. 表单(Form)：在 Web 页中用来给访问者填写信息，从而获取用户信息，使网页具有交互的功能。

　　2. SQL 注入：SQL 命令注入就是攻击者常用的一种创建或修改已有 SQL 语句的技术，从而达到取得隐藏数据或覆盖关键的值，甚至执行数据库主机操作系统命令的目的。这是通过应用程序取得用户输入并与静态参数组合成 SQL 查询来实现的。

　　3. 表单验证：PHP 中对 HTML 表单数据进行适当的验证对于防范黑客和垃圾邮件很重要，表单验证主要包括输入过滤和数据验证(包括数据类型、大小、范围、格式等的检查)。

　　4. URL：统一资源定位符是对可以从互联网上得到资源的位置和访问方法的一种简洁的表示，是互联网上标准资源的地址。互联网上的每个文件都有一个唯一的 URL，它包含的信息指出文件的位置以及浏览器应该怎么处理它。

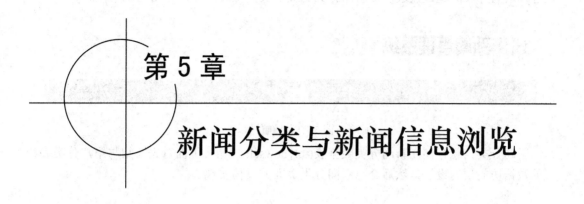

第 5 章 新闻分类与新闻信息浏览

本章要点

- 新闻分类数据表和新闻表的数据访问层的设计和实现
- 页面跳转及关键字传递方法
- 模糊查询和精确查询
- Web 页面分页技术的设计和实现

学习目标

- 了解分层的 Web 开发技术及其优缺点。
- 掌握 PHP 中页面跳转以及传值方法。
- 掌握模糊查询和精确查询的实现。
- 掌握 Web 页面分页技术。

　　PHP 语言主要用于编写服务器端的脚本程序，因此可以使用 PHP 接收页面表单请求、访问数据库和生成动态页面。在第 4 章中已经初步认识了表单的访问以及 PHP 访问数据库的方法，并完整地实现了用户注册功能。本章将继续使用 PHP 访问数据库技术，实现新闻呈现的各个相关页面。根据前面系统需求分析结果，新闻相关页面将主要完成以下任务：

- 新闻分类信息的列表浏览。
- 具有相同分类新闻信息的列表浏览。
- 新闻详细信息的页面浏览。

　　在实现新闻相关页面的过程中，将学习各种 Web 开发相关的技术，如如何实现页面的跳转、参数的传递、模糊和精确查询的实现以及 Web 分页技术。

5.1 任务 1：查看新闻分类信息页面设计

　　当用户登录 PHP 新闻管理系统后，最先看到的是首页上展示的新闻。用户可单击导航栏选择新闻分类的超链接进入该新闻分类的显示页面查看新闻，如图 5.1.1 所示。

PHP新闻管理系统
PHP XINWEN GUANLI XITONG

首页　车鉴　财经　科技　体育　娱乐　时尚　汽车　房产　健康　国际要闻

图 5.1.1　导航栏

新闻分类信息存储在新闻分类数据表(tbl_newsclass)中。下面首先介绍与用户分类表相关的数据访问层的设计，然后介绍新闻分类页面的具体实现。

5.1.1　新闻分类表数据访问层的设计与实现

1．三层架构的简单介绍

在第 4 章中实现了完整的用户注册功能。在实现的过程中，使用了公共数据表访问文件，用来实现和 MySQL 服务器的连接和执行 SQL 命令；又定义了用户数据表访问层将所有与用户表相关的操作封装起来，这样在注册页面仅通过一个简单的函数调用就可以实现将用户注册信息写入数据表的操作。这是一种典型的 Web 开发的分层架构的设计。

在这个分层架构中，整个系统分为三个层次：数据访问层、那么业务逻辑层和用户界面层。数据访问层主要是对原始数据(数据库或其他数据存放形式)的操作层，如 common.php 中定义的最通用的数据库访问方法。业务逻辑层主要针对具体的问题的操作，也可以理解成对数据层的操作，对数据业务逻辑处理，如果说数据访问层是积木，业务逻辑层就是对这些积木的搭建。user.dao.php 文件中定义了所有与用户表相关的操作，该文件即为业务逻辑层的一个实例。用户界面层通常表示成 Web 方式，如前面定义的用户注册页面 register.php。如果逻辑层相当强大和完善，无论表示层如何定义和更改，逻辑层都能完善地提供服务。

分层的设计有效地体现了网站开发的层次，特别是对于大型数据库来说，程序开发人员可以节约大量阅读数据库的时间，有助于系统的开发进度。从另外一个方面来说，也有效地保障了数据库的安全性，避免用户因为误操作而给数据库带来不便。分层开发使项目的结构更加清楚，项目开发分工更加明确，同时有利于项目后期的维护和升级。

当然三层开发也有其缺点，例如降低了系统的性能，如果不采用分层式结构，很多业务可以直接造访数据库。尽管如此，为了系统日后的易维护性和系统升级以及其他优点，这些缺点都是可以忽略不计的。这也是现在 Web 项目开发中多采用分层框架进行开发的原因。

2．新闻分类数据访问层的设计与实现

根据 PHP 新闻管理系统的需求分析可知，针对新闻分类数据表(tbl_newsclass)的核心业务主要包括添加新闻分类、删除新闻分类、编辑指定新闻分类信息、查找所有的新闻分类、按编号查找新闻分类。因此，访问该数据表的操作可设计为如表 5.1.1 所示。

表 5.1.1　新闻分类表操作函数清单

序号	函　　数	描　　述
1	addNewsClass($classname,$classdesc)	添加新闻分类，参数 $classname 为新闻分类名称，$classdesc 为新闻分类描述
2	updateNewsClass($classid,$classname,$classdesc)	修改新闻分类信息，参数 $classid 为新闻分类编号，$classname 为新闻分类名称，$classdesc 为新闻分类描述
3	deleteNewsClass($classid)	删除新闻分类，$classid 为新闻分组编号
4	findNewsClass()	查询所有新闻分类信息
5	findNewsClassById ($classid)	根据编号查询新闻分类信息

在 DW CS6 中打开网站 examples，新建一个文件夹"chapter5"，将文件夹"chapter4"下的公共文件夹"common"和资源文件夹复制到"chapter5"中。继续在"common"文件夹中添加一个文件名为"newsclass.dao.php"文件，并在文件中定义新闻分类的各种操作函数。其程序中函数清单如下：

```php
1   <?php
2   /**新闻分类信息操作文件**/
3   require_once 'common.php';
4   //添加新闻分类
5   function addNewsClass($classname,$classdesc){
6       $link=get_connect();
7       $classname=mysql_dataCheck($classname);
8       $classdesc=mysql_dataCheck($classdesc);
9       $sql = "insert into `tbl_newsclass` (`classname`,`classdesc`) values ('$classname','$classdesc')";
10  
11      $rs= execUpdate($sql,$link);
12      return $rs;
13  }
14  //编辑新闻分类
15  function updateNewsClass($classid,$classname,$classdesc){
16      $link=get_connect();
17      $classname=mysql_dataCheck($classname);
18      $classdesc=mysql_dataCheck($classdesc);
19      $sql = "update `tbl_newsclass` set `classname`='$classname',`classdesc`='$classdesc' where
20  `classid`=$classid";
21      $rs=execUpdate($sql,$link);
22      return $rs;
23  }
24  //删除新闻分类
25  function deleteNewsClass($classid){
```

```
26          $sql="delete from `tbl_newsclass` where `classid`=$classid";
27          $link=get_connect();
28          $rs=execUpdate($sql,$link);
29          return $rs;
30      }
31      //根据编号查找新闻分类
32      function findNewsClassById($classid){
33          $sql = "select * from `tbl_newsclass` where `classid`=$classid";
34          $link=get_connect();
35          $rs=execQuery($sql,$link);
36          if(count($rs)>0){return $rs[0];}
37          return $rs;
38      }
39      //查找新闻分类信息
40      function findNewsClass(){
41          $link=get_connect();
42          $sql = "select * from `tbl_newsclass` ";
43          $rs=execQuery($sql,$link);
44          return $rs;
45      }
46      ?>
```

5.1.2 新闻分类页面的实现

下面介绍如何实现新闻分类页面。首先需要利用新闻分类访问层中 findNewsClass()函数获取所有的新闻分类记录，然后利用 CSS 技术将每个新闻分类作为无序列表的列表项并使之水平排列成为网页的导航栏使用。

实现步骤：

(1) 添加新闻分类页面。在 DW CS6 中打开网站 examples，在文件夹 "chapter5" 下新建一个 PHP 文件，并将文件改名为 "nav.php"，然后打开并编辑其代码。具体代码实现如下：

```
1   <!doctype html>
2   <html>
3   <head>
4   <meta charset="utf-8">
5   <title>显示新闻分类信息</title>
6   <style type="text/css">
7   * {
8       margin:0;
9       padding:0;
```

```
10    }
11    /*logo 部分 CSS*/
12    #logo {width: 980px;height: 120px; margin: 0 auto; padding: 2px; }
13    #logo h1, #logo h2 {text-transform: uppercase;}
14    #logo h1 {padding: 40px 5px 0 20px; font-size: 36px; font-family: Arial, Helvetica, sans-serif;
15        font-weight: bold;
16        color: #31363B;}
17    #logo h2 {padding: 0 0 0 25px;font-size:12px;font-weight:bold;font-family: Arial, Helvetica,
18    sans-serif;color: #808080;}
19    /*导航栏部分 CSS*/
20    #nav{ width:980px; margin:0px auto ; padding: 2px;background:#04A63E; color:#D8F0CE;}
21    #nav li{ float:left; display:inline;}
22    #nav li a{ display:block; color:#5CD67B; padding:10px 15px; font-size:13px; font-weight:bold;
23    text-decoration:none;}
24    #nav li a:hover{ background:#5CD67B; color:#FFF;}
25    </style>
26    </head>
27    <body>
28        <div id="logo">
29            <h1>PHP 新闻管理系统</h1>
30            <h2>PHP XINWEN GUANLI XITONG</h2>
31        </div>
32        <div id="nav">
33            <ul>
34                <li><a href="index.php">首页</a></li>
35                <?php
36                require ('common/newsclass.dao.php');
37                $category=findNewsClass();
38                if(!empty($category)){
39                foreach($category as $v):?>
40                    <li><a href="index.php?classid=<?php echo $v['classid'];?>"><?php echo $v
41    ['classname'];?></a></li>
42                <?php endforeach;}?>
43            </ul>
44        <div style="clear:both"></div>
45        </div>
46    </body>
47    </html>
```

说明：

第 6~25 行代码引入了 CSS 来格式化网页元素。

第 12~18 行代码格式化 id 属性为 logo 的元素。

第 20~25 行代码格式化 id 属性为 nav 的元素，使 nav 内的 li 元素显示为水平排列的菜单项。

第 36 行代码引入新闻分类数据访问层文件。

第 37 行代码调用 findNewsClass()函数返回所有的新闻分类，并保存在二维数组变量 $category 中。

第 38 行代码判断变量$category 是否为空，为空则意味着尚没有添加任何商品分类信息，不为空则循环遍历该二维数组。

(2) 测试新闻分类页面。在浏览器运行 nav.php 页面，运行结果如图 5.1.2 所示。

图 5.1.2　新闻分类页面运行结果

5.2　任务 2：查看新闻详细信息页面设计

在本任务中，将完成与新闻相关的主要操作。具体任务要求如下：

(1) 如果用户没有选择某类别新闻，则查看全部新闻信息，如图 5.2.1 所示。

(2) 如果用户选择了某类别新闻，则查看对应新闻信息，如图 5.2.2 所示。

(3) 单击某条新闻则可以查看新闻详细信息，如图 5.2.3 所示。

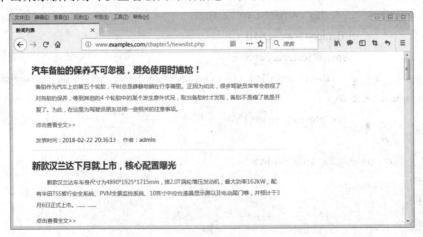

图 5.2.1　查看全部新闻信息运行结果

第 5 章　新闻分类与新闻信息浏览　145

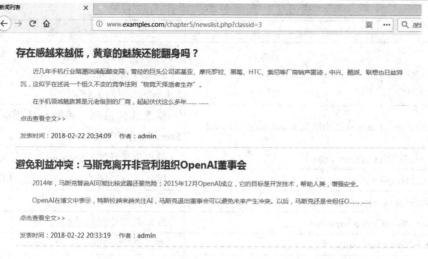

图 5.2.2　查看具体分类新闻信息运行结果

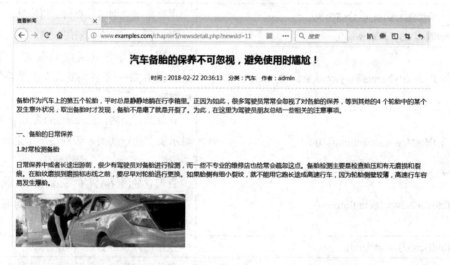

图 5.2.3　查看新闻详细信息运行结果

为了保障任务的顺利完成，首先还是需要根据 PHP 新闻管理系统需求分析和数据库设计结果，设计新闻表的相关操作数据访问层，然后根据要求完成相关页面以实现各类新闻信息浏览功能。

5.2.1　新闻数据表数据访问层的设计与实现

根据 PHP 新闻管理系统的需求分析可知，针对新闻表(tbl_news)的核心业务主要包括添加新闻分类、删除新闻分类、编辑指定新闻分类信息、编辑热点新闻、编辑推荐新闻、编辑新闻阅读量、编辑新闻点赞计数、查找所有新闻、按编号查找新闻、按类别查找新闻、按关键词模糊查询新闻、查找热点新闻、查找置顶新闻等。因此，访问新闻数据表的操作可设计为如表 5.2.1 所示。

表 5.2.1 新闻分类表操作函数清单

序号	函数	描述
1	addNews($title,$content,$uid,$classid)	添加新闻，参数$title 为新闻标题，$content 为新闻内容，$uid 为新闻作者的用户编号，$classid 为新闻的分类编号
2	updateNews($newsid,$title,$content,$uid,$classid)	修改新闻信息，参数与新增新闻类似，$newsid 为新闻编号
3	updateTopNews($newsid)	编辑置顶新闻，$newsid 为新闻编号
4	updateHotNews($newsid)	编辑热点新闻，$newsid 为新闻编号
5	updateLikeCount($newsid)	编辑新闻点赞计数+1
6	updateViewCount($newsid)	编辑新闻访问量计数+1
7	deleteNews($newsid)	删除新闻，$newsid 为新闻编号
8	findNews()	查询所有的新闻信息
9	findNewsByClassid ($classid)	根据新闻类别编号查询新闻信息
10	findNewsById($newsid)	根据新闻编号查询新闻信息
11	findNewsByName($keyword,$search_field="all")	根据关键字段及关键词模糊查询新闻，$search_field 不设置则默认为按照所有字段模糊查询
12	findHotNews($countlimit=0)	查询热点新闻，$countlimit 默认值为 0 表示显示所有热点新闻，否则显示指定$countlimit 条新闻
13	findTopNews($countlimit=0)	查询置顶(推荐)新闻，$countlimit 默认值为 0 表示显示所有置顶新闻，否则显示指定$countlimit 条新闻
14	findNewsByUid($uid)	根据用户编号查询新闻信息
15	cancelTopNews($newsid)	取消新闻置顶，根据新闻编号取消新闻置顶
16	cancelHotNews($newsid)	取消热点新闻，根据新闻编号取消热点新闻

在 DW CS6 中打开网站 examples，在"chapter5"的 common 文件夹中添加一个文件名为"news.dao.php"文件，并在文件中定义新闻表的各种操作函数。其程序中函数清单如下：

```
1  <?php
2  /**新闻信息操作文件**/
3  require_once 'common.php';
4  //添加新闻
5  function addNews($title,$content,$uid,$classid){
6      $link=get_connect();
7      $title=mysql_dataCheck($title);
8      $content=mysql_dataCheck($content);
```

```php
9        $format="%Y-%m-%d %H:%M:%S";//设置时间格式
10       $publishtime=strftime($format); //获取系统时间
11   $sql = "insert into `tbl_news` (`title`,`content`,`uid`,`classid`,`publishtime`) values
12   ('$title','$content',$uid,$classid,'$publishtime')";
13       $rs= execUpdate($sql,$link);
14       return $rs;
15   }
16   //编辑新闻
17   function updateNews($newsid,$title,$content,$uid,$classid){
18       $link=get_connect();
19       $title =mysql_dataCheck($title);
20       $ content =mysql_dataCheck($content);
21       $sql = "update `tbl_news` set`title`='$title',`content`='$content',`uid`=$uid,
22           `classid`=$classid where `newsid`=$newsid";
23       $rs=execUpdate($sql,$link);
24       return $rs;
25   }
26   //置顶新闻,根据新闻编号置顶新闻
27   function updateTopNews($newsid){
28       $link=get_connect();
29       $sql="update `tbl_news` set `istop`=1 where `newsid`=$newsid ";
30       $rs=execUpdate($sql,$link);
31       return $rs;
32   }
33   //置热点新闻,根据新闻编号置热点新闻
34   function updateHotNews($newsid){
35       $link=get_connect();
36       $sql="update `tbl_news` set `ishot`=1 where `newsid`=$newsid ";
37       $rs=execUpdate($sql,$link);
38       return $rs;
39   }
40   //根据新闻编号修改点赞计数
41   function updateLikeCount($newsid){
42       $link=get_connect();
43       $sql="update `tbl_news` set `likecount`=`likecount`+1 where `newsid`=$newsid ";
44       $rs=execUpdate($sql,$link);
45       return $rs;
46   }
47   //根据新闻编号修改访问量计数
```

```
48  function updateViewCount($newsid){
49      $link=get_connect();
50      $sql="update `tbl_news` set `viewcount`=`viewcount`+1 where `newsid`=$newsid ";
51      $rs=execUpdate($sql,$link);
52      return $rs;
53  }
54  //删除新闻
55  function deleteNews($newsid){
56      $sql="delete from `tbl_news` where `newsid`=$newsid";
57      $link=get_connect();
58      $rs=execUpdate($sql,$link);
59      return $rs;
60  }
61  //按照发布时间倒序查询所有新闻信息
62  function findNews(){
63      $sql = "select * from `tbl_news` order by `publishtime` desc ";
64      $link=get_connect();
65      $rs=execQuery($sql,$link);
66      return $rs;
67  }
68  //根据新闻类别显示相应类别新闻
69  function findNewsByClassid($classid){
70      $sql = "select * from `tbl_news` where `classid`=$classid order by `publishtime` desc ";
71      $link=get_connect();
72      $rs=execQuery($sql,$link);
73      return $rs;
74  }
75  //根据编号查找新闻
76  function findNewsById($newsid){
77      $sql = "select * from `tbl_news` where `newsid`=$newsid";
78      $link=get_connect();
79      $rs=execQuery($sql,$link);
80      if(count($rs)>0){return $rs[0];}
81      return $rs;
82  }
83  //按照指定字段,指定关键词模糊查询新闻信息,若$search_field没有设置,则默认对新闻标题和内
84  容字段都进行查找
85  function findNewsByName($keyword,$search_field="all"){
86      if($search_field=="all"){
```

```
87        $sql = "select * from `tbl_news` where `title` like '%$keyword%' or `content` like '%$keyword%'
88    order by `publishtime` desc ";
89      }else{
90        $sql = "select * from `tbl_news` where `$search_field` like '%$keyword%' order by `publishtime`
91    desc ";
92      }
93      $link=get_connect();
94      $rs=execQuery($sql,$link);
95      return $rs;
96   }
97   //显示热点新闻 若缺省参数，则显示所有的热点新闻，否则显示指定条数的热点新闻
98   function findHotNews($countlimit=0){
99      $sql="select * from `tbl_news` where `ishot`=1 ";
100     if($countlimit==0){
101        $sql=$sql." limit $countlimit";
102     }
103     $link=get_connect();
104     $rs=execQuery($sql,$link);
105     return $rs;
106  }
107  //显示置顶新闻 若缺省参数，则显示所有的推荐新闻，否则显示指定条数的置顶新闻
108  function findTopNews($countlimit=0){
109     $sql="select * from `tbl_news` where `istop`=1 ";
110     if($countlimit==0){
111        $sql=$sql." limit $countlimit";
112     }
113     $link=get_connect();
114     $rs=execQuery($sql,$link);
115     return $rs;
116  }
117  //根据用户编号查找新闻
118  function findNewsByUid($uid){
119     $sql = "select * from `tbl_news` where `uid`=$uid";
120     $link=get_connect();
121     $rs=execQuery($sql,$link);
122     return $rs;
123  }
124  //取消新闻置顶,根据新闻编号取消新闻置顶
125  function cancelTopNews($newsid){
```

```
126        $link=get_connect();
127        $sql="update `tbl_news` set `istop`=0 where `newsid`=$newsid ";
128        $rs=execUpdate($sql,$link);
129        return $rs;
130    }
131    //取消热点新闻,根据新闻编号取消热点新闻
132    function cancelHotNews($newsid){
133        $link=get_connect();
134        $sql="update `tbl_news` set `ishot`=0 where `newsid`=$newsid ";
135        $rs=execUpdate($sql,$link);
136        return $rs;
137    }
138    ?>
```

5.2.2 新闻列表信息页面的实现

下面介绍如何实现新闻列表信息页面。如果是直接进入该页面，可以使用新闻表数据访问层中 findNews()函数获取所有的新闻信息。如果是从导航栏跳转过来，则首先需要获取新闻分类的编号，再使用 findNewsByClassid()函数获取指定分类的所有新闻，然后根据网页布局技术将新闻信息显示在页面上。

实现步骤：

（1）添加新闻列表页面。在 DW CS6 中打开网站 examples，在文件夹"chapter5"下新建一个 PHP 文件，并将文件改名为"newslist.php"，然后打开并编辑其代码。具体代码实现如下：

```
1    <!doctype html>
2    <html>
3    <head>
4    <meta charset="utf-8">
5    <title>新闻列表</title>
6    <style type="text/css">
7    /*新闻列表页面*/
8    .main a:hover{ text-decoration:none;}
9    .main a:link{ text-decoration:none;}
10   .main{ width:70%; float:left;}
11   .main li{ list-style:none; border-bottom:1px dotted #ccc; margin-bottom:20px; color:#66657D; }
12   .main .news_title{ font-size:22px; font-weight:bold; color:#3B3B3B;line-height:35px;}
13   .main .news_title a{color:#444;}
14   .main p{ margin:10px;;line-height:28px; font-size:14px;}
15   .main .news_content{text-indent:28px;}
```

```
16        .main .news_show{font-size:16px;}
17        .main .news_show a{color:#1685BD;font-size:14px; text-decoration:none;}
18        .main .news_label{ color:#393939;}
19    </style>
20  </head>
21  <?php
22      require ('common/news.dao.php');
23      if(isset($_GET['classid'])){
24          $newslist=findNewsByClassid($_GET['classid']);
25      }else{
26          $newslist=findNews();
27      }
28  ?>
29  <body>
30  <div class="main">
31      <ul>
32          <?php foreach($newslist as $row){?>
33          <li><span class="news_title"><a href="newsdetail.php?newsid=<?php echo $row['newsid'];?>"><?php echo $row['title'];?></a></span>
35          <p class="news_content">
36          <?php
37          $content = htmlspecialchars_decode(mb_substr(trim($row['content']),0,150,'utf-8')).'……';
39          echo $content;
40          ?></p>
41          <p class="news_show"><a href="newsdetail.php?newsid=<?php echo $row['newsid'];?>">点击查看全文&gt;&gt;</a></p>
43          <p>发表时间：<span class="news_label"><?php echo $row['publishtime'];?></span>
44          作者：<span class="news_label"><?php
45          require_once 'common/user.dao.php';
46          $author=findUserById($row['uid']);
47          if(!empty($author)){
48          echo $author['uname'];}
49          ?> </span></p></li>
50          <?php }?>
51      </ul>
52  </div>
53  </body>
54  </html>
```

说明：

第 6~19 行代码中，style 定义了本网页中所用到的 CSS 样式。

第 22 行代码使用 require 语句引入新闻表数据访问层文件。

第 23 行代码中，isset($_GET['classid'])用来判断是否设置过$_GET 变量 classid，有设置的话意味着从其他页面传递了一个变量 classid(可能是表单通过 get 方式提交的，也可能是通过 url 地址传递了一个参数)，此时意味着需要显示指定分类的新闻列表，第 24 行代码就调用 findNewsByClassid()来获取新闻列表，否则在第 26 行代码调用 findNews()来获取所有新闻列表。

第 33 行代码中，将在新闻标题处添加了一个超链接，跳转地址设置为"newsdetail.php?newsid=<?php echo $row['newsid'];?>"，其中"？"表示该超链接是带参数的，参数名为 newsid，参数值为当前新闻的编号值。这是一种非常典型的在两个页面间通过 url 地址传递变量值的方式。

由于新闻的内容很长，在列表显示时，需要对内容进行截取，第 38 行代码中使用 mb_substr(内容、开始位置、截取长度、字符集)函数截取指定长度的中文和英文。htmlspecialchars_decode()函数用于把预定义的 HTML 实体转换为字符，由于新闻内容中为了保证新闻内容的格式，其中含有一些特殊的 HTML 实体，为了网页内容在网页上正常显示，需要将这些特殊字符进行解码并在网页上显示。

第 46~49 行代码根据用户编号查找用户名，并显示在网页上。由于新闻表中仅仅存放了用户的编号，而用户编号仅仅起到标识用户唯一性的目的，在具体显示用户信息的时候，还是需要显示用户名。第 45 行代码使用 require_once 语句引用用户表数据访问层文件，requre_once 语句和 require 语句功能基本相同，require_once 的不同在于仅仅会引入文件一次，防止重复引入相同的文件。

5.2.3 新闻查看页面的实现

当用户从新闻列表页面中选中一条新闻，单击新闻标题或者"点击查看全文"时将跳转到新闻详情查看页面来查看新闻的具体内容。在 Web 开发中，页面跳转可以使用超链接、header("location:跳转页面地址")等方式实现。很多时候，由于 HTTP 是一个无状态的协议，因此在页面跳转的同时还需要传递参数。使用超链接或者 header()等方式页面跳转时，可以使用"？"将参数值以 get 方式通过 URL 传递到目标地址。如果传递多个参数，参数与参数之间使用"&"分隔，例如从新闻列表页面(newslist.php)跳转到新闻查看页面时需要将新闻编号作为参数传递，则 URL 地址可以表示为 newsdetail.php?newsid=1。在页面跳转的目标页面使用获取地址栏传递参数的方法是使用$_GET["参数名"]的方式接收"？"后传递过来的参数。

新闻查看页面首先判断从$_GET 变量中是否接收到$_GET["newsid"]，若接收到则调用 findNewsById()函数获取相应编号的新闻记录，否则自动跳转到新闻列表网页(newslist.php)。

实现步骤：

(1) 添加新闻查看页面。在 DW CS6 中打开网站 examples，在文件夹"chapter5"下新建一个 PHP 文件，并将文件改名为"newsdetail.php"，然后打开并编辑其代码。具体代码实现如下：

1	`<!doctype html>`
2	`<html>`
3	`<head>`
4	`<meta charset="utf-8">`
5	`<title>新闻查看</title>`
6	`<style type="text/css">`
7	`/*新闻展示样式*/`
8	`.news_show{ margin:0 auto;}`
9	`.news_show .show_title {text-align:center; font-size:14px; border-bottom:1px dotted #c7c7c7;`
10	`padding-bottom:15px;margin-bottom:20px;}`
11	`.news_show h2{ font-size:24px;}`
12	`.news_show span{ padding-right:10px;}`
13	`.news_show .paging{ text-align:center;}`
14	`.news_show a{ color:#0871A5;}`
15	`.news_show .content{font-size:15px;text-indent:28px;}`
16	`</style>`
17	`</head>`
18	`<?php`
19	`    require_once 'common/news.dao.php';`
20	`    require_once 'common/newsclass.dao.php';`
21	`    require_once 'common/user.dao.php';`
22	`    if(isset($_GET['newsid'])){`
23	`        $newsid=$_GET['newsid'];`
24	`        $rst=findNewsById($newsid);`
25	`        $author_rst=findUserById($rst['uid']);`
26	`        $author=$author_rst['uname'];`
27	`        $newsclass_rst=findNewsClassById($rst['classid']);`
28	`        $newsclass=$newsclass_rst['classname'];`
29	`    }else{`
30	`        header("location:newslist.php");`
31	`    }`
32	`?>`
33	`<body>`
34	`    <div class="news_show">`
35	`        <div class="show_title">`
36	`            <h2><?php echo $rst['title'];?></h2>`
37	`            <span>时间：<?php echo $rst['publishtime'];?></span>`
38	`            <span>分类：<?php echo $newsclass;?></span>`

```
39              <span>作者：<?php echo $author;?></span>
40          </div>
41          <div class="content">
42              <?php echo htmlspecialchars_decode(trim($rst['content']));?>
43          </div>
44      </div>
45 </body>
46 </html>
```

说明：

第 6~16 行代码设计了用于查看新闻所涉及的样式。

第 19~21 行代码使用 require_once 语句引入了新闻表、用户表和新闻类别表的数据访问层文件；引入用户表的目的是需要使用根据用户编号查找用户名信息，引入新闻类别表的目的是需要根据新闻类别编号查找新闻类别名。

第 22 行代码判断是否设置了变量$_GET['newsid']，若设置了意味着传递了新闻编号的值；在第 23、第 24 行代码则调用函数 findNewsById()获取指定编号的新闻信息。

第 25 行代码根据获取新闻记录的作者的用户编号，查找用户的具体信息。

第 26 行代码将用户记录中的用户名信息取出来并保存在变量$author 中。

第 27、第 28 行代码是根据新闻记录中的新闻类别编号，查找新闻类别名称并保存在变量$newsclass 中。

第 30 行代码如果没有设置变量$_GET['newsid']，则利用 header()函数自动跳转到新闻列表页面。

第 42 行代码中，使用函数 htmlspecialchars_decode()把预定义的 HTML 实体转换为字符。为了保证新闻内容的格式，新闻内容中含有一些特殊的 HTML 实体，同时为了网页内容能在网页上正常显示，需要将这些特殊字符进行解码并在网页上显示。

5.3 任务 3：新闻搜索页面设计

面对新闻管理系统中大量的新闻信息，提供一种快捷的通道让用户能够搜索感兴趣的新闻是新闻管理系统必备的功能之一。可以根据某些条件，进行快速查询，仅把符合查询条件的数据从数据表中查询出来并输出到页面中。这就是新闻搜索功能。下面我们在任务 1 和任务 2 的基础上，添加新闻搜索功能。

5.3.1 模糊查询和精确查询

在 SQL 语句中，like 操作符用于在 where 子句中搜索列中的指定模式，通常将使用 like 操作符的查询语句称之为模糊查询，而使用其他关系操作符的查询则称之为精确查询。模糊查询的语法格式如下：

```
select column_name(s)
```

```
from table_name
where column_name like pattern
```

下面以 tbl_user 表为例，如果希望从表中选择用户名包含"李"的所有人，则可以使用 select 语句。例如：

```
select * from tbl_user where uname like '%李%';
```

其中，"%"表示 0 个或多个字符，另外"_"可以匹配任意一个字符。

在新闻表的数据访问层文件中，函数 findNewsByName()中就使用了模糊查询来实现新闻记录的查询。参数$search_field 为查询字段名，缺省则意味着对全部字段进行搜索，$keyword 为查询关键字。例如：

```
1  //按照指定字段，指定关键词模糊查询新闻信息，若$search_field 没有设置，则默认对新闻标题和内
2      容字段都进行查找
3  function findNewsByName($keyword,$search_field="all"){
4    if($search_field=="all"){
5      $sql = "select * from `tbl_news` where `title` like '%$keyword%' or `content` like '%$keyword%'
6  order by `publishtime` desc ";
7    }else{
8      $sql = "select * from `tbl_news` where `$search_field` like '%$keyword%' order by `publishtime`
9  desc ";
10   }
11   $link=get_connect();
12   $rs=execQuery($sql,$link);
13   return $rs;
14 }
```

5.3.2 新闻搜索页面的实现

要实现新闻搜索，首先需要添加一个搜索表单，该表单的作用就是将搜索条件传递给 PHP 脚本，再由 PHP 脚本根据搜索条件查询 MySQL 数据库，最后将查询结果再次输出到页面中进行显示。

由于搜索功能是 PHP 新闻管理系统的基本功能，为了方便用户使用搜索功能，将搜索功能和导航栏页面功能结合起来。

实现步骤：

（1）添加新闻查看页面。在 DW CS6 中打开网站 examples，在文件夹"chapter5"下新建一个 PHP 文件，并将文件改名为"header.php"，然后打开并编辑其代码。具体代码实现如下：

```
1  <!doctype html>
2  <html>
3  <head>
4  <meta charset="utf-8">
```

```
5    <title>PHP 新闻管理系统</title>
6    <style type="text/css">
7    * {
8        margin:0;
9        padding:0;
10   }
11   /*logo 部分 CSS*/
12   #logo {width: 980px;height: 120px;    margin: 0 auto; padding: 2px; }
13   #logo h1, #logo h2 {text-transform: uppercase;}
14   #logo h1 {padding: 40px 5px 0 20px;font-size: 36px; font-family: Arial, Helvetica, sans-serif;
15       font-weight: bold;
16       color: #31363B;}
17   #logo h2 {padding: 0 0 0 25px;font-size:12px;font-weight:bold;font-family: Arial, Helvetica,
18   sans-serif;color: #808080;}
19   /*nav 部分 CSS*/
20   #nav{ width:980px; margin:0px auto ; padding: 2px;background:#04A63E; color:#D8F0CE;}
21   #nav li{float:left; display:inline;}
22   #nav li a{ display:block; color:#5CD67B; padding:10px 15px; font-size:13px; font-weight:bold;
23   text-decoration:none;}
24   #nav li a:hover{ background:#5CD67B; color:#FFF;}
25   /*search 部分 CSS*/
26   #search{ width:980px; padding: 2px;   margin:0 auto; text-align:right;font-size:13px; font-weight:bold;
27   background-color:#9FC }
28   #search .form-btn{border: 1px #949494 solid;padding: 0 10px;cursor:
29   pointer;background:#fff;margin-right:10px;}
30   </style>
31   </head>
32   <body>
33       <div id="logo">
34           <h1>PHP 新闻管理系统</h1>
35           <h2>PHP XINWEN GUANLI XITONG</h2>
36       </div>
37       <div id="nav">
38           <ul>
39               <li><a href="index.php">首页</a></li>
40               <?php
41                   require_once ('common/newsclass.dao.php');
42                   $category=findNewsClass();
43                   if(!empty($category)){
```

```
44                    foreach($category as $v):?>
45                        <li><a href="newslist.php?classid=<?php echo $v['classid'];?>"><?php echo
46  $v['classname'];?></a></li>
47                    <?php endforeach;}?>
48            </ul>
49            <div style="clear:both"></div>
50      </div>
51      <div id="search">
52        <form action="newslist.php" method="get">
53            新闻查询：<select name="search_field">
54               <option value="title">按标题</option>
55               <option value="content">按内容</option>
56               <option value="all">两者均可</option>
57            </select>
58            <input type="text" name="keyword" placeholder="请输入查询内容">
59            <input type="submit" value="提交" class="form-btn">
60        </form>
61      </div>
62  </body>
63  </html>
```

说明：

上述代码中，第 52~60 行代码组成了一个表单，并且指定了表单提交的目标文件为 newslist.php，数据传递方式为 get。在该表单中的所有表单元素都会以 get 方式提交给 newslist.php 文件。

第 53~57 行代码创建了一个下拉列表框，用来选择查询的字段。

第 58 行代码创建了一个文本框，用来提交搜索条件。

第 59 行代码创建了表单的提交按钮表单元素，用来触发 get 请求。

（2）编辑新闻列表页面。在文件夹"chapter5"下打开新闻列表文件 newslist.php，编辑其代码。具体代码实现如下：

```
1   <!doctype html>
2   <html>
3   <head>
4   <meta charset="utf-8">
5   <title>新闻列表</title>
6   <style type="text/css">
7   /*新闻列表页面*/
8   .main a:hover{ text-decoration:none;}
9   .main a:link{ text-decoration:none;}
10  .main{ width:70%; float:left;}
```

```
11    .main li{ list-style:none; border-bottom:1px dotted #ccc; margin-bottom:20px; color:#66657D; }
12    .main .news_title{ font-size:22px; font-weight:bold; color:#3B3B3B;line-height:35px;}
13    .main .news_title a{color:#444;}
14    .main p{ margin:10px;;line-height:28px; font-size:14px;}
15    .main .news_content{text-indent:28px;}
16    .main .news_show{font-size:16px;}
17    .main .news_show a{color:#1685BD;font-size:14px; text-decoration:none;}
18    .main .news_label{ color:#393939;}
19    </style>
20    </head>
21    <?php
22        require_once ('common/news.dao.php');
23        require_once ('common/checkFormlib.php');
24        if(isset($_GET['classid'])){
25            $classid=test_input($_GET['classid']);
26            $newslist=findNewsByClassid($classid);
27        }else if(isset($_GET['keyword'])){//判断是否有关键字传入
28            $keyword=test_input($_GET['keyword']);
29            $search_field=test_input($_GET['search_field']);
30            $newslist=findNewsByName($keyword,$search_field);
31        }else{
32            $newslist=findNews();
33        }
34    ?>
35    <body>
36    <div class="main">
37        <ul>
38        <?php   if(!empty($newslist)) {
39               foreach($newslist as $row){
40        ?>
41                <li><span class="news_title"><a href="newsdetail.php?newsid=<?php echo
42    $row['newsid'];?>"><?php echo $row['title'];?></a></span>
43                <p class="news_content">
44                <?php
45                $content                                                                    =
46    htmlspecialchars_decode(mb_substr(trim($row['content']),0,150,'utf-8')).'…… ……';
47                echo $content;
48                ?></p>
49                <p class="news_show"><a href="newsdetail.php?newsid=<?php echo
```

```
50        $row['newsid'];?>">点击查看全文&gt;&gt;</a></p>
51              <p>发表时间：<span class="news_label"><?php echo $row['publishtime'];?> </span>
52              作者：<span class="news_label"><?php
53                 require_once 'common/user.dao.php';
54                 $author=findUserById($row['uid']);
55                 if(!empty($author)){
56                    echo $author['uname'];}
57                 ?> </span></p></li>
58     <?php  }
59           }else{?>
60              <li>暂无新闻数据！</li>
61     <?php }?>
62        </ul>
63     </div>
64  </body>
65  </html>
```

说明：

第 24 行代码中，先判断$_GET['classid']是否存在，如果存在，则把$_GET['classid']赋值给变量$classid，并按照函数 findNewsByClassid()查询新闻记录。

第 27 行代码中，当$_GET['classid']不存在时，再判断$_GET['keyword']是否存在，如果存在，则把$_GET['keyword']赋值给变量$keyword，同时把变量$_GET['search_field']赋值给变量$search_field，并按照 findNewsByName()进行模糊查询新闻记录。

第 31 行代码中，当$_GET['classid']和$_GET['keyword']都不存在时，则意味着显示所有新闻记录，并按照 findNews()函数获取所有新闻记录。

加入搜索后，符合搜索条件的数据可能并不存在，因此需要考虑到没有数据展示的情况。第 38 行代码中，对返回的记录集进行判断，当结果集非空时，执行第 39~58 行代码展示数据；当结果集为空时，执行第 60 行代码，提示"暂无新闻数据！"。

(3) 测试新闻搜索功能。打开浏览器，访问 header.php 文件，如图 5.3.1 所示。当查询结果有符合条件的记录，如搜索"汽车"的新闻数据，查询结果如图 5.3.2 所示；当查询结果没有符合条件的记录时，查询结果如图 5.3.3 所示。

图 5.3.1　新闻搜索功能

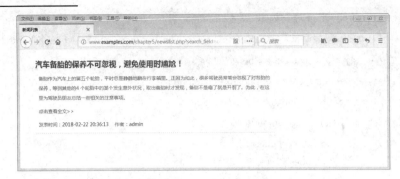

图 5.3.2　有符合查询条件的情况

图 5.3.3　没有符合查询条件的情况

5.3.3　分页显示数据

对于 Web 应用程序而言，最常见的功能就是从数据库表中查询信息，然后显示在 Web 页面上。如果数据库中的数据量过大，从数据库表中查询数据并在页面上显示，无疑会增加数据库服务器、应用服务器以及网络的负担，同时用户体验也差，解决这一问题的常用方法是使用分页技术。

1．分页原理

分页是一种将所有信息分段展示给浏览器的技术，浏览器用户每次看到的不是全部信息，而是其中的一部分信息，如果没有找到所需内容，可以通过跳转到指定页或翻页的方式切换显示内容。在目前 B/S 程序架构中，从浏览器发送请求数据到 Web 服务器返回响应数据的整个过程来看，分页技术可以分别在浏览器、Web 服务器或数据库服务器这三层实现。

（1）在浏览器使用 JavaScript 脚本语言实现分页。浏览器端可以使用 JavaScript 脚本实现分页功能，但前提是从数据库中查询出满足需要的全部记录，将结果集通过 Web 服务器发送到客户端浏览器，然后在浏览器通过 JavaScript 脚本实现分页功能。这种方式的特点是实现了数据的离线访问，用户切换分页速度快，体验较好，但初次等待时间长，消耗了大量的服务器资源和网络带宽，且在数据量过大时，容易造成系统性能急剧下降。

（2）在 Web 服务器使用 PHP 实现分页。Web 服务器端也可以使用 PHP 等动态脚本语言实现分页功能，但同样需要从数据库中查询出满足需要的全部记录，并传输到 Web 服务器端，然后由应用程序进行过滤，仅将满足条件的记录发送到客户端浏览器。该方法减少了服务器端到用户端的大量数据传输，但同样增加了 Web 服务器的运算量，并降低了用户切换分页的极速体验，是一种典型的折中方案。

(3) 在数据库端使用 SQL 实现分页。数据库服务器可以使用 SQL 语句实现分页功能，直接在数据库端进行过滤，将用户所需记录集发送到 Web 服务器端，再转发到客户端浏览器，无需进行二次过滤。该方法效率高，对服务器资源和网络带宽均极为节省，是最为常见的分页技术，又称之为"真分页"。下面介绍这种分页方法。

2．分析数据库端"真分页"技术原理

假设现在用户表 tbl_user 表中保存了 50 位用户信息，希望将这 50 条数据分 5 页进行显示，那么每一页的数据通过 SQL 语句获取。其 SQL 语句如下：

```
select * from tbl_user limit  0,10; --获取第 1 页的 10 条数据
select * from tbl_user limit 10,10; --获取第 2 页的 10 条数据
select * from tbl_user limit 20,10; --获取第 3 页的 10 条数据
select * from tbl_user limit 30,10; --获取第 4 页的 10 条数据
select * from tbl_user limit 40,10; --获取第 5 页的 10 条数据
```

数据表中的数据条目是从 0 开始计算的，因此第 1 条数据的条目就是 0，第 2 条数据的条目才是 1。

实现分页的核心原理是利用 SQL 语句的 limit 子句。limit 子句有两个参数，第 1 个参数表示查询数据的起始位置，第 2 个参数表示要获取的数据量。上述代码中，limit 的第 2 个参数"10"表示要获取的数据量，即每页的最大记录数，可以用变量$pagesize 表示。实际上第 1 个参数也是可以省略的，当省略第 1 个参数时，会默认从数据表的第 1 条数据(条目为 0)开始获取指定数量的数据。通过上面的代码，可以发现第 1 个参数与页码(用变量$page 表示)、页面大小($pagesize)之间存在一个确定的数学关系。具体关系如下：

```
limit 第 1 个参数=($page-1)*$pagesize
```

3．编写代码实现分页

实现步骤：

(1) 添加新闻分页查询函数。在 DW CS6 中打开网站 examples，在文件夹"chapter5"下打开新闻表数据访问层(news.dao.php)文件，并在文件中添加几个用于分页的函数，如表 5.3.1 所示。

表 5.3.1　新闻分类表操作函数清单

序号	函　数	描　述
1	findNews_page($page,$pagesize=10)	分页显示新闻信息，参数$page 是当前页码，$pagesize 为每页的最大记录数
2	findNewsByClassid_page($classid,$page,$pagesize=10)	分页显示指定类别的新闻信息，参数$classid 为新闻类别编号
3	findNewsByName_page($keyword,$page,$search_field="all",$pagesize=10)	分页显示模糊查询的新闻信息，参数$keyword 为查询内容，$search_field 为参数字段

续表

序号	函数	描述
4	maxpage_findNews($pagesize=10)	获取分页查询新闻信息的最大页码数
5	maxpage_findNewsByClassid($classid,$pagesize=10)	获取分页查询指定类别的新闻信息的最大页码数
6	maxpage_findNewsByName($keyword,$search_field ="all", $pagesize=10)	获取分页模糊查询新闻信息的最大页码数

具体程序清单如下：

```
1   /**
2       获取全部新闻分页后的最大页码
3    * @param int $pagesize 每页显示最大记录数，默认为 10 条记录
4    */
5   function maxpage_findNews($pagesize=10){
6       $link=get_connect();
7       $sql="select count(*) as num from `tbl_news` order by `publishtime` desc";
8       $rs=execQuery($sql,$link);
9       $count= $rs[0];
10      //取出查询结果中的 num 列的值
11      $count = $count['num'];
12      //取得最大页码值
13      $max_page = ceil($count/$pagesize);
14      return $max_page;
15  }
16  /**
17      分页查询所有新闻信息，按照发布时间倒序
18   * @param int $page 当前 page 值
19   * @param int $pagesize 每页显示最大记录数，默认为 10 条记录
20   */
21  function findNews_page($page,$pagesize=10){
22      $max_page=maxpage_findNews($pagesize);
23      //拼接查询语句并执行，获取查询数据
24      $lim = ($page -1) * $pagesize;
25      $sql = "select * from `tbl_news` order by `publishtime` desc limit $lim, $pagesize";
26      $link=get_connect();
27      $rs=execQuery($sql,$link);
28      return $rs;
29  }
30  /**
```

```php
31      * 获取分类新闻查询分页后的最大页码
32      * @param int $classid  新闻类别编号
33      * @param int $pagesize 每页显示最大记录数，默认为10条记录
34      */
35     function maxpage_findNewsByClassid($classid,$pagesize=10){
36         $link=get_connect();
37         $sql="select count(*) as num from `tbl_news` where `classid`=$classid order by `publishtime` desc";
38         $rs=execQuery($sql,$link);
39         $count= $rs[0];
40         //取出查询结果中的 num 列的值
41         $count = $count['num'];
42         //取得最大页码值
43         $max_page = ceil($count/$pagesize);
44         return $max_page;
45     }
46     /**
47      * 分页查询选定类别的新闻信息，按照发布时间倒序
48      * @param int $classid  新闻类别编号
49      * @param int $page   当前 page 值
50      * @param int $pagesize 每页显示最大记录数，默认为10条记录
51      */
52     function findNewsByClassid_page($classid,$page,$pagesize=10){
53         $max_page = maxpage_findNewsByClassid($pagesize);
54         //拼接查询语句并执行，获取查询数据
55         $lim = ($page -1) * $pagesize;
56         $sql = "select * from `tbl_news` where `classid`=$classid order by `publishtime` desc limit $lim,$pagesize";
57         
58         $link=get_connect();
59         $rs=execQuery($sql,$link);
60         return $rs;
61     }
62     /**
63      * 获取模糊新闻查询分页后的最大页码
64      * @param string $keyword   查询内容
65      * @param string $search_field 查询字段
66      * @param int $pagesize 每页显示最大记录数，默认为10条记录
67      */
68     function maxpage_findNewsByName($keyword,$search_field="all",$pagesize=10){
69         $link=get_connect();
```

```
70    if($search_field=="all"){
71        $sql = "select count(*) as num from `tbl_news` where `title` like '%$keyword%' or `content` like
72  '%$keyword%'   order by `publishtime` desc ";
73      }else{
74        $sql = "select count(*) as num from `tbl_news` where `$search_field` like '%$keyword%' order by
75  `publishtime` desc ";
76      }        $rs=execQuery($sql,$link);
77      $count= $rs[0];
78      //取出查询结果中的 num 列的值
79      $count = $count['num'];
80      //取得最大页码值
81      $max_page = ceil($count/$pagesize);
82      return $max_page;
83    }
84    /**
85       分页查询选定模糊查询的新闻信息，按照发布时间倒序
86     * @param string $keyword 查询内容
87     * @param string $search_field 查询字号
88     * @param int $page 当前 page 值
89     * @param int $pagesize 每页显示最大记录数，默认为 10 条记录
90     */
91    function findNewsByName_page($keyword,$page,$search_field="all",$pagesize=10){
92      //取得最大页码值
93      $max_page = maxpage_findNewsByName($keyword,$search_field,$pagesize);
94        //拼接查询语句并执行，获取查询数据
95      $lim = ($page -1) * $pagesize;
96      if($search_field=="all"){
97        $sql = "select * from `tbl_news` where `title` like '%$keyword%' or `content` like '%$keyword%'
98  order by `publishtime` desc limit $lim, $pagesize";
99      }else{
100       $sql = "select * from `tbl_news` where `$search_field` like '%$keyword%' order by `publishtime`
101  desc limit $lim,$pagesize";
102     }
103     $link=get_connect();
104     $rs=execQuery($sql,$link);
105     return $rs;
106   }
```

在函数 maxpage_findNews()中：

第 7 行代码使用 count()函数统计查询所有新闻的记录条数，并为统计结果设置一个别

名 num。

第 9 行代码取出执行查询的第一条记录,由于该查询是一个统计查询,返回值只有一条记录。

第 10 行代码取出字段 num 的值。

第 13 行代码中,$max_page 是最大分页数,该分页是通过数据总条数与每页显示数据条数确定的。由于得到的结果可能是个小数,因此需要使用 ceil()函数进行向上取整。

在其他几个 maxpage_xxx()函数中具有相似的解释。

在函数 findNews_page()中:

第 24 行代码取出 limit 子句的第一个参数的值。

第 25 行代码将 SQL 语句以字符串形式赋值给变量 sql。

第 27 行代码执行 SQL 语句获取结果集。

(2) 添加分页新闻列表页面。在 DW CS6 中打开网站 examples,在文件夹"chapter5"下新建一个 PHP 文件,并将文件命名为 newslist_page.php,然后打开并编辑其代码。具体代码实现如下:

```
1   <!doctype html>
2   <html>
3   <head>
4   <meta charset="utf-8">
5   <title>新闻列表-分页显示</title>
6   <style type="text/css">
7   /*新闻列表页面*/
8   .main a:hover{ text-decoration:none;}
9   .main a:link{ text-decoration:none;}
10  .main{ width:70%; float:left;}
11  .main li{ list-style:none; border-bottom:1px dotted #ccc; margin-bottom:20px; color:#66657D; }
12  .main .news_title{ font-size:22px; font-weight:bold; color:#3B3B3B;line-height:35px;}
13  .main .news_title a{color:#444;}
14  .main p{ margin:10px;;line-height:28px; font-size:14px;}
15  .main .news_content{text-indent:28px;}
16  .main .news_show{font-size:16px;}
17  .main .news_show a{color:#1685BD;font-size:14px; text-decoration:none;}
18  .main .news_label{ color:#393939;}
19  /*页码链接样式*/
20  .page{font-size:12px;float:right;}
21  </style>
22  </head>
23  <?php
24      require_once ('common/news.dao.php');
25      require_once ('common/checkFormlib.php');
```

```php
26      require_once 'common/user.dao.php';
27      //获取当前选择的页码
28      $page = isset($_GET['page']) ? intval($_GET['page']) : 1;
29      //定义每页显示的记录行数
30      $pagesize=2;
31      $params=array();//保存 url 中参数列表
32      if(isset($_GET['classid'])){
33          $classid=test_input($_GET['classid']);
34          $max_page=maxpage_findNewsByClassid($classid,$pagesize);
35          //获取当前选择的页码,并做容错处理
36          $page = $page > $max_page ? $max_page : $page;
37          $page = $page < 1 ? 1 : $page;
38          $newslist=findNewsByClassid_page($classid,$page,$pagesize);
39          //将 classid 参数保存入数组变量$params
40          $params['classid']=$classid;
41      }else if(isset($_GET['keyword'])){//判断是否有关键字传入
42          $keyword=test_input($_GET['keyword']);
43          $search_field=test_input($_GET['search_field']);
44          $max_page=maxpage_findNewsByName($keyword,$search_field,$pagesize);
45          //获取当前选择的页码,并做容错处理
46          $page = $page > $max_page ? $max_page : $page;
47          $page = $page < 1 ? 1 : $page;
48          $newslist=findNewsByName_page($keyword,$page,$search_field,$pagesize);
49          //将 keyword 和 search_field 参数保存入数组变量$params
50          $params['keyword']=$keyword;
51          $params['search_field']=$search_field;
52      }else{
53          $max_page=maxpage_findNews($pagesize);
54          //获取当前选择的页码,并做容错处理
55          $page = $page > $max_page ? $max_page : $page;
56          $page = $page < 1 ? 1 : $page;
57          $newslist=findNews_page($page,$pagesize);
58      }
59      //组合分页链接的参数列表
60      $param_str='?';
61      if(!empty($params)){
62          foreach($params as $key=>$value){
63              $param_str=$param_str.$key.'='.$value.'&';
64          }
```

```php
65          }
66          $page_html = "<a href='./newslist_page.php".$param_str."page=1'>首页&gt;&gt;</a> ";
67          $page_html .= "<a href='./newslist_page.php".$param_str."page=".(($page - 1) > 0 ? ($page - 1) : 1)."'>上
68  一页&gt;&gt;</a> ";
69          $page_html .= "<a href='./newslist_page.php".$param_str."page=".(($page + 1) < $max_page ? ($page +
70  1) : $max_page)."'>下一页&gt;&gt;</a> ";
71          $page_html .= "<a href='./newslist_page.php".$param_str."page={$max_page}'>尾页&gt;&gt;</a>";
72      ?>
73  <body>
74  <div class="main">
75          <ul>
76          <?php   if(!empty($newslist)) {
77                  foreach($newslist as $row){
78          ?>
79                      <li><span class="news_title"><a href="newsdetail.php?newsid=<?php
80  echo $row['newsid'];?>"><?php echo $row['title'];?></a></span>
81                      <p class="news_content">
82                      <?php
83                      $content                                                                                    =
84  htmlspecialchars_decode(mb_substr(trim($row['content']),0,150,'utf-8')).'……  ……';
85                      echo $content;
86                      ?></p>
87                      <p class="news_show"><a href="newsdetail.php?newsid=<?php echo
88  $row['newsid'];?>">点击查看全文&gt;&gt;</a></p>
89                      <p>发表时间：<span class="news_label"><?php echo $row['publishtime'];?> </span>
90                      作者：<span class="news_label"><?php
91
92                      $author=findUserById($row['uid']);
93                      if(!empty($author)){
94                      echo $author['uname'];}
95                      ?> </span></p></li>
96          <?php   }
97
98                  }else{?>
99                  <li>暂无新闻数据！</li>
100 <?php }?>
101         </ul>
102 <!--输出分页链接-->
103     <div class="page"><?php echo $page_html; ?></div>
```

104	`</div>`
105	`</body>`
106	`</html>`

说明：

第 20 行代码增加了分页链接的 CSS 样式。

第 28 行代码查看是否有透过 URL 地址传递的页码值，有的话则提取其值并使用 intval() 函数将其转换为整数并赋值给$page 变量，否则将 1 赋值给$page 变量。

第 30 行代码定义每页显示的记录行数。

第 31 行代码定义一个数组$params，用来保存所有通过 URL 地址传递的参数及参数值。

第 32 行代码判断是否透过 URL 地址传递参数 classid，有的话意味着需要显示指定类别的新闻信息；在 34 行代码调用按指定类别显示信息的最大页码函数，并赋值给变量$max_page。第 36 行和第 37 行代码对$page 变量做容错处理：第 36 行判断$page 是否大于$max_page，如果大于，就将$max_page 的值赋值给$page；第 37 行判断$page 是否小于 1，如果小于，就将 1 的值赋值给$page。

第 38 行代码调用分页显示指定类别新闻函数 findNewsByClassid_page()，并将返回值赋值给变量$newslist。

第 40 行代码将新闻类别编号保存如$params 变量中。

当 URL 地址没有传递 classid 参数时，第 41 行代码判断 URL 地址是否传递 keyword 参数。有的话，第 42 行代码提取参数 keyword 并保存到变量$keyword 中；第 43 行代码提取参数 search_field 并保存到变量$search_field 中；第 44 行代码调用分页模糊查询新闻信息的最大页码数函数 maxpage_findNewsByName()，并赋值给变量$max_page；第 48 行代码调用分页模糊查询新闻信息函数 findNewsByName_page()，并将返回值赋值给变量$newslist；第 50 行将查询内容$keyword 存入$params 中；第 51 行将查询字段$search_field 存入变量$params 中。

当 URL 地址中也没有传递 keyword 参数时，意味着需要显示所有新闻列表。第 53 行代码调用分页查询新闻信息的最大页码函数 maxpage_findNews()，并赋值给变量$max_page；第 57 行代码调用分页查询新闻信息函数 findNews_page()，并将返回值赋值给变量$newslist。

第 60 行代码定义一个变量$param_str，用来保存所有的 URL 参数，并赋初值"？"。

第 61~65 行代码判断$params 是否为空，不为空的话则遍历该数组变量，将所有的元素的键与值以"key=value&"形式添加到$param_str 变量后面。这是 URL 地址传参数的格式。

第 66~71 行代码将一个非常简单的 html 页码链接以字符串的形式连接并赋值给$page_html。其中分别将$param_str 加"首页"的页码、$param_str 加"上一页"的页码、$param_str 加"下一页"的页码、$param_str 加"尾页"的页码以 get 参数的形式附加到 URL 地址中。

第 103 行代码输出组合后的分页链接。

(3) 测试分页查询效果。打开浏览器，访问 newslist_page.php，运行结果如图 5.3.4 所示。

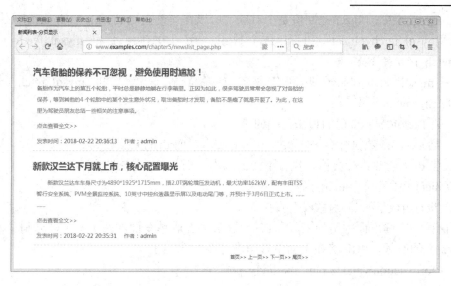

图 5.3.4　分页显示新闻信息

思 考 与 练 习

1. 下列 PHP 扩展中，哪个扩展与数据库操作无关(　　)。
A. mysql 扩展　　　　B. mbstring 扩展　　　C. mysqli 扩展　　　　D. PDO 扩展
2. from 标签中 method 说法错误的是(　　)。
A. method = get 或者 post
B. get 方式比较安全，适合提交密码等信息
C. post 方式可以发送大于 2KB 的数据
D. get 方式适合发送数据量比较小的数据
3. mysql_connect()与@mysql_connect()的区别是(　　)。
A @mysql_connect()不会忽略错误，将错误显示到客户端
B. mysql_connect()不会忽略错误，将错误显示到客户端
C. 没有区别
D. 功能不同的两个函数
4. 请看代码，数据库关闭指令将关闭哪个连接标识？(　　)
```
<?
$link1 = mysql_connect("localhost","root","");
$link2 = mysql_connect("localhost","root","");
mysql_close();
?>
```
A. $link1　　　　　B. $link2　　　　　C. 全部关闭　　　　　D. 报错
5. 关于 mysql_fetch_object 说法中，正确的是(　　)。
A. mysql_fetch_object 和 mysql_fetch_array 一样，没什么区别

B．mysql_fetch_object 返回值是个对象，所以在速度上比 mysql_fetch_array 要慢

C．mysql_fetch_object 返回值是个数组，所以在速度上和 mysql_fetch_array 及 mysql_fetch_row 差不多

D．mysql_fetch_object 返回值是个对象，在速度上和 mysql_fetch_array 及 mysql_fetch_row 差不多

6．关于 exit( )与 die( )的说法正确的是(　　)。

A．当 exit( )函数执行会停止执行下面的脚本，而 die()无法做到

B．当 die()函数执行会停止执行下面的脚本，而 exit( )无法做到

C．die()函数等价于 exit()函数

D．die()函数于 exit()函数没有直接关系

7．请详细阅读下面列出的表单和 PHP 代码。当在表单里面的两个文本框分别输入"php"和"great"的时候，PHP 将在页面中打印出什么？(　　)

```
<form action="index.php" method="post">
<input type="text" name="element[]">
<input type="text" name="element[]">
</form>

<?php
echo $_GET['element'];
?>
```

A．Nothing　　　　B．Array　　　　　C．A notice

D．phpgreat　　　　E．greatphp

8．下列选项中，哪些是 PDO 中用于处理结果集的方法(　　)。

A．fetch()　　　　B．query()　　　　C．fetchAll()　　　　D．prepare()

9．var_dump()函数的作用是_____。

10．gettype()函数的作用是_____。

11．检查变量是否为字符串的函数是_____。

12．检查变量是否为空的函数是_____，如果检查的变量为空，则返回_____；如果变量为非空或非零的值，则返回_____。

13．检测变量是否设置的函数是_____，如果检查的变量不存在，则返回_____；如果变量存在，则返回_____。

14．把字符串分割成数组的函数是_____。

15．写出把$str="hello-world. it's a beautiful day.test-page." 字符串分割成数组的程序代码。

16．调用新闻数据表数据访问层文件，设计并显示推荐的前 10 条新闻页面。

17．调用新闻数据表数据访问层文件，设计并显示前 10 条热点新闻。

18．简述一下 Web 项目使用分层架构开发的优缺点。

19．简述一下 Web 项目中实现页面跳转的方式以及参数传递的方式。

部分参考答案：
1. B 2. B 3. B 4. C 5. D 6. C 7. B 8. AC
9. 返回参数的数据类型、长度和值
10. 返回参数的数据类型
11. is_string()
12. empty()   true   false
13. isset()   false   true
14. explode()

第 6 章

用户登录与新闻评论及点赞

本章要点

- 用户登录功能的设计与实现
- 理解 Session 的基本概念
- 掌握会话技术的使用
- 理解 Cookie 的基本概念以及掌握 Cookie 的使用
- 了解 AJAX 技术的相关概念以及 AJAX 与 PHP 的交互
- 新闻评论功能的设计与实现
- 新闻点赞功能的设计与实现

学习目标

- 理解 HTTP 的基本概念。
- 理解 Session 和 Cookie 的概念。
- 掌握 Session 和 Cookie 的使用方法。
- 理解使用 Session 控制用户访问权限的方法。
- 了解验证码技术的原理和实现。
- 了解 AJAX 技术的概念和 PHP 中 AJAX 的使用。

在本章中，我们将学习如何实现用户登录功能、登录用户实现对新闻的评论和点赞，同时应用 Session 和 Cookie 优化项目。

6.1 任务 1：用户登录

用户登录是网站中最常见的功能之一，用户在网页中输入用户名和密码，然后提交表单，服务器就会验证用户名和密码是否正确，如果验证通过则表示用户登录成功，用户就可以使用这个账号在网站中进行其他操作。在实现用户登录时，许多网站都提供了一个选项，就是保留登录状态，下次自动登录。实现自动登录的同时，也给网站带来了安全风险。

这儿介绍一些提高网站安全的技术实现，如验证码技术，避免用户的"灌水"等行为或者一些针对服务器的攻击行为，以保障网站的安全。

6.1.1 Session 的操作

HTTP 是指一种无状态的请求—应答协议，即浏览器发出一个对某种 Web 资源的请求，Web 服务器处理这个请求，并返回一个应答，之后服务器会忘掉曾经发生过这个处理过程。因此，当同一个浏览器又发送了一个新的请求时，Web 服务器并不知道这个请求与先前的请求有什么联系。这种无状态对于 Web 应用程序来说不太适合，例如，在一个购物网站中，大家选择了购买的物品并记录下来是很重要的，这样用户在订购物品的时候就不需要重复输入同样的信息。该如何将用户的订购信息记录下来呢？

Session 就是用来解决这个问题的。Session 在网络应用中称之为会话，指的是用户在浏览某个网站时，从进入网站到关闭网站所经过的这段时间。当 PHP 启动 Session 时，服务器可以为每个用户创建一个独享的 Session 文件。当创建 Session 文件时，每一个 Session 文件都具有唯一的会话 ID，这样服务器就能区分来自于同一浏览器的所有请求，知道新请求和先前的请求是否来自同一用户。

在 PHP 中，Session 文件的保存目录可以通过配置文件 php.ini 进行修改。在 php.ini 文件中搜索 "session.save_path"，可以查看到 Session 文件的保存目录。使用 phpStudy 集成开发软件包后，默认路径是 phpStudy 的安装路径下的 tmp\tmp 目录下。

1．启动会话

在使用 Session 之前，需要先启动 Session。通过 session_start()函数可以启动 Session，通常 session_start()函数在页面开始位置调用，当启动后就可以使用超全局变量$_SESSION 来添加、读取或修改 Session 中的数据。

2．保存会话变量

会话启动后，所有的会话变量全部保存到超全局变量$_SESSION 中。

例如，启动会话，并将登录的用户名 "admin" 保存到 Session 变量中，代码如下：

```php
<?php
    session_start();
    $_SESSION['username']='admin';
?>
```

3．使用会话变量

首先需要判断会话变量是否存在，如果存在就可以使用。例如，判断存储用户名的 Session 变量是否为空，若不为空，则把该 Session 变量的值赋值给变量$current_user，代码如下：

```php
<?php
    if(isset($_SESSION['username'])){
        $current_user=$_SESSION['username'];
    }
```

```
?>
```

4. 删除会话变量

删除会话的方法包括删除单个会话，删除多个会话和结束会话三种。

(1) 删除单个会话。删除会话变量和数组的操作一样，直接注销$_SESSION 数组的某个元素即可。例如，注销$_SESSION['username']变量，可以使用 unset()函数，代码如下：

```
<?php
  unset($_SESSION['username']);
?>
```

(2) 删除多个会话。如果一次要注销所有的会话变量，可以将一个空的数组赋值给$_SESSION，代码如下：

```
<?php
  $_SESSION=array();
?>
```

(3) 结束当前的会话。使用删除多个会话的方式可以删除 Session 中的所有数据，但是 Session 文件仍然存在，只不过是一个空文件。通常情况下，需要将这个空文件删除掉，彻底销毁 Session，代码如下：

```
<?php
session_destroy();
?>
```

6.1.2 利用 Session 限制未登录用户的访问

在 Web 网站开发的过程中，需要对不同的用户设置不同的权限。如果是管理员，则可以登录网站后台管理系统，管理网站的数据；如果是普通用户，则只有浏览网站的权限，不可以进入网站的后台管理系统。如果需要对用户进行评论，必须是注册用户且登录成功才可以进行评论，游客是不可以进行评论的。这些对用户的限制都可以通过 Session 变量进行。

【例 6-1】 Session 的综合应用：编写一个实例，学习 Session 变量的使用方法。在登录界面上，用户输入用户名和密码，服务器验证输入的用户名和密码是否正确，如果正确就把用户信息保存到$_SESSION 数组中，界面设计如图 6.1.1 所示。登录成功后，自动跳转至主界面，若用户已经登录，主界面显示用户名，并可以单击"退出"链接注销身份，运行效果如图 6.1.2 所示；若用户尚未登录，单击"登录"和"注册"链接可以跳转到登录界面或注册界面，运行效果如图 6.1.3 所示。

图 6.1.1 用户登录界面

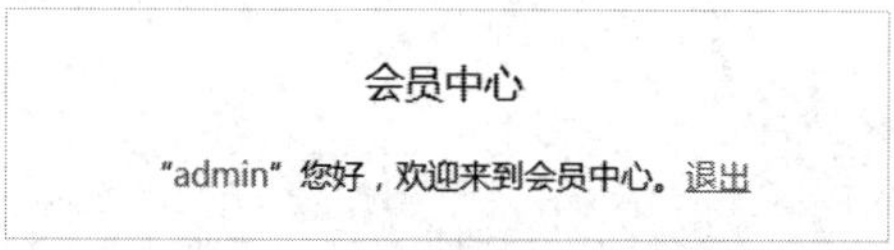

图 6.1.2　用户已登录状态 　　　　　图 6.1.3　用户未登录状态

实现步骤：

（1）在 DW CS6 中打开网站 examples，新建一个文件夹"chapter6"，同时将"chapter5"中的"common"、"images"和"headimg"文件夹复制到"chapter6"文件夹下，在文件夹"chapter6"下添加一个新的文件夹"ch6_1"。添加后的文件夹视图如图 6.1.4 所示。

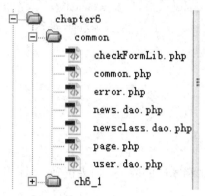

图 6.1.4　新建 chapter6 文件夹

（2）在文件夹"ch6_1"下新建一个 PHP 文件，并将文件重命名为"login.php"，在 login.php 中创建一个用户登录的表单，提交用户登录的用户名和密码，以 post 方式将数据提交到 login_ok.php 中。编辑其代码，代码如下：

```
1    <!doctype html>
2    <html>
3    <head>
4    <meta charset="utf-8">
5    <title>欢迎登录</title>
6    <style>
7    <!--登录页面的CSS-->
8    body{margin:0;padding:0;}
9    .reg{width:400px;margin:15px auto;padding:20px;
10       border:1px solid #ccc;background-color:#fff;}
11   .reg .title{text-align:center;padding-bottom:10px;}
12   .reg th{font-weight:normal;text-align:right;}
13   .reg input{width:180px;border:1px solid #ccc;height:20px;padding-left:4px;}
14   .reg .button{background-color:#0099ff;border:1px solid #0099ff;
15       color:#fff;width:80px;height:25px;margin:0 5px;cursor:pointer;}
16   .reg .td-btn{text-align:center;padding-top:10px;}
```

```
17      </style>
18    </head>
19    <body>
20    <form method="post" action="login_ok.php">
21    <table class="reg">
22        <tr><td class="title" colspan="2">欢迎登录</td></tr>
23        <tr><th>用户名：</th><td><input type="text" name="username" /></td></tr>
24        <tr><th>密码：</th><td><input type="password" name="password" /></td></tr>
25        <tr><td colspan="2" class="td-btn">
26            <input type="submit" value="登录" class="button" />
27            <input type="reset" value="重新填写" class="button" />
28        </td></tr>
29    </table>
30    </form>
31    </body>
32    </html>
```

(3) 在文件夹"ch6_1"下新建一个 PHP 文件，并将文件重命名为"login_ok.php"，在 login_ok.php 中完成对用户名和密码的验证。如果正确，则将用户信息赋值给 Session 变量，并跳转到主界面 main.php 中；否则跳转到错误显示页面，给出错误提示。具体代码如下：

```
1   <?php
2       define('APP','newsmgs');
3       header('Content-Type:text/html;charset=utf-8');
4       //引入表单验证函数，验证用户名和密码格式
5       require '../common/checkFormlib.php';
6       //引入用户数据表数据访问层文件
7       require '../common/user.dao.php';
8       $error = array();        //保存错误信息
9       //当有表单提交时
10      if(!empty($_POST)){
11          //接收用户登录表单
12          $username = isset($_POST['username']) ? test_input($_POST['username']) : '';
13          $password = isset($_POST['password']) ? test_input($_POST['password']) : '';
14          //根据用户名取出用户信息
15          $row=findUserByName($username);
16          if($row){
17              //判断密码是否正确
18              if($password==$row['upass']){
19                  //登录成功，保存用户会话
20                  session_start();
```

```
21                    $_SESSION['userinfo'] = array(
22                            'id' => $row['uid'],        //将用户 id 保存到 SESSION
23                            'username' => $username,    //将用户名保存到 SESSION
24                            'power'=> $row['power']     //将用户权限保存到 SESSION
25                    );
26                    //登录成功，跳转到 main.php 中
27                    header('Location: main.php');
28                    //终止脚本继续执行
29                    die();
30              }
31        }
32        $error[] = '用户名不存在或密码错误。';
33        //调用公共文件 error.php 显示错误提示信息
34        require '../common/error.php';
35  }
36  ?>
```

说明：

第 15 行代码调用用户数据表数据访问层中定义的按照用户名查找用户函数 findUserByName()，返回指定用户名的用户记录。

当指定用户名的用户记录找到后，第 18 行代码判断用户输入的密码和查询结果中的密码字段值是否一致。

第 20~34 行代码当用户名和密码通过验证后，保存用户的会话。当 PHP 启动 Session 时，服务器会为每个用户的浏览器创建一个独有的 Session 文件，该文件存储在服务器中，用于保存用户信息。每一个 Session 文件都有一个唯一的会话 ID，服务器通过 Cookie 让浏览器记住这个会话 ID，从而实现了每个会话的区分。

第 20 行代码启动会话。

第 22~25 行代码将用户信息保存到$_SESSION 数组中，此时将一个数组保存到$_SESSION['userinfo']中，PHP 会自动保存到 Session 文件中。

第 26 行代码使用 header()函数执行页面跳转，执行后浏览器将去请求当前地址下的 main.php 文件。

第 29 行代码由于页面跳转后本程序不需要继续执行，所以使用函数 die()结束脚本。

（4）在文件夹"ch6_1"下添加一个新的 PHP 文件，并将文件改名为"main.php"。main.php 有两大功能：一个是未登录状态下提示用户先登录或注册，另一个是在已登录状态下显示欢迎信息和退出登录。编辑其代码，代码如下：

```
1   <?php
2   //启动 Session
3   session_start();
4   //判断 Session 中是否存在用户信息
5   if(isset($_SESSION['userinfo'])){
```

```php
6          //用户信息存在，说明用户已经登录
7          $login = true;      //保存用户登录状态
8          $userinfo = $_SESSION['userinfo'];    //获取用户信息
9      }else{
10         //用户信息不存在，说明用户没有登录
11         $login = false;
12     }
13     //用户退出
14     if(isset($_GET['action']) && $_GET['action']=='logout'){
15         //清除 SESSION 数据
16         unset($_Session['userinfo']);
17         //如果 Session 中没有其他数据，则销毁 Session
18         if(empty($_SESSION)){
19             session_destroy();
20         }
21         //跳转到登录页面
22         header('Location: login.php');
23         //终止脚本
24         die();
25     }
26     ?>
27     <!doctype html>
28     <html>
29     <head>
30     <meta charset="utf-8">
31     <title>主界面</title>
32     <style>
33     <!--会员中心 CSS-->
34     body{background-color:#eee;margin:0;padding:0;}
35     .box{width:400px;margin:15px auto;padding:20px;border:1px solid #ccc;
36         background-color:#fff;}
37     .box .title{font-size:20px;text-align:center;margin-bottom:20px;}
38     .box .welcome{text-align:center;}
39     .box .welcome a{color:#0066ff;}
40     .box .welcome span{color:#ff0000;}
41     </style>
42     </head>
43     <body>
44     <div class="box">
```

```
45          <div class="title">会员中心</div>
46          <?php if($login){ ?>
47              <div class="welcome">
48  "<span><?php echo $userinfo['username']; ?></span>"您好，欢迎来到会员中心。<a
49  href="?action=logout">退出</a>
50          </div>
51              <!-- 此处编写会员中心其他内容 -->
52          <?php }else{ ?>
53              <div class="error-box">您还未登录，请先 <a href="login.php">登录</a> 或 <a
54  href="register.php">注册新用户</a> 。</div>
55          <?php } ?>
56      </div>
57  </body>
58  </html>
```

说明：

第 3 行代码启动 Session。

第 5 行代码判断$_SESSION 数组中是否存在 userinfo 数据，如果存在则说明用户已经登录，用变量$login 保存用户已经登录的状态，并将$_SESSION 的 userinfo 数据保存到数组变量$userinfo 中；否则将$login 赋值为 false。

第 14 行代码判断是否收到"action=logout"参数，当收到时说明用户需要退出。

第 16 行代码使用 unset()函数销毁 Session 中的 userinfo 数据。

第 18 行代码判断$_SESSION 数组是否已经为空，为空的话，则使用 session_destroy()函数销毁 Session 文件。

第 22 行代码当用户选择退出后，页面跳转到 login.php 页面。

第 46 行代码判断$login 变量，当$login 为 true 时说明用户已经登录，为 false 时则说明用户未登录。

第 48 行代码当用户已经登录时，将保存在变量$userinfo 中的用户名显示在页面上。

(5) 在浏览器中访问 user.php，运行效果如图 6.1.5 所示；当通过 login.php 登录后，运行效果如图 6.1.6 所示。

图 6.1.5　用户未登录主界面

图 6.1.6　用户已登录主界面

(6) 在 main.php 和 login_ok.php 中开启了 Session，在浏览器的 Cookie 中就保存了会话

ID，其名称为"PHPSESSID"。在浏览器中可以通过开发者工具查看 Cookie，如图 6.1.7 所示。在 PHP 的 Session 文件保存目录下，可以看到对应会话 ID 的 Session 文件，如图 6.1.8 所示。

图 6.1.7　查看 Cookie 中的会话 ID

图 6.1.8　查看服务器中的 Session 文件

6.1.3　Cookie 的操作

Cookie 是网站为了辨别用户身份而存储在用户本地终端上的数据。由于 HTTP 协议是无状态的，即服务器不知道用户上一次做了什么，这严重阻碍了交互式 Web 应用程序的实现。和 Session 一样，Cookie 也是解决 HTTP 无状态的一种技术，实现跨页面之间的数据共享。

1．Cookie 的简单介绍

现在大多数浏览器都可以使用 Cookie，且每种浏览器在默认情况下都开启了 Cookie。用户可以在浏览器中设置是否开启 Cookie。以 Firefox 为例，Cookie 的设置方法如下。

打开浏览器，单击"工具"菜单中的"选项"，然后选择"隐私和安全"选项卡，在"历史记录"区域找到"Firefox 将会："项并设置成"使用自定义历史记录设置"，如果不设置成"使用自定义历史记录设置"就不会出现设置 Cookie 的选项。选中"接受来自站点的 Cookie"选项即可启用 Cookie，取消选择就可以禁用 Cookie，如图 6.1.9 所示。

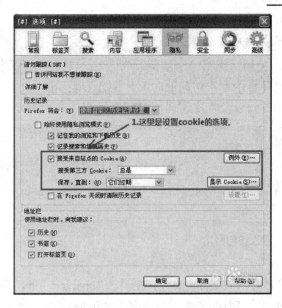

图 6.1.9　Firefox 浏览器设置 Cookie

Cookie 是 Web 服务器暂时存储在用户硬盘上的一个文本文件，并随后被 Web 浏览器读取。当用户再次访问网站时，网站通过读取 Cookie 文件记录这位访客的特定信息，从而迅速做出响应。Cookie 可以让 Web 页面更有针对性、更加友好。Cookie 常用于以下三个方面：

(1) 记录访客的某些信息。例如，可以用 Cookie 记录用户访问网页的次数，或者记录访客曾经输入的信息等。

(2) 在页面之间传递变量。由于 HTTP 是无状态协议，浏览器并不会保存当前页面上的任何变量信息，当页面关闭后，页面上的任何变量信息将随之消失。使用 Cookie 可以实现跨页面的数据交换。

(3) 将所查看的网页存储在 Cookie 临时文件夹内，这样可以提高以后浏览的速度。

2．创建 Cookie

在 PHP 中，可以通过 setcookie()函数创建 Cookie。不过，因为 Cookie 是 HTTP 头部的组成部分必须最先输出，因此在调用 setcookie()之前，不能输出 html 标签或使用 echo 语句，哪怕是输出空行也不行。setcookie()函数的语法如下：

bool setcookie(string name[,string value[,int expire[,string path[,string domain[,int secure]]]]])

参数 name 是 Cookie 的变量名；value 是 Cookie 的值；expire 是 Cookie 的失效时间；path 是 Cookie 在服务器端的有效路径；domain 是 Cookie 的有效域名；secure 指明 Cookie 是否通过安全的 HTTPs 连接访问，其值为 0 或 1。

3．使用 Cookie

使用 Cookie 很方便，PHP 提供了预定义变量$_COOKIE，其中包含了每一个当前 Cookie 的名称和值。

4．删除 Cookie

Cookie 有一个过期时间，在 Cookie 创建之后的某个时刻，它将自动被删除。想立即删除一个 Cookie，可以将过期时间设置为过去一个时间即可。例如：

setcookie("uid","",time()-3600);//过去时间为一个小时之前

【例 6-2】 Cookie 使用：编写一个实例，学习 Cookie 的使用方法。首次访问网页时，在网页上显示欢迎信息并显示首次访问的时间，运行效果如图 6.1.10 所示；不是首次访问的话，显示上次访问的时间以及本次访问的时间，运行效果如图 6.1.11 所示。

图 6.1.10　首次访问网站

图 6.1.11　显示上次访问时间

实现步骤：

（1）在 DW CS6 中打开网站 examples，在文件夹"chapter6"下新建一个文件夹"ch6_2"，并在新建文件夹中添加一个 PHP 文件，重命名为"index.php"，然后打开文件并编辑其代码。具体代码如下：

```
1   <!doctype html>
2   <html>
3   <head>
4   <meta charset="utf-8">
5   <title>cookie 访问示例</title>
6   </head>
7   <body>
8   <?php
9   //判断 Cookie 文件是否存在
10  if(!isset($_COOKIE['last_access_time'])){
11      //设置 Cookie 的值
12      setcookie('last_access_time',date('y-m-d H:i:s'));
13      echo '欢迎您第一次访问网站!';
14  }else{
15      //设置 cookie 的值，名为 last_access_time，保存时间为 1 分钟
16      setcookie('last_access_time',date('y-m-d H:i:s'),time()+60);
17      echo '您上次访问网站的时间为'. $_COOKIE['last_access_time'];
18  }
19  echo '<br>您本次访问的时间为'. date('y-m-d H:i:s');
20  ?>
21  </body>
22  </html>
```

说明：

第 10 行代码用于判断名为 last_access_time 的 Cookie 是否存在。

第 12 行代码，如果 Cookie 不存在，则设置首次访问系统的时间。

第 16 行代码，如果 Cookie 存在，设置 Cookie 中的值为本次访问时间，并设置过期时间为 60 秒，即 1 分钟。

第 17 行代码通过 Cookie 输出上次访问时间。

第 19 行代码输出本次访问时间。

(2) 对于普通用户而言，Cookie 是不可见的，Web 开发者可以通过<F12>开发者工具查看 Cookie。在开发者工具中切换到『网络』-『Cookie』可以查看。在浏览器运行 index.php，按下<F12>，Cookie 传输情况如图 6.1.12 所示。

图 6.1.12　查看请求与响应 Cookie

6.1.4　Session 与 Cookie 的比较

Session 与 Cookie 的最大区别是，Session 将信息保存在服务器上，并通过一个会话 ID 传递客户端的信息，服务器在接收到会话 ID 后根据这个 ID 提供相关的 Session 信息资源；Cookie 是将所有的信息以文本文件的形式保存在客户端，并由浏览器进行管理和维护。

由于 Session 为服务器存储，远程用户没办法修改 Session 文件的内容，而 Cookie 在客户端存储，所以 Session 相对 Cookie 安全得多。一般不要使用 Cookie 保存数据集或大量数据，而且 Cookie 中数据信息以明文文本的形式保存，因此最好不要保存敏感的、未加密的数据，否则会影响网络的安全。

【例 6-3】 用户免登录功能：用户登录时，许多网站都提供了一个选项，就是保存登录状态，下次自动登录。学习了 Session 和 Cookie 之后，实现免登录并不困难，但是这一功能给用户带来便利的同时也带来了风险。这个例子在介绍如何保存用户登录状态功能的同时，也讲解了一些增强 Cookie 的安全措施。

设计思路：

(1) 编写 HTML 页面，在用户登录表单中添加"下次自动登录"选项。

(2) 实现免登录，其实就是将用户名和密码保存到 Cookie 中，需要提高密码的安全性。

(3) 在用户登录时，如果用户选中了"下次自动登录"，则保存登录信息到 Cookie 中。

(4) 当用户退出时，需要清除 Cookie。

实现步骤：

(1) 编写登录页面。在 DW CS6 中打开网站 examples，在文件夹"chapter6"下新建一个文件夹"ch6_3"，并在新建文件夹中添加一个 PHP 文件，重命名为"login.php"，然后打开文件并编辑其代码。代码如下：

```
1   <!doctype html>
2   <html>
3   <head>
4   <meta charset="utf-8">
5   <title>欢迎登录</title>
6   <style>
7   <!--登录页面的CSS-->
8   body{background-color:#eee;margin:0;padding:0;}
9   .reg{width:400px;margin:15px auto;padding:20px;
10      border:1px solid #ccc;background-color:#fff;}
11  .reg .title{text-align:center;padding-bottom:10px;}
12  .reg th{font-weight:normal;text-align:right;}
13  .reg input{width:180px;border:1px solid #ccc;height:20px;padding-left:4px;}
14  .reg .button{background-color:#0099ff;border:1px solid #0099ff;
15      color:#fff;width:80px;height:25px;margin:0 5px;cursor:pointer;}
16  .reg .td-btn{text-align:center;padding-top:10px;}
17  .reg .td-auto-login{font-size:14px;text-align:left;padding-left:90px;padding-top:5px;}
18  .reg .checkbox{width:auto;vertical-align:middle;}
19  .reg label{vertical-align:middle;}
20  </style>
21  </head>
22  <body>
23  <form method="post" action="login_ok.php">
24  <table class="reg">
25      <tr><td class="title" colspan="2">欢迎登录</td></tr>
26      <tr><th>用户名：</th><td><input type="text" name="username" /></td></tr>
27      <tr><th>密码：</th><td><input type="password" name="password" /></td></tr>
28      <tr><td colspan="2" class="td-auto-login">
29          <input type="checkbox" class="checkbox" name="auto_login" value="on" /><label
30  for="auto_login">下次自动登录</label>
```

31	</td></tr>
32	<tr><td colspan="2" class="td-btn">
33	<input type="submit" value="登录" class="button" />
34	<input type="button" value="立即注册" class="button" onclick="location.href='register.php'" />
35	</td></tr>
36	</table>
37	</form>
38	</body>
39	</html>

表单的设计是在例 6-1 中的用户登录界面 login.php 的基础上，新增加了保存登录状态的功能。上述代码新增了一个"下次自动登录"复选框，在浏览器中访问，运行效果如图 6.1.13 所示。

图 6.1.13　用户登录界面

(2) 实现用户自动登录，其实就是将用户名和密码保存到 Cookie 中，然后为 Cookie 设置一个较长的有效期，即使用户关闭浏览器，下次也能通过 Cookie 保持登录状态。在保存 Cookie 时，考虑到用户的密码安全，显然不能使用明文存储密码。实现用户密码加密的一种较为简单的方式是使用 MD5 之类的哈希算法进行散列；MD5 算法能将不定长度的信息输入，进过一系列运算，转换成固定长度为 128 位，用 32 个十六进制字符表示的算法。PHP 中提供了一个 MD5 算法实现的函数 md5()，其语法格式如下：

```
string md5(string str[,bool raw_output=false])
```

参数 str 表示需要计算的字符串；参数 raw_output 表示输出格式，其值为 false 时表示使用 32 位的十六进制输出，默认使用十六进制格式输出。

采用 MD5 散列实现用户密码加密，其核心是将密码原文转换为一串 32 位的固定字符串，而原来用户表中的密码长度为 20 个字符，因此需要修改用户表中的口令字段的长度为 32 个字符。修改用户表结构的 SQL 语句如下：

```
alter table tbl_user modify column upass varchar(32) not null;
```

修改后的表结构如图 6.1.14 所示。

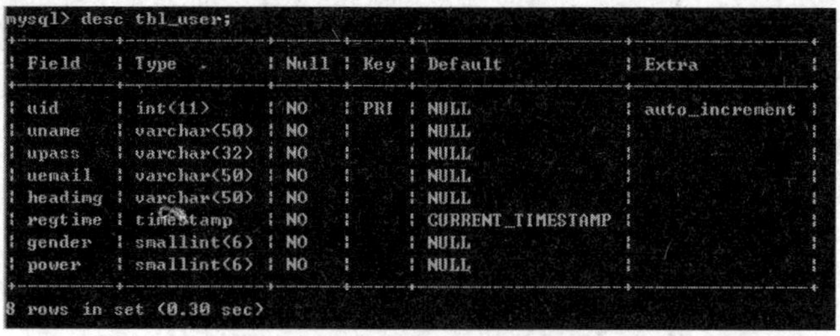

图 6.1.14　修改后的用户表结构

为保证现有数据也可正常使用,还需对已有数据进行处理,由于 MySQL 中也提供了 MD5 散列函数,因此只需要用该函数处理已有数据即可。具体 SQL 语句如下:

```
update tbl_user set upass=md5(upass);
```

SQL 语句执行之前的用户表数据如图 6.1.15 所示,使用 update 语句更新后的用户数据表数据如图 6.1.16 所示。

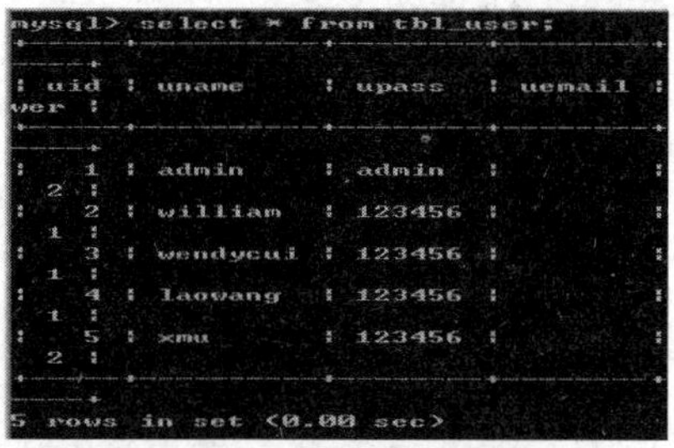

图 6.1.15　加密前的用户表数据　　　　图 6.1.16　加密后的用户表数据

修改用户注册操作处理页面 doReg.php。由于使用 MD5 算法对用户密码进行散列,因此需要对用户注册操作处理进行相应修改,使其在新增新用户数据时,保存的也是 MD5 算法散列后的数据。修改后的 doReg.php 的代码如下:

```
1  <?php define('APP','newsmgs');
2  ……
3  if(empty($error)){
4     //表单数据全部符合要求
5     if($upload_flag){echo '文件上传成功'; $save_data['head']=$head;}
6  $rs=addUser( $save_data['uname'],md5($save_data['upass']),$save_data['uemail'] ,$save_data['head'],$save
7  _data['gender'],$save_data['power']);
8     if($rs){
9        header("location: ../index.html");    //注册成功,跳转到首页
10    }else {
11       $error['error']='用户注册失败';
12       require 'common/error.php';
13    }
14 }else{
15    //调用公共文件 error.php 显示错误提示信息
```

```
16          require 'common/error.php';
17      }
18  }
19  ?>
```

说明：

第 6 行代码用于调用用户数据表的 addUser 方法，因此在提交时需要先将用户密码进行散列，其他代码没有任何变动，故用省略号代替。

（3）添加登录处理页面。在文件夹"ch6_3"下添加一个 PHP 文件，将文件重命名为"login_ok.php"，然后打开文件并编辑其代码。代码如下：

```
1   <?php
2   define('APP','newsmgs');
3   header('Content-Type:text/html;charset=utf-8');
4   //引入表单验证函数，验证用户名和密码格式
5   require '../common/checkFormlib.php';
6   //引入用户数据表数据访问层文件
7   require '../common/user.dao.php';
8   $error = array();       //保存错误信息
9   //当有表单提交时
10  if(!empty($_POST)){
11      //接收用户登录表单
12      $username = isset($_POST['username']) ? test_input($_POST['username']) : '';
13      $password = isset($_POST['password']) ? test_input($_POST['password']) : '';
14      //根据用户名取出用户信息
15      $row=findUserByName($username);
16      if($row){
17          //判断密码是否正确
18              if($row['upass']==md5($password)){
19              //判断用户是否勾选了下次自动登录
20                  if(isset($_POST['auto_login']) && $_POST['auto_login']=='on'){
21                      //将用户名和密码保存到 Cookie，并对密码加密
22                      $password_cookie = $row['upass'];
23                      $cookie_expire = time()+2592000; //保存 1 个月(60*60*24*30)
24                      setcookie('username',$username,$cookie_expire);         //保存用户名
25                      setcookie('password',$password_cookie,$cookie_expire);  //保存密码
26                  }
27              //登录成功，保存用户会话
28                  session_start();
29                  $_SESSION['userinfo'] = array(
30                      'id' => $row['uid'],         //将用户 id 保存到 Session
```

```php
31                        'username' => $username,   //将用户名保存到 Session
32                        'power'=> $row['power']
33                    );
34                    //登录成功,跳转到 main.php 中
35                    header('Location: main.php');
36                    //终止脚本继续执行
37                    die();
38                }
39            }
40        $error[] = '用户名不存在或密码错误。';
41        //调用公共文件 error.php 显示错误提示信息
42        require '../common/error.php';
43    }
44    //当 Cookie 中存在登录状态时
45    if(isset($_COOKIE['username']) && isset($_COOKIE['password'])){
46        //取出用户名和密码
47        $username = $_COOKIE['username'];
48        $password = $_COOKIE['password'];
49        //根据用户名取出用户信息
50        $row=findUserByName($username);
51        if($row){
52            if($row['upass']==$password){
53                //登录成功,保存用户会话
54                session_start();
55                $_SESSION['userinfo'] = array(
56                    'id' => $row['uid'],        //将用户 id 保存到 Session
57                    'username' => $username,   //将用户名保存到 Session
58                    'power'=> $row['power']
59                );
60                //登录成功,跳转到 main.php 中
61                header('Location: main.php');
62                //终止脚本继续执行
63                die();
64            }
65        }
66    }
67 ?>
```

说明:

提高密码的安全性后,密码以 MD5 算法进行加密存储在用户数据表中。第 18 行代码

在比较的时候，需要将用户在登录界面输入的密码进行 MD5 算法散列后与数据表中取出的密码进行比较。

第 20 行代码判断用户是否勾选"下次自动登录"复选框。

第 22 行代码将 MD5 运算后的用户密码保存到变量$password_cookie 中。

第 23 行代码计算 Cookie 的有效期为 1 个月，time()为当前系统时间，2592000 为一个月的时间用秒表示的数据。

第 24 行和 25 行代码分别实现将用户名和密码保存到 Cookie 中，有效期为 1 个月。

第 45~65 行代码实现自动登录，当 Cookie 保存了用户名和密码后，只需验证 Cookie 即可，无需再次提示用户输入登录信息。

第 45 行代码判断 Cookie 中是否存在用户名和密码。

第 47 行代码存在时，将 Cookie 中保存的用户名保存到变量$username 中。

第 48 行代码将 Cookie 中保存的密码保存到变量$password 中。

第 50 行代码中，调用用户数据表的 findUserByName()方法查询用户信息。

第 52 行代码中，比较数据表中取出的密码和 Cookie 中取出的密码是否一致，相同则表示通过验证，可以登录。

（4）添加主界面页面。在文件夹"ch6_3"下添加一个 PHP 文件，将文件重命名为"main.php"，然后打开文件并编辑其代码。代码如下：

```php
1   <?php
2       //启动 Session
3       session_start();
4       //判断 Session 中是否存在用户信息
5       if(isset($_SESSION['userinfo'])){
6           //用户信息存在，说明用户已经登录
7           $login = true;      //保存用户登录状态
8           $userinfo = $_SESSION['userinfo'];   //获取用户信息
9       }else{
10          //用户信息不存在，说明用户没有登录
11          $login = false;}
12      //用户退出
13      if(isset($_GET['action']) && $_GET['action']=='logout'){
14          //清除 Cookie 数据
15          setcookie('username','',time()-1);
16          setcookie('password','',time()-1);
17          //清除 Session 数据
18          unset($_SESSION['userinfo']);
19          //如果 Session 中没有其他数据，则销毁 Session
20          if(empty($_SESSION)){
21              session_destroy();
22          }
```

```
23          //跳转到登录页面
24          header('Location: login.php');
25          //终止脚本
26          die;
27      }
28      ?>
29      <!doctype html>
30      <html>
31      <head>
32      <meta charset="utf-8">
33      <title>主界面</title>
34      <style>
35      <!--会员中心 CSS-->
36      body{background-color:#eee;margin:0;padding:0;}
37      .box{width:400px;margin:15px auto;padding:20px;border:1px solid #ccc;background-color:#fff;}
38      .box .title{font-size:20px;text-align:center;margin-bottom:20px;}
39      .box .welcome{text-align:center;}
40      .box .welcome a{color:#0066ff;}
41      .box .welcome span{color:#ff0000;}
42      .box .error-box{text-align:center;}
43      </style>
44      </head>
45      <body>
46      <div class="box">
47          <div class="title">会员中心</div>
48          <?php if($login){ ?>
49          <div class="welcome">"<span><?php echo $userinfo['username']; ?></span>"您好，欢迎来到会员中心。<a href="?action=logout">退出</a></div>
50      
51          <!-- 此处编写会员中心其他内容 -->
52          <?php }else{ ?>
53          <div class="error-box">您还未登录，请先 <a href="login.php">登录</a> 或 <a href="register.php">注册新用户</a> 。</div>
54      
55          <?php } ?>
56      </div>
57      </body>
58      </html>
```

说明：

第 15～16 行代码在用户退出时清除保存到 Cookie 中的用户名和密码信息。将 Cookie 的过期时间设置为系统当前时间−1，即意味着要立即删除这两个 Cookie 变量。

(5) 测试页面。在浏览器运行 login.php 页面，并勾选上"下次自动登录"，按下"F12"，查看【网络】选项卡，在 Cookie 中可以设置的 Cookie 变量，如图 6.1.17 所示。

图 6.1.17　查看 Cookie 的传输情况

6.1.5　利用验证码技术避免用户灌水行为

在登录网站时，为了提高网站的安全性，避免用户"灌水"、恶意破解密码、刷票等行为，经常需要输入验证码。通常情况下，验证码是图片中的一个字符串(数字或英文字母)，用户需要识别其中的信息，才能正常登录。

1．PHP 中的图形处理

PHP 中提供了对图形处理的支持，在 PHP 中创建图形需要安装 GD 库扩展，PHP5.0 开始自带了 GD 库扩展，在 php.ini 中可以通过以下配置项进行设置。

```
;extension=PHP_gd2.dll
```

去掉分号"；"，即可启用 GD 库。

在 PHP 中可以创建及操作不同格式的图像文件，包括.gif、.png、.jpg 等，可以将图像流输出到浏览器。创建图像的步骤如下：

(1) 建立图像画布。
(2) 创建图像、分配颜色，绘图。
(3) 保存或发送图像。
(4) 清除内存中所有资源。

2．PHP 中图像操作的基本函数

1) imagecreate()函数

如果我们要对图像进行处理，就如其他图像处理软件一样，需要创建一块画布。

imagecreate()用于创建一幅空白图像。其语法格式如下：

> resource imagecreate(int x, int y)

参数 x、y 分别为要创建图像的宽度和高度像素值，返回一个图像资源。

2) imagecreatefrom_gif_jpeg_png 系列函数

imagecreatefrom 系列函数用于从文件或 URL 载入一幅图像，成功返回图像资源，失败则返回一个空字符串。该系列函数如下：

- imagecreatefromgif()：创建一块画布，并从 gif 文件或 URL 地址载入一幅图像。
- imagecreatefromjpeg()：创建一块画布，并从 jpeg 文件或 URL 地址载入一幅图像。
- imagecreatefrompng()：创建一块画布，并从 png 文件或 URL 地址载入一幅图像。
- imagecreatefromwbmp()：创建一块画布，并从 wbmp 文件或 URL 地址载入一幅图像。
- imagecreatefromstring()：创建一块画布，并从字符串中的图像流新建一副图像。

3) imagedestroy()函数

图像处理完成后，使用 imagedestroy() 指令销毁图像资源以释放内存，虽然该函数不是必须的，但使用它是一个好习惯。其语法格式如下：

> int imagedestroy(resource image)

参数 image 是创建函数返回的图像资源。

4) imagecolorallocate()函数

imagecolorallocate()函数用于为图像分配颜色，返回一个标识符，代表了由给定的 RGB 成分组成的颜色，分配失败则返回-1。其语法格式如下：

> int imagecolorallocate(resource image,int red,int green,int blue)

参数 red、green 和 blue 分别是所需颜色的红、绿、蓝成分，取值范围为 0~255。

5) imagecopy()函数

imagecopy()函数用于复制图像或图像的一部分，成功返回 true，失败则返回 false。其语法格式如下：

> bool imagecopy (resource dst_im , resource src_im , int dst_x , int dst_y , int src_x , int src_y , int src_w , int src_h)

表示将 src_im 图像从坐标 src_x，src_y 开始，复制宽度为 src_w、高度为 src_h 的部分图像到图像 dst_im 的坐标 dst_x 和 dst_y 的位置上。

6) 图像输出系列函数

PHP 允许将图像以不同格式输出，以下是各种不同格式的输出函数。

- imagegif()：以 gif 格式将图像输出到浏览器或文件。
- imagejpeg()：以 jpeg 格式将图像输出到浏览器或文件。
- imagepng()：以 png 格式将图像输出到浏览器或文件。
- imagewbmp()：以 wbmp 格式将图像输出到浏览器或文件。

7) imagestring()函数

imagestring()函数用来在指定位置水平地显示一行字符串。其语法格式如下：

> bool imagestring (resource image , int font , int x , int y , string s , int color)

参数 image 表示要输出文字的图像；font 表示使用的字体，字体是一个 1~5 间的整数，值越大，字体越大；x 和 y 表示输出的横坐标和纵坐标；s 表示输出的文字信息；color 表示使用的颜色。

8) imageline()函数

imageline()函数用来在指定位置水平地绘制一条线段。其语法格式如下：

bool imageline (resource $image , int $x1 , int $y1 , int $x2 , int $y2 , int $color)

参数 image 表示要绘制直线的图像；x1 和 y1 为线段的起始坐标，x2 和 y2 为线段的结束坐标。

9) getimagesize()函数

getimagesize()函数用于获取图像的大小，并返回包含图像大小信息的数组。其语法格式如下：

array getimagesize (string $filename [, array $imageinfo])

参数 filename 为图像文件名，函数返回一个具有四个元素的数组，其中索引 0 为图像宽度，索引 1 为图像高度，索引 2 为图像的类型，索引 3 为文本字符串，内容为"height=yyy,width=xxx"，可直接用于 img 标签。

【例 6-4】 图形功能使用：使用图像处理函数，在图上指定位置输出"hello world!"，并将图片输出到浏览器上显示。

实现步骤：

(1) 编写图片创建页面。在 DW CS6 中打开网站 examples，在文件夹"chapter6"下新建一个文件夹"ch6_4"，并在新建文件夹中添加一个 PHP 文件，重命名为"createimage.php"，然后打开文件并编辑其代码。代码如下：

```
1    <?php
2    header("Content-type: image/png");
3    //创建图像
4    $im = @imagecreate(200, 50) or die("创建图像资源失败");
5    //图片背景颜色并填充
6    $bg = imagecolorallocate($im, 204, 204, 204);
7    //设定文字颜色
8    $red = imagecolorallocate($im, 255, 0, 0);
9    //水平画一行字
10   imagestring($im, 5, 5, 5, "Hello world!", $red);
11   //以 PNG 格式输出图像
12   imagepng($im);
13   //销毁图像资源
14   imagedestroy($im);
15   ?>
```

(2) 测试图片创建页面。在浏览器上运行 createimage.php 页面，运行效果如图 6.1.18 所示。

图 6.1.18　图片创建页面运行效果

3．验证码的生成

PHP 中验证码的生成相当于在一个图片中画入随机生成的字符串。在生成验证码前，首先需要设置验证码的宽度和高度，以及验证码码值的长度与字体的大小，才能使用 PHP 提供的函数生成验证码。

生成验证码可以由以下几个步骤组成：

(1) 初始化变量，代码如下：

```
$img_w=70;         //初始化验证码图片的宽
$img_h=22;         //初始化验证码图片的高
$char_len = 4;     //初始化码值的长度
$font=5;           //初始化验证码字体
```

变量$img_w 设置验证码图片的宽度；$img_h 设置验证码图片的高度；$char_len 为验证码的长度；$font 为验证码的字体大小，其值可以为 1～5 的整数，值越大，字体越大。

(2) 生成验证码的码值，代码如下：

```
1   $char = array_merge(range('A','Z'), range('a','z'),range(1, 9));
2   $rand_keys = array_rand($char, $char_len);
3   //判断当码值长度为 1 时，将其放入数组中
4   if ($char_len == 1) {
5       $rand_keys = array($rand_keys);
6   }
7   shuffle($rand_keys);
8   $code = '';
9   foreach($rand_keys as $key) {
10      $code .= $char[$key];
11  }
12  //将获取的码值字符串保存 session 中
13  session_start();
14  $_SESSION['verify_code'] = $code;
```

说明：

第 1 行代码用来生成码值数组。验证码可以取所有的大写字母、小写字母和数字 1～9，不用数字 0 的原因是为了避免和字母 o 冲突。array_merge 函数是把一个或多个数组合并为

一个数组；range()函数用来创建一个包含指定范围的元素的数组。

第 2 行代码用来从码值数组$char 中随机获取$char_len 个码值的键；array_rand()函数用来包含随机键名的数组；$char 数组的键值 0~25 对应大写字母 A~Z，键值 26~51 对应小写字母 a~z，键值 52~60 对应 1~9；$rand_keys 将保存从 0~60 共 61 个键值中随机选取的四个键值。

第 7 行代码打乱随机获取的码值键的数组。shuffle()函数把数组中的元素按随机顺序重新排列。

第 9 行代码根据键值获取对应的字符，并拼接成字符串。

第 13 行代码启动 Session；第 14 行代码将生产的验证码保存到 Session 变量 verify_code 中。

(3) 为验证码图片设置背景色，代码如下：

```
1   //生成画布
2   $img = imagecreatetruecolor($img_w, $img_h);
3   //设置背景
4   $bg_color = imagecolorallocate($img, 0xcc, 0xcc, 0xcc);
5   imagefill($img, 0, 0, $bg_color);
```

说明：

第 2 行代码使用函数 imagecreatetruecolor()创建画布，当使用该函数时，需要使用 imagefill()函数对背景色填充。

第 4 行代码设置图像背景色。

第 5 行代码对图形进行背景色填充。

(4) 为验证码图片设置干扰元素，代码如下：

```
1   //干扰像素
2   for($i=0; $i<300; $i++) {
3       $color = imagecolorallocate($img, mt_rand(0, 255), mt_rand(0, 255),mt_rand(0, 255));
4       imagesetpixel($img, mt_rand(0, $img_w), mt_rand(0, $img_h), $color);
5   }
```

在验证码中经常会设置不同颜色的点、线等干扰元素。这个循环中共绘制 300 个干扰点。第 3 行代码利用 mt_rand()函数产生 0~255 之间的随机数，从而得到一个由随机数组成的颜色，并使用这个随机色在画布上绘制一个点。imagesetpixel()函数用来在画布上绘制一个像素点，它的第 1 个参数表示图像资源，第 2 个和第 3 个参数表示点在图像中的横坐标和纵坐标，最后一个参数用于设置点的颜色；点的横坐标取值在 0 和画布的宽度范围内取一个随机数，点的纵坐标在 0 和画布的高度间取一个随机数。

(5) 为验证码图片绘制边框。为了验证码图片更加清晰，可以使用 imagerectangle()函数绘制一个矩形作为图片的边框。例如：

```
1   //矩形边框
2   $rect_color = imagecolorallocate($img, 0x90, 0x90, 0x90);
3   imagerectangle($img, 0, 0, $img_w-1, $img_h-1, $rect_color);
```

说明：

第2行代码设置绘制矩形的颜色。

第3行代码绘制矩形，第2和第3个参数表示矩形的左上角的位置坐标，第4和第5个参数表示矩形右下角的位置坐标；由图片的高度和宽度可以计算右下角的坐标为($img_w-1,$img_h-1)。

(6) 生成验证码，代码如下：

```
1   //设定字符串颜色
2   $str_color = imagecolorallocate($img, mt_rand(0, 100), mt_rand(0, 100),mt_rand(0, 100));
3   //设定字符串位置
4   $font_w = imagefontwidth($font);    //字体宽
5   $font_h = imagefontheight($font);   //字体高
6   $str_w = $font_w * $char_len;       //字符串宽
7   imagestring($img, $font, ($img_w-$str_w)/2, ($img_h-$font_h)/2, $code, $str_color);
```

说明：

第2行代码设置验证码中字符串的颜色。

为了将码值绘制到画布的中间位置，第4行代码和第5行代码根据字体大小计算单个字符的高度值和宽度值。

第6行代码计算验证码码值的总宽度。

第7行代码将码值绘制到画布上，绘制的位置坐标为((img_w-str_w)/2, (img_h-font_h)/2)，位于画布的中间位置。

(7) 输出验证码图片，代码如下：

```
1   // 输出图片内容
2   header('Content-Type: image/png');
3   imagepng($img);
4   //销毁画布
5   imagedestroy($img);
```

完成验证码的生成后，可以利用PHP提供的imagepng()函数生成一个体积较小的图片。第2行代码告诉浏览器要输出的图片格式，第3行代码用于输出png格式的图片，第5行代码释放掉与$img相关的内存资源。

【例6-5】 验证码的使用：在网页上生成验证码并能进行验证。

实现步骤：

(1) 编写生成验证码页面。在DW CS6中打开网站examples，在文件夹"common"下添加一个PHP文件，重命名为"code.php"，然后打开文件并编辑其代码。代码如下：

```
1   <?php
2   $img_w=70;              //初始化验证码图片的宽
3   $img_h=22;              //初始化验证码图片的高
4   $char_len = 4;          //初始化码值的长度
5   $font=5;                //初始化验证码字体大小
6   //生成码值数组，不需要数字0，避免与字母o冲突
```

```php
7    $char = array_merge(range('A','Z'), range('a','z'),range(1, 9));
8    //随机获取$char_len 个码值的键
9    $rand_keys = array_rand($char, $char_len);
10   //判断当码值长度为 1 时，将其放入数组中
11   if ($char_len == 1) {
12       $rand_keys = array($rand_keys);
13   }
14   //打乱随机获取的码值键的数组
15   shuffle($rand_keys);
16   //根据键获取对应的码值，并拼接成字符串
17   $code = '';
18   foreach($rand_keys as $key) {
19       $code .= $char[$key];
20   }
21   //将获取的码值字符串保存 Session 中
22   session_start();
23   $_SESSION['verify_code'] = $code;
24   //将码值写入到画布中并展示
25   //----1 生成画布
26   $img = imagecreatetruecolor($img_w, $img_h);
27   //设置背景
28   $bg_color = imagecolorallocate($img, 0xcc, 0xcc, 0xcc);
29   imageFill($img, 0, 0, $bg_color);
30   //干扰像素
31   for($i=0; $i<300; $i++) {
32       $color = imagecolorallocate($img, mt_rand(0, 255), mt_rand(0, 255),mt_rand(0, 255));
33       imagesetpixel($img, mt_rand(0, $img_w), mt_rand(0, $img_h), $color);
34   }
35   //矩形边框
36   $rect_color = imagecolorallocate($img, 0x90, 0x90, 0x90);
37   imagerectangle($img, 0, 0, $img_w-1, $img_h-1, $rect_color);
38   //----2 操作画布
39   //设定字符串颜色
40   $str_color = imagecolorallocate($img, mt_rand(0, 100), mt_rand(0, 100),mt_rand(0, 100));
41   //设定字符串位置
42   $font_w = imagefontwidth($font);    //字体单个字符的宽度
43   $font_h = imagefontheight($font);   //字体单个字符的高度
44   $str_w = $font_w * $char_len;       //字符串宽
45   imagestring($img, $font, ($img_w-$str_w)/2, ($img_h-$font_h)/2, $code, $str_color);
```

```
46    //----3 输出图片内容
47    header('Content-Type: image/png');
48    imagepng($img);
49    //----4 销毁画布
50    imagedestroy($img);
51    ?>
```

(2) 编写验证码使用页面。在文件夹"chapter6"下新建一个文件夹"ch6_5",并在下面添加一个 PHP 文件,重命名为"checkcode.php",然后打开文件并编辑其代码。代码如下:

```
1     <!doctype html>
2     <html>
3     <head>
4     <meta charset="utf-8">
5     <title>验证码使用示例</title>
6     <style type="text/css">
7       img {vertical-align:top;}
8       a{font-size:12px; color:#999; text-decoration:none;}
9     </style>
10    </head>
11    <?php
12    session_start();
13    //判断是否有表单提交
14    if(!empty($_POST)){
15    //获取用户输入的验证码字符串
16    $code = isset($_POST['verify_code']) ? trim($_POST['verify_code']) : '';
17    //将字符串都转成小写,然后再进行比较
18    if (strtolower($code) == strtolower($_SESSION['verify_code'])){
19            echo ("<script>alert('验证码正确')</script>");
20    } else{
21            echo ("<script>alert('验证码输入错误')</script>");
22    }
23    unset($_SESSION['verify_code']); //清除 Session 数据
24    }
25    ?>
26    <body>
27      <form action="" method="post">
28        验证码:<input type="text" name="verify_code">
29        <img src="../common/code.php" alt="" id="code_img"/><a href="#" id="change">看不清,换一张</a>
30        <br>
```

31	`        <input type="submit" value="验证">`
32	`    </form>`
33	`    <script>`
34	`        var change = document.getElementById("change");`
35	`        var img = document.getElementById("code_img");`
36	`        change.onclick = function(){`
37	`            img.src = "../common/code.php?t="+Math.random(); //增加一个随机参数,防止图片缓存`
38	`            return false; //阻止超链接的跳转动作`
39	`        }`
40	`    </script>`
41	`</body>`
42	`</html>`

说明:

第 16 行代码获取用户通过 post 方式提交的验证码值,并保存到变量$code 中。

第 18 行代码将用户输入的验证码和 Session 中保存的验证码值全部转换为小写进行比较,意味着用户输入的验证码不区分大小写。

第 19 行和 21 行代码把验证结果以 Javascript 消息弹出框的方式通知浏览器用户。

第 23 行代码释放 Session 数据。

第 29 行代码中,<img>标签用来显示 code.php 文件中生成的验证码图片。当用户需要更换验证码时,每次都要刷新网页,才能重新获取验证码,用户体验非常不好。<a>标签提示用户可以通过单击链接即可更换验证码。

第 34~38 行代码是为了优化用户体验,实现单击链接即可更换验证码的 Javascript 脚本。其中第 34 和 35 行代码用于获取<a>标签和<img>标签的元素节点,通过元素节点就可以对相关属性进行操作。

(3) 测试运行效果。在浏览器下运行 checkcode.php 文件,运行效果如图 6.1.19 所示。从图中可以清晰地看出,当用户看不清验证码时,可以通过单击"看不清,换一张"来更换验证码,有效地解决了用户每次都要重新刷新页面的问题,优化了用户的体验。

图 6.1.19 验证码运行效果

6.1.6 用户登录页面的设计

经过前面 5 个小节的介绍,一个相对功能完善的用户登录页面的知识储备已经完成。

下面介绍用户登录页面的具体实施过程。

实现步骤：

(1) 创建用户登录页面。在 DW CS6 中打开网站 examples，在文件夹"chapter6"下添加一个 PHP 文件，重命名为"login.php"，然后打开文件并编辑其代码。代码如下：

```
1   <!doctype html>
2   <html>
3   <head>
4   <meta charset="utf-8">
5   <title>欢迎登录</title>
6   <style>
7   <!--登录页面的 CSS-->
8   body{background-color:#eee;margin:0;padding:0;}
9   .reg{width:500px;margin:15px auto;padding:20px;
10      border:1px solid #ccc;background-color:#fff;}
11  .reg .title{text-align:center;padding-bottom:10px;}
12  .reg th{font-weight:normal;text-align:right;}
13  .reg input{width:180px;border:1px solid #ccc;height:20px;padding-left:4px;}
14  .reg .button{background-color:#0099ff;border:1px solid #0099ff;
15      color:#fff;width:80px;height:25px;margin:0 5px;cursor:pointer;}
16  .reg .td-btn{text-align:center;padding-top:10px;}
17  .reg .td-auto-login{font-size:14px;text-align:left;padding-left:90px;padding-top:5px;}
18  .reg .checkbox{width:auto;vertical-align:middle;}
19  .reg label{vertical-align:middle;}
20  .reg img {vertical-align:top;}
21  .reg a{font-size:12px; color:#999; text-decoration:none;}
22  </style>
23  </head>
24  <body>
25  <form method="post" action="doLogin.php">
26  <fieldset class="reg">
27  <legend>用户登录</legend>
28    <table>
29      <tr><th>用户名： </th><td><input type="text" name="username" /></td></tr>
30      <tr><th>密码： </th><td><input type="password" name="password" /></td></tr>
31      <tr><th>验证码： </th><td><input type="text" name="verify_code" />
32       <img src="common/code.php" alt="" id="code_img"/>
33          <a href="#" id="change">看不清，换一张</a></td></tr>
34      <tr><td colspan="2" class="td-auto-login">
35          <input type="checkbox" class="checkbox" id="auto_login" name="auto_login" value="on"/>
```

```
36              <label for="auto_login">下次自动登录</label>
37          </td></tr>
38          <tr><td colspan="2" class="td-btn">
39          <input type="submit" value="登录" class="button" />
40          <input type="button" value="立即注册" class="button"
41                 onclick="location.href='register.php'" />
42          </td></tr>
43      </table>
44      </fieldset>
45  </form>
46  <script>
47      var change = document.getElementById("change");
48      var img = document.getElementById("code_img");
49      change.onclick = function(){
50          img.src = "common/code.php?t="+Math.random(); //增加一个随机参数，防止图片缓存
51          return false; //阻止超链接的跳转动作
52      }
53  </script>
54  </body>
55  </html>
```

（2）创建用户登录处理页面。在文件夹"chapter6"下添加一个 PHP 文件，重命名为"doLogin.php"，然后打开文件并编辑其代码。代码如下：

```
1   <?php
2   define('APP','newsmgs');
3   header('Content-Type:text/html;charset=utf-8');
4   //引入表单验证函数，验证用户名和密码格式
5   require 'common/checkFormlib.php';
6   //引入用户数据表数据访问层文件
7   require 'common/user.dao.php';
8   $error = array();        //保存错误信息
9   session_start();
10  //当有表单提交时
11  if(!empty($_POST)){
12      //接收用户登录表单
13      $username = isset($_POST['username']) ? test_input($_POST['username']) : '';
14      $password = isset($_POST['password']) ? test_input($_POST['password']) : '';
15      $code = isset($_POST['verify_code']) ? test_input($_POST['verify_code']) : '';
16      //将字符串都转成小写然后再进行比较
17      if (strtolower($code)!= strtolower($_SESSION['verify_code'])){
```

```php
18          $error[]='验证码输入错误';
19      }
20      unset($_SESSION['verify_code']); //清除 Session 数据
21      //根据用户名取出用户信息
22      $row=findUserByName($username);
23      if($row){
24          //判断密码是否正确
25          if($row['upass']==md5($password)){
26              //判断用户是否勾选了下次自动登录
27              if(isset($_POST['auto_login']) && $_POST['auto_login']=='on'){
28                  //将用户名和密码保存到 Cookie
29                  $password_cookie = $row['upass'];
30                  $cookie_expire = time()+2592000; //保存 1 个月(60*60*24*30)
31                  setcookie('username',$username,$cookie_expire);     //保存用户名
32                  setcookie('password',$password_cookie,$cookie_expire);  //保存密码
33              }
34              //登录成功，保存用户会话
35              $_SESSION['userinfo'] = array(
36                  'id'=>$row['uid'],          //将用户 id 保存到 Session
37                  'username'=>$username,      //将用户名保存到 Session
38                  'power'=>$row['power']      //将用户权限保存到 Session
39              );
40              //登录成功，跳转到 main.php 中
41              header('Location: main.php');
42              //终止脚本继续执行
43              die();
44          }
45      }
46      $error[] = '用户名不存在或密码错误';
47      //调用公共文件 error.php 显示错误提示信息
48      require 'common/error.php';
49  }
50  //当 Cookie 中存在登录状态时
51  if(isset($_COOKIE['username']) && isset($_COOKIE['password'])){
52      //取出用户名和密码
53      $username = $_COOKIE['username'];
54      $password = $_COOKIE['password'];
55      //根据用户名取出用户信息
56      $row=findUserByName($username);
```

```
57          if($row){
58              if($row['upass']==$password){
59                  //登录成功,保存用户会话
60                  $_SESSION['userinfo'] = array(
61                      'id' => $row['uid'],         //将用户 id 保存到 Session
62                      'username' => $username,     //将用户名保存到 Session
63                      'power'=> $row['power']
64                  );
65                  //登录成功,跳转到 main.php 中
66                  header('Location: main.php');
67                  //终止脚本继续执行
68                  die();
69              }
70          }
71      }
72  ?>
```

(3) 创建主界面文件。在文件夹 "chapter6" 下添加一个 PHP 文件,重命名为 main.php,然后打开文件并编辑其代码。代码如下:

```
1   <?php
2   //启动 Session
3   session_start();
4   //判断 Session 中是否存在用户信息
5   if(isset($_SESSION['userinfo'])){
6       //用户信息存在,说明用户已经登录
7       $login = true;      //保存用户登录状态
8       $userinfo = $_SESSION['userinfo'];   //获取用户信息
9   }else{
10      //用户信息不存在,说明用户没有登录
11      $login = false;}
12  //用户退出
13  if(isset($_GET['action']) && $_GET['action']=='logout'){
14      //清除 Cookie 数据
15      setcookie('username','',time()-1);
16      setcookie('password','',time()-1);
17      //清除 Session 数据
18      unset($_SESSION['userinfo']);
19      //如果 Session 中没有其他数据,则销毁 Session
20      if(empty($_SESSION)){
21          session_destroy();
```

```
22          }
23          //跳转到登录页面
24          header('Location: login.php');
25          //终止脚本
26          die;
27      }
28  ?>
29  <!doctype html>
30  <html>
31  <head>
32  <meta charset="utf-8">
33  <title>主界面</title>
34  <style>
35  <!--会员中心 CSS-->
36  body{background-color:#eee;margin:0;padding:0;}
37  .box{width:400px;margin:15px auto;padding:20px;border:1px solid #ccc;
38       background-color:#fff;}
39  .box .title{font-size:20px;text-align:center;margin-bottom:20px;}
40  .box .welcome{text-align:center;}
41  .box .welcome a{color:#0066ff;}
42  .box .welcome span{color:#ff0000;}
43  .box .error-box{text-align:center;}
44  </style>
45  </head>
46  <body>
47  <div class="box">
48      <div class="title">会员中心</div>
49      <?php if($login){ ?>
50          <div class="welcome">"<span><?php echo $userinfo['username']; ?></span>"您好，欢迎来到
51  会员中心。<a href="?action=logout">退出</a></div>
52          <!-- 此处编写会员中心其他内容 -->
53      <?php }else{ ?>
54          <div class="error-box">您还未登录，请先 <a href="login.php">登录</a> 或 <a
55  href="register.php">注册新用户</a>。</div>
56      <?php } ?>
57  </div>
58  </body>
59  </html>
```

6.2 任务 2：新闻访问量统计和新闻点赞

当用户(注册用户或游客均可)浏览新闻列表时，可以查看新闻的详情，每次查看新闻详情都会增加一次新闻的访问量，同时需要更新新闻的访问量。如果用户特别喜欢新闻的话，可以对本条新闻进行点赞操作。访问量统计和点赞功能的运行效果如图 6.2.1 所示。

图 6.2.1　新闻访问量和点赞运行效果

6.2.1　统计并显示新闻的访问量

对于一个新闻管理系统，需要对现有的新闻的访问量进行统计，方便在网站首页显示最多用户关注的新闻。

【例 6-6】新闻访问量统计并显示：在新闻详情页面上更新并显示当前新闻的访问量。
设计思路：
(1) 在新闻详情网页中，进入网页的时候根据新闻编号查找新闻的当前访问量。
(2) 调用新闻数据表的数据访问层中的 updateViewCount()方法，更新当前新闻编号的访问量。
(3) 在新闻详情网页上显示更新后的新闻访问量。
实现步骤：
(1) 在 DW CS6 中打开网站 examples，在文件夹"chapter6"下新建一个文件夹"ch6_6"，再在文件夹下添加一个 PHP 文件，并将文件重命名为"newslist.php"，其代码和第 5 章中 newslist_page.php 代码基本一致，不同部分用粗体显示。页面代码如下：

```
1    <!doctype html>
2    <html>
3    <head>
4    <meta charset="utf-8">
```

```
5   <title>新闻列表-分页显示</title>
6   <style type="text/css">
7   /*新闻列表页面*/
8   .main a:hover{ text-decoration:none;}
9   .main a:link{ text-decoration:none;}
10  .main{ width:70%; float:left;}
11  .main li{ list-style:none; border-bottom:1px dotted #ccc; margin-bottom:20px; color:#66657D; }
12  .main .news_title{ font-size:22px; font-weight:bold;
13          color:#3B3B3B;line-height:35px;}
14  .main .news_title a{color:#444;}
15  .main p{ margin:10px;;line-height:28px; font-size:14px;}
16  .main .news_content{text-indent:28px;}
17  .main .news_show{font-size:16px;}
18  .main .news_show a{color:#1685BD;font-size:14px; text-decoration:none;}
19  .main .news_label{ color:#393939;}
20  /*页码链接样式*/
21  .page{font-size:12px;float:right;}
22  </style>
23  </head>
24  <?php
25      require_once ('../common/news.dao.php');
26      require_once ('../common/checkFormlib.php');
27      require_once '../common/user.dao.php';
28      //获取当前选择的页码
29      $page = isset($_GET['page']) ? intval($_GET['page']) : 1;
30      //定义每页显示的记录行数
31      $pagesize=2;
32      $params=array();//保存 url 中参数列表
33      if(isset($_GET['classid'])){
34          $classid=test_input($_GET['classid']);
35              $max_page=maxpage_findNewsByClassid($classid,$pagesize);
36              //获取当前选择的页码,并做容错处理
37              $page = $page > $max_page ? $max_page : $page;
38              $page = $page < 1 ? 1 : $page;
39              $newslist=findNewsByClassid_page($classid,$page,$pagesize);
40              //将 classid 参数保存入数组变量$params
41              $params['classid']=$classid;
42      }else if(isset($_GET['keyword'])){//判断是否有关键字传入
43          $keyword=test_input($_GET['keyword']);
```

```php
44          $search_field=test_input($_GET['search_field']);
45          $max_page=maxpage_findNewsByName($keyword,$search_field,$pagesize);
46          //获取当前选择的页码，并做容错处理
47          $page = $page > $max_page ? $max_page : $page;
48          $page = $page < 1 ? 1 : $page;
49          $newslist=findNewsByName_page($keyword,$page,$search_field,$pagesize);
50          //将 keyword 和 search_field 参数保存入数组变量$params
51          $params['keyword']=$keyword;
52          $params['search_field']=$search_field;
53      }else{
54          $max_page=maxpage_findNews($pagesize);
55          //获取当前选择的页码，并做容错处理
56          $page = $page > $max_page ? $max_page : $page;
57          $page = $page < 1 ? 1 : $page;
58          $newslist=findNews_page($page,$pagesize);
59      }
60      //组合分页链接的参数列表
61      $param_str='?';
62      if(!empty($params)){
63          foreach($params as $key=>$value){
64              $param_str=$param_str.$key.'='.$value.'&';
65          }
66      }
67  $page_html = "<a href='newslist.php".$param_str."page=1'>首页&gt;&gt;</a> ";
68  $page_html .= "<a href='newslist.php".$param_str."page=".(($page - 1) > 0 ? ($page - 1) : 1)."'>上一页
69  &gt;&gt;</a> ";
70  $page_html .= "<a href='newslist.php".$param_str."page=".(($page + 1) < $max_page ? ($page + 1) :
71  $max_page)."'>下一页&gt;&gt;</a> ";
72  $page_html .= "<a href='newslist.php".$param_str."page={$max_page}'>尾页&gt;&gt;</a>";
73  ?>
74  <body>
75  <div class="main">
76      <ul>
77      <?php   if(!empty($newslist)) {
78              foreach($newslist as $row){
79      ?>
80              <li><span class="news_title"><a href="newsdetail.php?newsid=<?php echo
81  $row['newsid'];?>"><?php echo $row['title'];?></a></span>
82              <p class="news_content">
```

```
83                <?php
84                    $content =
85   htmlspecialchars_decode(mb_substr(trim($row['content']),0,150,'utf-8')).'…… ……';
86                    echo $content;
87                ?></p>
88                <p class="news_show"><a href="newsdetail.php?newsid=<?php echo
89   $row['newsid'];?>">点击查看全文&gt;&gt;</a></p>
90                <p>发表时间：<span class="news_label"><?php echo $row['publishtime'];?></span>
91                作者：<span class="news_label"><?php
92                    $author=findUserById($row['uid']);
93                    if(!empty($author)){
94                    echo $author['uname'];}
95                ?> </span></p></li>
96         <?php }
97              }else{?>
98                <li>暂无新闻数据！</li>
99         <?php }?>
100       </ul>
101       <div class="page"><?php echo $page_html; ?></div>
102    </div>
103  </body>
104 </html>
```

(2) 添加一个新的 PHP 文件，将文件重命名为"newsdetail.php"，然后打开文件并编辑其代码。代码如下：

```
1   <!doctype html>
2   <html>
3   <head>
4   <meta charset="utf-8">
5   <title>新闻查看</title>
6   <style type="text/css">
7   /*新闻展示样式*/
8   .news_show{ margin:0 auto;}
9   .news_show .show_title {text-align:center; font-size:14px; border-bottom:1px dotted #c7c7c7;
10  padding-bottom:15px;margin-bottom:20px;}
11  .news_show h2{ font-size:24px;}
12  .news_show span{ padding-right:10px;}
13  .news_show .paging{ text-align:center;}
14  .news_show a{ color:#0871A5;}
15  .news_show .content{font-size:15px;text-indent:28px;}
```

```php
16      </style>
17      </head>
18      <?php
19          require_once '../common/news.dao.php';
20          require_once '../common/newsclass.dao.php';
21          require_once '../common/user.dao.php';
22          if(isset($_GET['newsid'])){
23              $newsid=$_GET['newsid'];
24              $rst=findNewsById($newsid);
25              $author_rst=findUserById($rst['uid']);
26              $author=$author_rst['uname'];
27              //更新新闻访问量
28              $viewcount=$rst['viewcount']+1;
29              $result=updateViewCount($newsid);
30              $newsclass_rst=findNewsClassById($rst['classid']);
31              $newsclass=$newsclass_rst['classname'];
32          }else{
33              header("location:newslist.php");
34          }
35      ?>
36      <body>
37          <div class="news_show">
38              <div class="show_title">
39                  <h2><?php echo $rst['title'];?></h2>
40                  <span>时间：<?php echo $rst['publishtime'];?></span>
41                  <span>分类：<?php echo $newsclass;?></span>
42                  <span>作者：<?php echo $author;?></span>
43                  <span>访问量：<?php echo $viewcount;?></span>
44              </div>
45              <div class="content"><?php echo htmlspecialchars_decode(trim($rst['content']));?> </div>
46          </div>
47      </body>
48  </html>
```

说明：

第 28 行代码取出当前新闻的访问量，并将访问量+1 的结果保存到变量$viewcount 中。

第 29 行代码调用新闻访问层中的 updateViewCount()方法，更新当前新闻的访问量。

第 43 行代码在显示新闻详情的网页元素中，增加一个行内元素 span 来显示变量 $viewcount 的值。

6.2.2 新闻点赞功能的设计与实现

用户在浏览新闻时,对于喜欢的新闻可以点赞,点赞是一个十分简单的操作,用户只需要动动鼠标就可以完成,现在很多的新闻网站、博客、微博等都提供了用户点赞的功能。下面介绍在 PHP 新闻管理系统中如何实现点赞功能。

在实现新闻点赞功能的同时,为了防止同一用户对一篇新闻"刷赞"的行为,可以有多种实现方式。在本任务中,无论是注册用户还是游客都可以对新闻点赞,因此可以采用 IP 地址来限制同一用户对一篇新闻仅能点赞一次。在新闻点赞表中保存了所有新闻的点赞记录,下面将介绍新闻点赞表数据访问层的各种方法实现。

用户点赞后,在新闻详细情况显示页面中仅仅点赞数发生变化,如果重新载入页面可以刷新点赞数,但用户的体验不好。AJAX 技术是一种在不重载整个页面的前提下,支持部分更新页面数据的技术。为了让大家了解 AJAX 技术,这里会简单介绍一下基于 JQuery 的 AJAX 技术。

1. 新闻点赞数据访问层的设计与实现

根据 PHP 新闻管理系统的需求分析可知,针对新闻点赞数据表(tbl_like)的核心业务主要包括添加新闻点赞记录、按新闻编号和 IP 查找点赞记录。因此,访问该数据表的操作可设计为如表 6.2.1 所示。

表 6.2.1　新闻点赞表操作函数清单

序号	函　数	描　述
1	addNewsLike($newsid,$userip)	添加新闻点赞记录,参数$newsid 为新闻编号,$userip 为用户端机器的 IP 地址
2	findNewsLike($newsid,$userip)	查找新闻点赞信息

在 DW CS6 中打开网站 examples,在文件夹"chapter6"下的公共文件夹"common"中添加一个文件名为"like.dao.php"文件,并在文件中定义新闻点赞相关的各种操作函数。其程序中函数清单如下:

```
1   <?php
2   /**新闻点赞信息操作文件**/
3   require_once 'common.php';
4   //添加点赞记录
5   function addNewsLike($newsid,$userip){
6       $link=get_connect();
7       $newsid=mysql_dataCheck($newsid);
8       $userip=mysql_dataCheck($userip);
9       $sql = "insert into `tbl_like` (`newsid`,`userip`) values ($newsid,'$userip')";
10      $rs= execUpdate($sql,$link);
11      return $rs;
12  }
```

```
13
14    //按新闻编号和IP查找点赞记录
15    function findNewsLike($newsid,$userip){
16        $sql = "select * from `tbl_like` where `newsid`=$newsid and `userip`='$userip'";
17        $link=get_connect();
18        $rs=execQuery($sql,$link);
19        if(count($rs)>0){return $rs[0];}
20        return $rs;
21    }
22
23    //获取客户端IP地址
24    function getIp(){
25        if(!empty($_SERVER["HTTP_CLIENT_IP"])){
26            $cip = $_SERVER["HTTP_CLIENT_IP"];
27        }elseif(!empty($_SERVER["HTTP_X_FORWARDED_FOR"])){
28            $cip = $_SERVER["HTTP_X_FORWARDED_FOR"];
29        }elseif(!empty($_SERVER["REMOTE_ADDR"])){
30            $cip = $_SERVER["REMOTE_ADDR"];
31        }else{
32        $cip = "无法获取！";
33        }
34        return $cip;
35    }
36    ?>
```

说明：

函数 getIp()用来获取用户浏览器所在机器的 IP 地址。在获取用户的 IP 地址时，由于用户可能存在使用代理服务器的情况，因此首先判断超全局变量$_SERVER["HTTP_CLIENT_IP"]是否存在，存在则将其作为用户 IP 地址返回；若不存在则判断$_SERVER["HTTP_X_FORWARDED_FOR"]是否存在，最后判断$_SERVER["REMOTE_ADDR"]，这样就可以得到客户端的真实的 IP 地址了。

2．AJAX 技术介绍

AJAX(Asynchronous JavaScript And XML)，即异步的 JavaScript 和 XML。AJAX 不是新的编程语言，而是一种用于创建快速动态网页的技术。AJAX 可以在不重新加载整个网页的情况下，对网页的某部分进行更新。有很多使用 AJAX 的应用程序案例，如新浪微博、Google 地图、开心网，等等。

在传统的 Web 应用模式中，页面中用户的每一次操作都将触发一次返回 Web 服务器的 HTTP 请求，服务器进行相应的处理后，返回一个 HTML 页面给客户端浏览器。使用 AJAX，页面中用户的操作将通过 AJAX 引擎与服务器端进行通信，然后将返回结果提交给客户端的 AJAX 引擎，再由 AJAX 引擎决定将这些数据插入页面的指定位置。AJAX 在用户和服务器之间引入了 AJAX 引擎作为中间媒介，从而消除了网络交互过程中的"处理—等待—处理—等待"的缺点。也就是说，不需要刷新客户端浏览器就可以实现重新向服务器发出请求。AJAX 技术把一部分由服务器负担的工作转义到客户端，利用客户端的闲置资源进行处理，从而减轻服务器和带宽的负担。

编写常规的 AJAX 代码并不容易，因为不同的浏览器对 AJAX 的实现并不相同。这意味着用户必须编写额外的代码对浏览器进行测试，而且 AJAX 编程还是有些难度的。为了让用户能够相对容易地使用 AJAX 技术，从而在 Web 程序中具有 AJAX 的优点，JQuery 团队为用户解决了这个难题，用户只需要一行简单的代码，就可以实现 AJAX 功能。

jQuery 提供多个与 AJAX 有关的方法，通过 JQuery AJAX 方法，能够使用 HTTP Get 和 HTTP Post 从远程服务器上请求文本、HTML、XML 或 JSON，同时能够把这些外部数据直接载入网页的被选元素中。

如需使用 JQuery，首先需要下载 JQuery 库，然后把它包含在希望使用的网页中。JQuery 库文件的下载地址 http://jquery.com/download/ 有两个版本可供下载：

- Production version：用于实际的网站中，已被精简和压缩。
- Development version：用于测试和开发(未压缩，是可读的代码)。

在本书中将使用的版本是 jquery-3.1.1.min.js，即 3.1.1 的精简版。将下载后的库文件复制到 common 文件夹中，以方便所有需要使用 JQuery 的网页引用该文件。

【例 6-7】 新闻点赞功能的实现：在新闻详情显示页面上显示当前新闻的点赞数，当用户单击按钮时，首先判断该用户是否已经点过赞，若没点过，点赞数更新，同时更新页面上的点赞数；若已经点过，则提示已用过不可多次点赞。

设计思路：

(1) 在新闻详情网页中，进入网页的时候根据新闻编号查找新闻的当前点赞数量。

(2) 为了防止用户多次点赞，需要利用 IP 地址限制用户多次操作，一个 IP 对一篇新闻仅能点赞一次，并将用户的点赞记录保存到新闻点赞表中。

(3) 用户点赞后，页面仅点赞数发生变化，页面其他部分的内容并没有发生变化，因此可以使用 AJAX 技术进行页面的局部刷新而不是重载整个页面。

实现步骤：

(1) 在 DW CS6 中打开网站 examples，打开文件夹"chapter6"下的子文件夹"ch6_6"，再打开其中的"newsdetail.php"文件，编辑其代码，修改部分用粗体显示。代码如下：

```
1    <!doctype html>
2    <html>
3    <head>
4    <meta charset="utf-8">
5    <title>新闻查看</title>
6    <style type="text/css">
7    /*新闻展示样式*/
8    .news_show{ margin:0 auto;}
```

```
9    .news_show .show_title {text-align:center; font-size:14px; border-bottom:1px dotted
10   #c7c7c7; padding-bottom:15px;margin-bottom:20px;}
11   .news_show h2{ font-size:24px;}
12   .news_show span{ padding-right:10px;}
13   .news_show .paging{ text-align:center;}
14   .news_show a{ color:#0871A5;}
15   .news_show .content{font-size:15px;text-indent:28px;}
16   .news_show .operator{padding-top:25px; text-align:center; }
17   </style>
18   <script src="../common/jquery-3.1.1.min.js" type="text/javascript"></script>
19   </head>
20   <?php
21       require_once '../common/news.dao.php';
22       require_once '../common/newsclass.dao.php';
23       require_once '../common/user.dao.php';
24       if(isset($_GET['newsid'])){
25           $newsid=$_GET['newsid'];
26           $rst=findNewsById($newsid);
27           $author_rst=findUserById($rst['uid']);
28           $author=$author_rst['uname'];
29           $newsclass_rst=findNewsClassById($rst['classid']);
30           $newsclass=$newsclass_rst['classname'];
31           //更新新闻访问量
32           $viewcount=$rst['viewcount']+1;
33           $result=updateViewCount($newsid);
34           if(!$result){echo "<script>alert('fail update viewcount.');</script>";}
35           //点赞相关
36           $likecount=$rst['likecount'];
37       }else{
38           header("location:newslist.php");
39       }
40   ?>
41   <body>
42       <div class="news_show">
43           <div class="show_title">
44               <h2><?php echo $rst['title'];?></h2>
45               <span>时间：<?php echo $rst['publishtime'];?></span>
46               <span>分类：<?php echo $newsclass;?></span>
47               <span>作者：<?php echo $author;?></span>
```

```
48                <span>访问量：<?php echo $viewcount;?></span>
49            </div>
50            <div class="content"><?php echo htmlspecialchars_decode(trim($rst['content']));?> </div>
51            <div class="operator">
52                <button id="vote">点赞</button>
53                <span id="likes"><?php echo $likecount;?></span>
54            </div>
55    </div>
56    <script type="text/javascript">
57        $(document).ready(function() {
58            $("#vote").click(function(){
59                $.ajax(
60                    { url:"updatelike.php",//处理数据的地址
61                    type:"post",//数据提交形式
62                    data:{"id":<?php echo $newsid;?>,
63    "likecount":<?php echo $likecount;?> },//需要提交的数据
64                    success:function(data){//数据返回成功的执行放大
65                        if(data==false){
66                            alert("赞过了");
67                        }else{
68                            alert('点赞数+1');
69                            $("#likes").html(data);
70                        }
71                    }
72                });
73            });
74        }); </script>
75    </body>
76 </html>
```

说明：

第 18 行代码引入下载好的 JQuery 库文件，在网页中就可以使用 JQuery 的 AJAX 方法了。

第 36 行代码将当前新闻的点赞量保存到变量$likecount 中。

第 51~55 行代码为点赞按钮和点赞数显示的区域，点赞按钮设置了 id 属性为 vote；第 53 行使用一个行内元素 span 显示点赞数，其 id 属性设置为 likes。

第 56~74 行代码为 JQuery 代码。

第 57 行代码为页面就绪函数，所有的 JQuery 代码应放在该函数中，以防止页面还没加载完毕就运行 JQuery 代码。

第 58 行代码定义点赞按钮的单击事件,当单击按钮时,异步执行 AJAX 方法。AJAX 方法的参数 URL 表示发送请求的 URL 地址,此处定义处理数据的 URL 地址为同一目录下的 updatelike.php 文件;type 表示请求数据的方式,有 post 和 get 两种方式;data 为要发送给数据库的数据。success 是请求成功时执行的函数,当返回的数据是 false 时,表示该 IP 已经点赞,使用 alert()函数提示用户"赞过了";否则显示"点赞数+1",同时将点赞数显示在 id 为 likes 的元素中。

(2) 在文件夹"ch6_6"下新建一个 PHP 文件,并重命名为"updatelike.php",再打开其中的 newsdetail.php 文件,编辑其代码。代码如下:

```
1    <?php
2    header('Content-Type:text/html;charset=utf-8');
3    require_once '../common/news.dao.php';
4    require_once '../common/like.dao.php';
5    $id=isset($_POST['id'])?$_POST['id']:'';
6    $likecount= isset($_POST['likecount'])?$_POST['likecount']:'';
7    $userip=getIP();
8    $result=findNewsLike($id,$userip);
9    if(!$result){
10        $result=updateLikeCount($id);
11        addNewsLike($id,$userip);
12        echo $likecount+1;
13    }else{
14        return false;
15    }
16   ?>
```

说明:

第 7 行代码调用 getIP()方法得到客户主机的 IP 地址。

第 8 行代码调用新闻点赞表的数据访问层方法 findNewsLike(),按照新闻编号和 IP 查找点赞记录,并将查找结果保存到变量$result 中。

第 10~12 行代码是当不存在相应点赞记录时,第 10 行代码调用 updateLikeCount()方法更新新闻表中的点赞数,第 11 行代码往新闻点赞表中增加一条点赞记录,第 12 行代码为返回的最新点赞数。

第 14 行代码是当已经存在点赞记录时,返回 false。

6.3 任务 3:发表新闻评论

用户对新闻内容发表评论,是一个完整的新闻管理系统所需具备的功能。为了实现对用户评论的更加有效的管理,这里仅允许注册用户登录后方可发表评论,游客用户没有发表评论的权限。

为了实现对新闻评论表的操作，首先需要构造用户评论数据相关操作的访问层文件。新闻评论功能，都是针对具体的某一条新闻发表评论，因此需要将用户发表评论的功能和新闻查看设计在同一页面中实现，同时将所有用户对同一新闻的评论显示出来。当用户没有权限发表评论时，系统拒绝用户发表新闻评论，并给出用户相应提示，如图 6.3.1 所示。当用户具有发表权限并发表评论时，给出用户发表成功提示，如图 6.3.2 所示；页面具体的实现效果如图 6.3.3 所示。

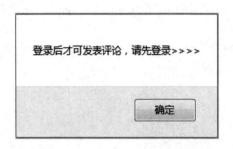

图 6.3.1　新闻评论功能运行效果 1

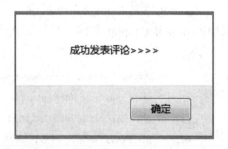

图 6.3.2　新闻评论功能运行效果 2

图 6.3.3　新闻评论功能运行效果

6.3.1　新闻评论数据表的数据访问层的设计与实现

根据 PHP 新闻管理系统的需求分析可知，针对新闻评论数据表(tbl_reply)的核心业务主要包括添加新闻评论记录、删除新闻评论记录、编辑新闻评论记录、按新闻编号查找新闻评论记录、按用户编号查找新闻评论记录以及查找所有的新闻评论记录。因此，访问该数据表的操作可设计为如表 6.3.1 所示。

表 6.3.1 新闻评论表操作函数清单

序号	函　数	描　述
1	addReply($uid,$newsid,$content)	添加新闻评论记录，参数$uid 为用户编号，$newsid 为新闻编号，$content 为用户发表的评论
2	updateReply($content,$replyid)	编辑新闻评论信息，参数$replyid 为评论的编号
3	deleteReply($replyid)	删除新闻评论信息
4	findReply()	查找所有的新闻评论信息
5	findReplyByNewsid($newsid)	按照新闻编号查找新闻评论信息
6	findReplyByUid($uid)	按照用户编号查找新闻评论信息

在 DW CS6 中打开网站 examples，在文件夹 "chapter6" 下的公共文件夹 "common" 中添加一个文件名为 "reply.dao.php" 文件，并在文件中定义新闻评论相关的各种操作函数。其程序中函数清单如下：

```
1   <?php
2   /**新闻评论表操作文件**/
3   require_once 'common.php';
4   //添加新闻评论
5   function addReply($uid,$newsid,$content){
6       $link=get_connect();
7       $uid=mysql_dataCheck($uid);
8       $content=mysql_dataCheck($content);
9       $format="%Y-%m-%d %H:%M:%S";//设置时间格式
10      $publishtime=strftime($format); //获取系统时间
11      $sql = "insert into `tbl_reply` (`uid`,`newsid`,`content`,`publishtime`) values
12  ($uid,$newsid,'$content','$publishtime')";
13      $rs= execUpdate($sql,$link);
14      return $rs;
15  }
16  //编辑新闻评论，仅修改评论内容
17  function updateReply($content,$replyid){
18      $link=get_connect();
19  $classname=mysql_dataCheck($classname);
20  $classdesc=mysql_dataCheck($classdesc);
21  $sql = "update `tbl_reply` set `content`='$content' where `replyid`=$replyid";
22      $rs=execUpdate($sql,$link);
23      return $rs;
24  }
25  //删除新闻评论
26  function deleteReply($replyid){
```

```php
27          $sql="delete from `tbl_reply` where `replyid`=$replyid";
28          $link=get_connect();
29          $rs=execUpdate($sql,$link);
30          return $rs;
31      }
32      //按照新闻编号查询所有的新闻评论
33      function findReplyByNewsid($newsid){
34          $sql = "select * from `tbl_reply`   where `newsid`=$newsid order by `publishtime` desc";
35          $link=get_connect();
36          $rs=execQuery($sql,$link);
37          return $rs;
38      }
39      //按照用户编号查询所有的新闻评论
40      function findReplyByUid($uid){
41          $sql = "select * from `tbl_reply`   where `uid`=$uid order by `publishtime` desc";
42          $link=get_connect();
43          $rs=execQuery($sql,$link);
44          return $rs;
45      }
46      //查询所有的新闻评论
47      function findReply(){
48          $sql = "select * from `tbl_reply` order by `publishtime` desc ";
49          $link=get_connect();
50          $rs=execQuery($sql,$link);
51          return $rs;
52      }
53  ?>
```

6.3.2 新闻评论功能的实现

设计思路：

(1) 在新闻详情显示页面 newsdetail.php 上添加用于发表新闻评论的表单。

(2) 判断用户是否具有发表评论的权限，没有权限的用户提示相应信息，有权限的用户将发表的评论写入新闻评论数据表。

(3) 在新闻详情显示页面显示所有用户针对该条新闻发表的评论，并统计发表的评论总数。

实现步骤：

(1) 在 DW CS6 中打开网站 examples，打开文件夹 "chapter6" 下的子文件夹 "ch6_6"，将其中完成的新闻列表页面 "newslist.php" 和更新用户点赞页面 "updatelike.php" 复制到

"chapter6"文件夹下,当DW系统提示"更新以下文件的链接吗?"时,单击"更新"按钮,以保证所有的文件链接关系保持正常。

(2) 在"chapter6"文件夹下新建一个PHP文件,重命名为"newsdetail.php",然后打开文件并编辑其代码。代码如下(其中加粗部分是新闻点赞任务版本的更新部分):

```
1   <!doctype html>
2   <html>
3   <head>
4   <meta charset="utf-8">
5   <title>新闻查看</title>
6   <style type="text/css">
7   /*新闻展示样式*/
8   .news_show{ margin:0 auto;}
9   .news_show .show_title {text-align:center; font-size:14px; border-bottom:1px dotted
10  #c7c7c7; padding-bottom:15px;margin-bottom:20px;}
11  .news_show h2{ font-size:24px;}
12  .news_show span{ padding-right:10px;}
13  .news_show .paging{ text-align:center;}
14  .news_show a{ color:#0871A5;}
15  .news_show .content{font-size:15px;text-indent:28px;}
16  .news_show .operator{padding-top:25px; text-align:center; }
17  /*新闻评论发表与展示样式*/
18  .table,.table th,.table td{border:1px solid #cfe1f9;}
19  .table{border-bottom:#cfe1f9 solid 2px;border-collapse:collapse;
20      line-height:38px;width:90%;margin:15px auto;}
21  .table th{background:#eef7fc;color: #185697;padding:0 6px;}
22  .table td{padding:0 12px;}
23  .form-btn{height: 26px;border: 1px #949494 solid;padding: 0 10px;cursor: pointer;
24          background:#fff;margin-right:10px;}
25  .comments{   width:100%; overflow:auto; word-break:break-all;   }
26  </style>
27  <script src="common/jquery-3.1.1.min.js" type="text/javascript"></script>
28  </head>
29  <?php
30      require_once 'common/news.dao.php';
31      require_once 'common/newsclass.dao.php';
32      require_once 'common/user.dao.php';
33      require_once 'common/reply.dao.php';
34      require_once 'common/checkFormlib.php';
35      $newsid="";
```

```php
36    if(!empty($_POST)){
37        session_start();
38        $newsid=$_POST['newsid'];
39         if(isset($_SESSION['userinfo'])){
40            $userinfo = $_SESSION['userinfo'];    //获取用户信息
41            $userid=$userinfo['id'];    //用户名
42            $comment=isset($_POST['commnet'])?test_input($_POST['commnet']):'';
43            $result=addReply($userid,$newsid,$comment);
44            if($result){
45                echo "<script>alert('成功发表评论>>>>')</script>";
46            }
47        }else{
48            //用户信息不存在,说明用户没有登录
49            echo "<script>alert('登录后才可发表评论,请先登录>>>>')</script>";
50        }
51    }
52    if(!empty($_GET)){
53        $newsid=$_GET['newsid'];
54    }
55    if($newsid!=""){
56            $rst=findNewsById($newsid);
57            $author_rst=findUserById($rst['uid']);
58            $author=$author_rst['uname'];
59            $newsclass_rst=findNewsClassById($rst['classid']);
60            $newsclass=$newsclass_rst['classname'];
61            //更新新闻访问量
62            $viewcount=$rst['viewcount']+1;
63            $result=updateViewCount($newsid);
64            if(!$result){echo "<script>alert('fail update viewcount.');</script>";}
65            //新闻点赞相关
66            $likecount=$rst['likecount'];
67            //新闻评论相关
68            $commentRst=findReplyByNewsid($newsid);
69            $commentCount=count($commentRst);
70
71    }else{
72        header("location:newslist.php");
73    }
74
```

```php
75  ?>
76  <body>
77      <div class="news_show">
78          <div class="show_title">
79              <h2><?php echo $rst['title'];?></h2>
80              <span>时间：<?php echo $rst['publishtime'];?></span>
81              <span>分类：<?php echo $newsclass;?></span>
82              <span>作者：<?php echo $author;?></span>
83              <span>访问量：<?php echo $viewcount;?></span>
84          </div>
85          <div class="content"><?php echo htmlspecialchars_decode(trim($rst['content']));?></div>
86      <div class="operator">
87          <button id="vote"   rel="<?php echo $newsid;?>">点赞</button>
88          <span id="likes"><?php echo $likecount;?></span>
89      </div>
90      <div>
91          <table class="table">
92          <form method="post"   action="newsdetail.php">
93            <tr colspan="2">
94              <th>评论内容:</th>
95              <td><textarea name="commnet" class="comments"></textarea>
96                  <input type="hidden" name="newsid" value="<?php echo $newsid?>">
97              </td>
98            </tr>
99            <tr>
100             <td colspan="2" align="center">
101                 <input type="submit" value="确认发布" class="form-btn">
102                 <input type="reset" value="重新填写" class="form-btn">
103             </td>
104           </tr>
105         </form>
106         <tr>
107             <td colspan="2">共计<?php echo $commentCount;?>条评论</td>
108         </tr>
109         <?php if(!empty($commentRst)){
110             foreach($commentRst as $row){
111                 $comment_user=$row['uid'];
112                 $comment_content=$row['content'];
113                 $comment_publishtime=$row['publishtime'];
```

```
114                     $user_rst=findUserById($comment_user);
115                     $user_uname=$user_rst['uname'];
116                     $user_headimg=$user_rst['headimg'];
117                     $headimg_file="./headimg/".$user_headimg;
118                     ?>
119            <tr>
120              <td colspan="2">用 户 <img src="<?php echo $headimg_file;?>" width="30" height="30">
121              <span><?php echo $user_uname;?></span>
122              <span><?php echo $comment_publishtime;?></span>
123              说：
124              <span><?php echo $comment_content;?></span></td>
125            </tr>
126               <?php
127                    }
128                }
129                ?>
130            </table>
131
132        </div>
133   </div>
134   <script type="text/javascript">
135     $(document).ready(function() {
136         $("#vote").click(function(){
137            $.ajax(
138              { url:"updatelike.php",//处理数据的地址
139                type:"post",//数据提交形式
140                data:{"id":<?php echo $newsid;?>,"likecount":<?php echo $likecount;?> },//需要提交的数据
141                success:function(data){//数据返回成功的执行放大
142                   if(data==false){
143                      alert("赞过了");
144                   }else{
145                      alert('点赞数+1');
146                      $("#likes").html(data);
147                   }
148                }
149             });
150         });
```

```
153            });
154        </script>
155    </body>
156 </html>
```

说明：

第 33 行代码引入新闻评论表的数据访问层文件。

第 34 行代码引入表单验证函数库文件，由于用户发表的评论中可能包含一些非法字符，需要对用户输入的内容进行过滤，以保证表单输入数据的安全。

第 35 行代码给变量$newsid 设置初始值。

第 36～51 行代码判断$_POST 超全局变量是否为空，若$_POST 为空的话，则意味着用户没有提交新闻评论表单的操作；若不为空，则意味着用户提交了新闻评论表单的操作。

第 37 行代码用来启动 Session。

第 38 行代码获取表单以 post 方式提交的表单元素 newsid 的值。

第 39 行代码判断 Session 变量 userinfo 是否有值。若有值，意味着用户已经成功登录系统并将用户信息保存到 Session 中，用户具有发表评论的权限；否则意味着用户没有成功登录，用户没有发表用户的权限。

第 40 行代码提取 Session 变量中 userinfo 的值并保存到变量$userinfo 中。

第 41 行代码将关联数组$userinfo 中键值为 id 的信息提取出来并保存在$userid 中。

第 42 行代码提取表单以 post 方式提交的表单元素 comment 的值，若用户提交的内容不为空，调用 test_input()方法对输入数据进行过滤。

第 43 行代码调用 addReply()方法把用户评论数据插入到新闻评论表中。

第 44～46 行代码若插入操作成功，提示用户"成功发表评论>>>>"信息。

第 49 行代码当用户没有登录系统，提示用户"登录后才可发表评论，请先登录>>>>"信息。

第 52 行代码判断表单是否通过 url 带参数的超链接方式跳转的情况，如从新闻列表超链接跳转过来，将$_GET 超全局变量中 newsid 的值保存到变量$newsid 中。

第 55 行代码判断$newsid 是否和初始值空字符串的值不同。不同意味着或者通过$_POST 超全局变量更新过，或者通过$_GET 超全局变量更新过；否则用户可能是通过直接在地址栏输入地址的方式访问页面，此时直接跳转到新闻列表页面 newslist.php，如第 72 行代码所示。

第 68 行代码调用 findReplyByNewsid()方法查找当前新闻编号的评论记录，并将结果保存到变量$commentRst 中。

第 69 行代码利用 count()方法返回$commentRst 变量的元素个数，即用户评论记录的条数。

第 92～105 行代码是用来发表用户评论的表单，表单提交方式是 post，表单处理页面是 newsdetail.php 文件本身。第 96 行代码使用 hidden 元素传递新闻编号的值。

第 107～129 行代码用来显示当前新闻的所有评论。第 107 行代码中，将保存在$commentCount 中的评论条数显示在网页上。第 110 行代码将所有的评论记录逐条显示在表格的一行上。第 114 行代码调用 findUserById()方法根据用户编号查找用户信息。第 115

行代码取出用户名,第 116 行代码取出用户头像,第 117 行代码组合用户头像在服务器上存放的路径信息。

思考与练习

1. 下列选项中(　　)是将数据存储在浏览器端的会话技术,并以此来跟踪和识别用户。
   A. Cookie　　　　B. Session　　　　C. Request　　　　D. A 和 B
2. 在学习 PHP 时我们需要安装 Apache 服务器。Apache 是一种(　　)服务器。
   A. Web　　　　B. FTP　　　　C. SMTP　　　　D. 以上都不是
3. Session 和 Cookie 的区别说法错误的是(　　)?
   A. Session 和 Cookie 都可以记录数据状态。
   B. 在设置 Session 和 Cookie 之前不能有输出。
   C. 在使用 Cookie 前要使用 Cookie_start()函数初始。
   D. Cookie 是客户端技术,Session 是服务器端技术。
4. HTTP 是(　　)。
   A. 互联网会话协议　　　　B. 图像传输协议
   C. 超文本传输协议　　　　D. 超链接
5. 使用 Session,必须使用哪个函数(　　)。
   A. session_start()　　　　B. session_destory()
   C. session_name()　　　　D. session_unregister()
6. 简述 PHP 中实现页面数据共享的技术有哪些。试举例说明。
7. 如何完成对 Cookie 过期时间的设置?
8. 用来删除 Session 变量的方法有哪些?这些方法的区别是什么?
9. 简单说明 Session 和 Cookie 在使用上的区别。
10. 完成用户密码修改功能的设计和实现。
11. 完成用户基本信息(除密码)功能的设计与实现。

部分参考答案:
1. A　　2. A　　3. C　　4. C　　5. A

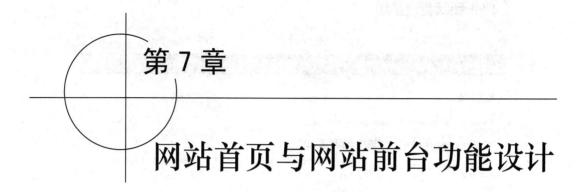

第 7 章

网站首页与网站前台功能设计

本章要点

- 使用网页布局技术来规范和统一网站页面的布局
- 使用 CSS+DIV 技术来进行网页布局
- 使用包含文件实现聚合文件的内容
- 网站首页的设计技术

学习目标

- 了解三种常用的网页布局技术。
- 掌握聚合页面的开发技术。
- 掌握 CSS+DIV 技术布局网页。

前面几章主要集中于 PHP 动态编程技术的学习，并没有考虑网站的整体规划和页面布局。然而作为一个完整的 Web 应用项目，应该考虑为整个网站进行网页布局规划，统一网站风格。在访问某一上线网站时，经常会看到不同的页面有着很相似的风格，如公司的 logo、站点导航、菜单等，并且这些页面的布局也基本一致。

7.1 任务 1：首页的框架设计

网站首页是关于网站的建设及形象宣传，对网站的生存和发展起着非常重要的作用。在本章中将介绍使用 CSS+DIV 技术来布局网站的首页，使网站首页具有简练、大气、个性鲜明等特点。同时为了保持页面的整洁和增强页面的可维护性，将功能相同的部分单独实现，并通过包含语句在网页中引用，从而形成一个功能复杂的聚合网页。

在首页完成的基础上，为了使其他页面具有统一的风格，可将首页风格统一应用到网站前台的其他页面中。整个网站前台各个模块的预览效果分别如图 7.1.1～图 7.1.10 所示。

图 7.1.1　网站首页运行效果

图 7.1.2　分类新闻列表运行效果

第 7 章　网站首页与网站前台功能设计

图 7.1.3　推荐新闻列表运行效果

图 7.1.4　最热新闻列表运行效果

图 7.1.5 查看新闻详情运行效果

图 7.1.6 用户登录页面运行效果

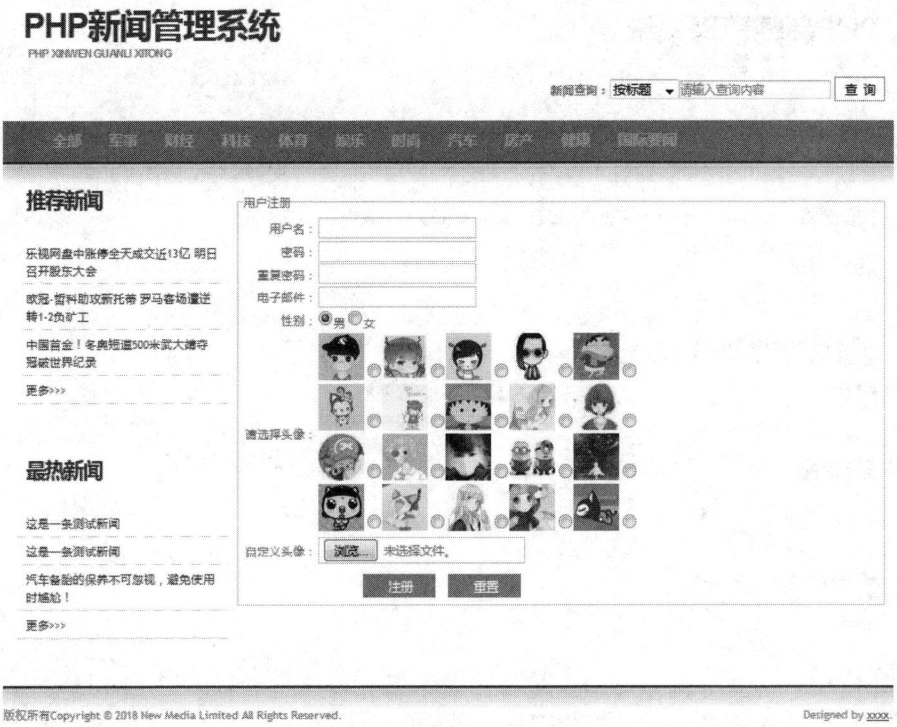

图 7.1.7　用户注册页面运行效果

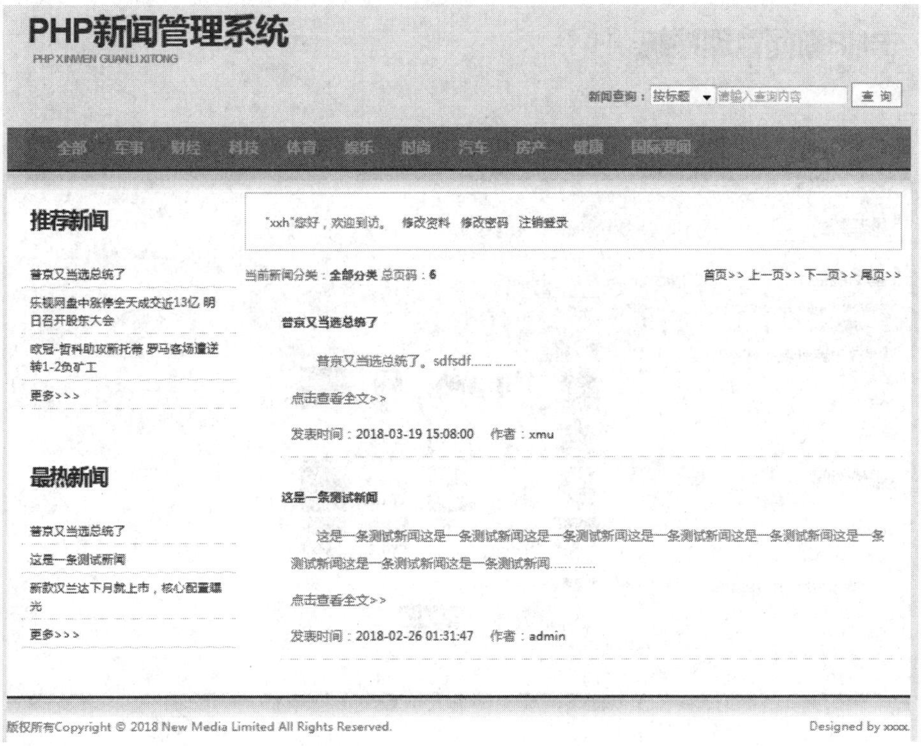

图 7.1.8　用户登录后首页运行效果

图 7.1.9　修改密码运行效果

图 7.1.10　修改用户资料运行效果

网站的首页是用户访问网站的起点,用户通过访问首页可以访问网站提供的主要功能,对于不在首页上提供的功能,也需要提供链接跳转功能使得用户能进行访问。因此,网站首页相对来说都是一个汇聚了众多功能的网页,同时首页的布局风格也影响到网站其他页面的布局风格。

在 PHP 新闻管理系统网站中,网站首页主要包括以下内容:

- 新闻信息的快速搜索:支持模糊查询,同时可以按照新闻标题和新闻内容进行检索。
- 推荐新闻模块:显示所有网站管理员置顶的新闻,按照发布时间先后顺序展示。
- 最热新闻模块:显示所有网站管理员加热点的新闻,按照发布时间先后顺序展示。
- 新闻分类导航:提取新闻分类表中所有新闻分类进行导航,以方便查看同一分类下的所有新闻信息。
- 用户中心模块:用户登录后,可以显示用户信息、修改用户密码、修改用户资料以及注销登录;若用户没有登录,可以显示注册新用户或登录链接。
- 网站版权信息:在网站的页脚部分布置了版权信息。

网站布局采用二分栏结构布局,布局示意图如图 7.1.11 所示。在网页的页眉部分包含网站的 logo、新闻搜索和新闻导航等功能,为了页面的整洁和增强页面的可维护性,将这部分内容实现在 header.php 文件中,在文件中使用引用语句,如 require 语句就包含在功能页面中。在网页的页脚部分包含网站的版权信息、作者信息等,这部分内容实现在 bottom.php 中。网页的左边栏实现推荐新闻和最热新闻,这部分功能实现在 left.php 中。在网页的右边主体部分区域中,分为上下两分栏结构,主体部分顶部实现用户中心功能,并将内容实现保存在文件 main_top.php 文件中。

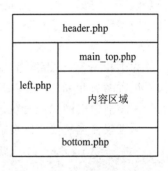

图 7.1.11 首页布局示意图

7.1.1 网页布局模板的设计

网页排版布局的常用技术有:表格布局、框架布局和 CSS+DIV 布局。

1. 表格布局

表格即<table>…</table>标签本来是对数据输出格式进行控制,后来被用于网页布局。表格使用简单而且灵活,因此是最早也是使用最广泛的网页布局技术。表格标签主要包含的标签有 table、caption、th、tr、td、thead、tfoot、tbody 等,通过对表单单元格的合并、拆分以及表格中嵌套表格,得到需要的布局,最后在单元格中添加文字、图形等元素,完成网页的制作。表格布局的优点是容易上手、布局比较简单。表格布局的缺点是:当设计者使用了过多的表格时,会影响页面的下载速度;使用表格布局,不利于搜索引擎抓取信息,直接影响到网站的排名。

2. 框架布局

框架即<frame>…</frame>标签,它可以把屏幕分割成不同的区域。由于框架技术的兼容性问题,框架结构的页面不太受欢迎。但从布局上考虑,框架布局不失为一种好的布局方法。如同表格布局一样，框架布局把不同对象放置到不同页面加以处理，并且因为框架可以取消边框，所以一般来说不会影响整体美观。

3. CSS+DIV 布局

CSS+DIV 是网站标准(或称 Web 标准)中常用的技术。CSS 是用于控制网页样式，并允许将样式信息与网页内容分离的一种标记语言。使用 CSS 的目的就是为了使 HTML 语言更好适应页面美工设计；DIV 元素是用来为 HTML 文档内大块(block-level)的内容提供结构和背景的元素，DIV 的起始标签和结束标签之间的所有内容都是构成这个块的，其中包含元素的特性由 DIV 标签的属性来控制，或者是通过使用样式表对块内元素进行样式设置。

使用 CSS+DIV 技术进行网页布局符合 W3C 标准，使开发出来的网站不会因为将来的网络应用的升级而被淘汰。而且对浏览者和浏览器更具有亲和力。页面体积变小，浏览器速度则变快，由于大部分页面代码写在了 CSS 当中，因此页面体积容量变得更小。CSS+DIV 方式也使得修改时更有效率，DIV 负责网页结构，CSS 负责网页表现，使内容和结构分离，在修改网页时更有效率。相对于其他网页布局方式，采用 CSS+DIV 技术的网页，由于将大部分内容样式写入了 CSS 文件中，使网页中的代码更加简洁，正文部分更加突出明显，便于被搜索引擎采集收录。

为了和 W3C 标准兼容，为了网站的浏览速度以及网站的易维护性，我们采用 CSS+DIV 技术进行网页布局。

网站前台的网页具有统一的布局，为了降低后续网页开发的难度，先设计一个模板网页，后续仅根据需要将网页的主体内容填入即可。网页模板的主要代码如下：

```
1    <div id="header"> <?php include 'header.php';    ?></div>
2    <hr/>
3    <div id="wrapper">
4      <div id="tableContainer">
5        <div id="newRow">
6          <div id="left"><?php include 'left.php';?></div>
7          <div id="main">
8            <div id="main_top"><?php include "main_top.php";?></div>
9            <div id="main_content"><!--网页主体内容--></div>
10         </div><!--end of main-->
11       </div><!--end of newrow-->
12     </div><!--end of tablecontainer-->
13   </div><!--end of wrapper-->
14   <div id="footer"> <?php include 'bottom.php';?> </div>
```

7.1.2　网页布局模板的 CSS 设计

网页布局模板的 CSS 设计的主要代码如下：

```
1    * { margin:0; padding:0; font-size: 13px; color: #757575; }
2    #header { width: 980px;     margin: 0 auto; }
```

3	#wrapper { width: 980px; margin: 0 auto; background:#FFFFFF url(../images/img01.jpg)
4	repeat-x top left}
5	#footer {clear: both; width: 980px; height: 50px; margin: 0 auto;background: #FFFFFF
6	url(../images/img01.jpg) repeat-x top left;}
7	#tableContainer {display: table; border-spacing: 10px;}
8	#newRow {display: table-row;}
9	#left { display: table-cell;width:25%;}
10	#main { display:table-cell;}

说明：

第 1 行代码使用通配符*定义了样式，即没有单独定义样式时将应用的样式。

第 2 行代码定义了 id 属性为 header 元素的样式。元素的 width 为 980px，margin:0 auto 意味着页眉部分内容居中显示在浏览器上。

第 3 行代码定义了 id 属性为 wrapper 元素的样式。元素的 width 为 980px，顶部和底部 margin 为 0，左右 margin 相同，且自适应浏览器大小，居中显示在浏览器上。并设置了背景颜色为#FFFFFF，且有设置背景图片，图片在水平方向上重复，并显示在左上部。

第 5 行代码定义了 id 属性为 footer 元素的样式。元素的 width 为 980px，height 为 50px，margin 和 header 以及 wrapper 一样水平居中显示在浏览器上。在 footer 中使用了 clear 属性清除其他浮动元素，设置了和 wrapper 一样的背景。

第 7 行代码定义了 id 属性为 tableContainer 元素的样式，将以 table 样式显示，单元间距为 10px。

第 8 行代码定义 id 属性为 newRow 元素的样式，将显示为表格的行。

第 9 行代码定义 id 属性为 left 元素的样式，将显示为表格的单元格，且占行宽的 25%。

第 10 行代码定义 id 属性为 main 元素的样式，将显示为表格的单元格。

7.1.3 页眉部分 header.php 页面的设计

实现步骤：

(1) 在 DW CS6 中打开网站 examples，新建一个文件夹"chapter7"，将文件夹"chapter6"下的公共文件夹"common"和图片文件夹"images"、头像图片文件夹"headimg"复制到"chapter7"中。

(2) 在文件夹 chapter7 中，新增一个 PHP 文件，重命名为"header.php"，然后打开文件并编辑其代码。代码如下：

1	<style type="text/css">
2	/*logo 部分 CSS*/
3	#logo {width: 980px;height: 120px; margin: 0 auto; padding:2px ; }
4	#logo h1, #logo h2 {text-transform: uppercase;}
5	#logo h1 {padding: 40px 5px 0 20px;font-size: 36px; font-family: Arial, Helvetica,
6	sans-serif; font-weight: bold; color: #31363B;}
7	#logo h2 {padding: 0 0 0 25px; font-size:12px;font-weight:bold;font-family: Arial,

```
8         Helvetica, sans-serif;color: #808080;}
9    /*nav 部分 CSS*/
10   #nav{ width:980px; margin:0px auto; padding 2px;background:#04A63E; color:#D8F0CE;}
11   #nav li{float:left; display:inline;}
12   #nav li a{ display:block; color:#5CD67B; padding:10px 15px; font-size:16px;
13   font-weight:bold; text-decoration:none;}
14   #nav li a:hover{ background:#5CD67B; color:#FFF;}
15   /*search 部分 CSS*/
16   #search{ text-align:right;font-size:13px; font-weight:bold;    }
17   #search .form-btn { border: 1px #949494 solid;padding: 0 10px;
18                    cursor: pointer;background:#fff;margin-right:10px;}
19   </style>
20     <div id="logo">
21            <h1>PHP 新闻管理系统</h1>
22            <h2>PHP XINWEN GUANLI XITONG</h2>
23   </div>
24   <div id="search">
25     <form action="index.php" method="get">
26         新闻查询：<select name="search_field">
27             <option value="title">按标题</option>
28             <option value="content">按内容</option>
29             <option value="all">两者均可</option>
30             </select><input type="text" name="keyword" placeholder="请输入查询内容">
31             <input type="submit" value="查  询" class="form-btn">
32     </form>
33   </div>
34   <div id="nav">
35   <ul>
36         <li><a href="index.php?classid=all">全部</a></li>
37         <?php
38              require_once("common/newsclass.dao.php");
39              $category=findNewsClass();
40                  if(!empty($category)){
41                  foreach($category as $v):?>
42         <li><a href="index.php?classid=<?php echo $v['classid'];?>"><?php echo $v['classname'];?></a></li>
43
44         <?php endforeach;}?>
45   </ul>
46     <div style="clear:both"></div>
```

| 47 | `</div>` |

7.1.4 页脚部分 bottom.php 页面的设计

实现步骤：

在 DW CS6 中打开网站 examples，在文件夹"chapter7"下新增一个 PHP 文件，重命名为"bottom.php"，然后打开文件并编辑其代码。代码如下：

1	`<style>`
2	`.legal {float: left;}`
3	`.credit {float: right;}`
4	`</style>`
5	`<p class="legal">版权所有 Copyright © 2018 New Media Limited All Rights Reserved.</p>`
6	`<p class="credit">Designed by <a href="#">xxxx</a>.</p>`

7.1.5 左边栏 left.php 页面的设计

实现步骤：

在 DW CS6 中打开网站 examples，在文件夹"chapter7"下新增一个 PHP 文件，重命名为"left.php"，然后打开文件并编辑其代码。代码如下：

1	`<style>`
2	`.sidebar ul {margin: 0;padding: 0; list-style: none; line-height: normal;}`
3	`.sidebar li {margin-bottom: 40px;}`
4	`.sidebar li ul {padding-left: 5px;}`
5	`.sidebar li li {margin: 0;padding: 5px 10px;border-bottom: 1px dotted #D6C9BF;}`
6	`.sidebar li h2 {margin: 0 0 1em 0; padding:15px 0    5px 15px; height:30px;`
7	`text-transform: lowercase; font-size: 22px; font-weight:bold; letter-spacing: -1px;}`
8	`.sidebar li p {padding: 0 10px;}`
9	`.sidebar a { text-decoration: none;}`
10	`.sidebar a:hover{ background:#5CD67B; color: green;}`
11	`</style>`
12	`<?php`
13	`  require_once ('common/news.dao.php');`
14	`//在左边栏显示 3 条最新的置顶新闻`
15	`  $recommond_news=findTopNews(3);`
16	`//在左边栏显示 3 条最新的热点新闻`
17	`  $hot_news=findHotNews(3);`
18	`?>`
19	`<div class="sidebar">`
20	`    <ul>`
21	`      <li>`

```
22          <h2>推荐新闻</h2>
23          <ul>
24          <?php
25              if(!empty($recommond_news)){
26                  foreach($recommond_news as $row){
27                      echo "<li><a href='newsdetail.php?newsid=".$row['newsid']."'>"
28 .$row['title']."</a></li>";
29                  }
30              }
31          ?>
32          <li><a href="recommendNewsList.php">更多>>></a></li>
33          </ul>
34      </li>
35      <li>
36          <h2>最热新闻</h2>
37          <ul>
38          <?php
39              if(!empty($hot_news)){
40                  foreach($hot_news as $row){
41                      echo "<li><a href='newsdetail.php?newsid=".$row['newsid']."'>"
42 .$row['title']."</a></li>";
43                  }
44              }
45          ?>
46          <li><a href="hotNewsList.php">更多>>></a></li>
47          </ul>
48      </li>
49      </ul>
50 </div>
```

7.1.6 主体顶部 main_top.php 页面的设计

实现步骤：

在 DW CS6 中打开网站 examples，在文件夹"chapter7"下新增一个 PHP 文件，重命名为"main_top.php"，然后打开文件并编辑其代码。代码如下：

```
1 <style>
2 body {background-color:#eee;margin:0;padding:0;}
3 .box{ margin:15px auto;padding:20px;border:1px solid #ccc;background-color:#fff;}
4 .box .welcome{ text-align: left;}
```

```
5    .box .welcome a{color:#0066ff;}
6    .box .welcome span{color:#ff0000;}
7    .box .error-box{text-align: left;}
8    </style>
9    <?php
10   @session_start(); //启动 session
11   //判断 Session 中是否存在用户信息
12   if(isset($_SESSION['userinfo'])){
13       //用户信息存在，说明用户已经登录
14       $login = true;     //保存用户登录状态
15       $userinfo = $_SESSION['userinfo'];    //获取用户信息
16   }else{
17       //用户信息不存在，说明用户没有登录
18       $login = false;}
19   //用户退出
20   if(isset($_GET['action']) && $_GET['action']=='logout'){
21       //清除 Cookie 数据
22       @setcookie('username','',time()-1);
23       @setcookie('password','',time()-1);
24       //清除 Session 数据
25       @unset($_SESSION['userinfo']);
26       //如果 Session 中没有其他数据，则销毁 Session
27       if(empty($_SESSION)){
28           @session_destroy();
29       }
30   }
31   ?>
32    <div class="box">
33        <?php if($login){ ?>
34         <div class="welcome">
35            "<span><?php echo $userinfo['username']; ?></span>"您好，欢迎到访。
36               <a href="updateUser.php">修改资料</a>
37               <a href="updatePass.php">修改密码</a>
38               <a href="?action=logout">注销登录</a>
39         </div>
40        <?php }else{ ?>
41         <div class="error-box">
42   您尚未登录，<a href="login.php">登录</a> 或 <a href="register.php">注册新用户</a>
43    </div>
```

```
44          <?php } ?>
45     </div> <!--end of  box-->
```

7.2 任务2：网站前台各页面的设计

有了网站网页布局的统一框架后，可以考虑重新包装前面设计的新闻列表、新闻详情、用户登录、用户注册等页面，用新的、统一的网页布局模板文件对它们进行处理，以使所有前台网页的布局具有相似的风格。

7.2.1 网站首页index.php的设计

实现步骤：

（1）在DW CS6中打开网站examples，在文件夹"chapter7"下新增一个文件夹style，然后在style下新增一个CSS文件，重命名为"style.css"。编辑文件内容，效果如下：

```
1    * { margin:0; padding:0; font-size: 13px; color: #757575; }
2    #header { width: 980px;     margin: 0 auto; }
3    #wrapper { width: 980px; margin: 0 auto;background:#FFFFFF url(../images/img01.jpg) repeat-x top left}
4    #tableContainer {display: table;border-spacing: 10px;}
5    #newRow {display: table-row;}
6    #left { display: table-cell;width:25%;}
7    #main{ display:table-cell;}
8    #footer {clear: both; width: 980px; height: 50px; margin: 0 auto;background: #FFFFFF
9    url(../images/img01.jpg) repeat-x top left;}
10   a {color: #C11A00; text-decoration:none; }
11   a:hover {text-decoration: none;}
12   hr {display: none;}
13   /*新闻列表相关页面*/
14   .main a:hover{ text-decoration:none;}
15   .main a:link{ text-decoration:none;}
16   .main{ width:100%; float:left;}
17   .main li{ list-style:none; border-bottom:1px dotted #ccc; margin-bottom:20px; color:#66657D; }
18   .main .news_title{ font-size:22px; font-weight:bold; color:#3B3B3B;
19          line-height:35px;}
20   .main .news_title a{color:#444;}
21   .main p{ margin:10px;;line-height:28px; font-size:14px;}
22   .main .news_content{text-indent:28px;}
23   .main .news_show{font-size:16px;}
24   .main .news_show a{color:#1685BD;font-size:14px; text-decoration:none;}
```

25	.main .news_label{ color:#393939;}
26	.page{font-size:12px;float:right;}
27	.page a{ text-decoration:none;}
28	.newsclass{color:#ff0000; font-weight:bold;}

(2) 在文件夹"chapter7"下新增一个 PHP 文件，重命名为"index.php"，然后打开文件并编辑其代码。代码如下：

1	<!doctype html>
2	<html>
3	<head>
4	<meta charset="utf-8">
5	<title>首页</title>
6	<link href="style/style.css" rel="stylesheet" type="text/css">
7	<style>
8	</style>
9	</head>
10	<?php
11	require_once ('common/news.dao.php');
12	require_once ('common/newsclass.dao.php');
13	require_once ('common/checkFormlib.php');
14	require_once ('common/user.dao.php');
15	//获取当前选择的页码
16	$page = isset($_GET['page']) ? intval($_GET['page']) : 1;
17	//定义每页显示的记录行数
18	$pagesize=2;
19	$params=array();//保存 url 中参数列表
20	$newsclass="全部分类";
21	if(isset($_GET['classid']) && $_GET['classid']!='all'){
22	$classid=test_input($_GET['classid']);
23	$newsclass_rst=findNewsClassById($classid);
24	$newsclass=$newsclass_rst['classname'];
25	$max_page=maxpage_findNewsByClassid($classid,$pagesize);
26	//获取当前选择的页码，并做容错处理
27	$page = $page > $max_page ? $max_page : $page;
28	$page = $page < 1 ? 1 : $page;
29	$newslist=findNewsByClassid_page($classid,$page,$pagesize);
30	//将 classid 参数保存到数组变量$params 中
31	$params['classid']=$classid;
32	}else if(isset($_GET['keyword'])){//判断是否有关键字传入
33	$keyword=test_input($_GET['keyword']);

```php
34              $search_field=test_input($_GET['search_field']);
35              $max_page=maxpage_findNewsByName($keyword,$search_field,$pagesize);
36              //获取当前选择的页码，并做容错处理
37              $page = $page > $max_page ? $max_page : $page;
38              $page = $page < 1 ? 1 : $page;
39              $newslist=findNewsByName_page($keyword,$page,$search_field,$pagesize);
40              //将 keyword 和 search_field 参数保存到数组变量$params 中
41              $params['keyword']=$keyword;
42              $params['search_field']=$search_field;
43          }else{
44              $max_page=maxpage_findNews($pagesize);
45              //获取当前选择的页码，并做容错处理
46              $page = $page > $max_page ? $max_page : $page;
47              $page = $page < 1 ? 1 : $page;
48              $newslist=findNews_page($page,$pagesize);
49          }
50          //组合分页链接的参数列表
51          $param_str='?';
52          if(!empty($params)){
53              foreach($params as $key=>$value){
54                  $param_str=$param_str.$key.'='.$value.'&';
55              }
56          }
57      $page_html = "<a href='".$param_str."page=1'>首页&gt;&gt;</a> ";
58      $page_html .= "<a href='".$param_str."page=".(($page - 1) > 0 ? ($page - 1) : 1)."'>上一页
59      &gt;&gt;</a> ";
60      $page_html .= "<a href='".$param_str."page=".(($page + 1) < $max_page ? ($page + 1) :
61      $max_page)."'>下一页&gt;&gt;</a> ";
62      $page_html .= "<a href='".$param_str."page={$max_page}'>尾页&gt;&gt;</a>";
63      ?>
64      <body>
65          <div id="header"> <?php include 'header.php';    ?></div>
66          <hr/>
67          <div id="wrapper">
68              <div id="tableContainer">
69                  <div id="newRow">
70                      <div id="left"><?php include 'left.php';?></div>
71                      <div id="main">
72                          <div id="main_top"><?php include "main_top.php";?></div>
```

```
73          <div id="main_content>
74            <div style="color:#0066ff;">
75                当前新闻分类：<span class="newsclass"><?php echo $newsclass;?></span>
76                总页码：<span class="newsclass"><?php echo $max_page;?></span>
77                <span class="page"><?php echo $page_html; ?></span>
78            </div>
79          <div  class="main">
80            <ul>
81            <?php   if(!empty($newslist)) {
82                foreach($newslist as $row){
83            ?>
84                  <li>
85            <span class="news_title">
86            <a href="newsdetail.php?newsid=<?php echo $row['newsid'];?>">
87            <?php echo $row['title'];?>
88            </a>
89            </span>
90              <p class="news_content">
91              <?php
92  $content = htmlspecialchars_decode(mb_substr(trim($row['content']),0,150,'utf-8')).'…… ……';
93                  echo $content;
94                  ?></p>
95                  <p  class="news_show"><a  href="newsdetail.php?newsid=<?php  echo
96  $row['newsid'];?>">点击查看全文&gt;&gt;</a></p>
97                  <p>发表时间：<span  class="news_label"><?php echo $row['publishtime'];?>
98  </span>
99                       作者：<span class="news_label"><?php
100                      $author=findUserById($row['uid']);
101                      if(!empty($author)){
102                      echo $author['uname'];}
103                      ?> </span></p></li>
104         <?php     }
105              }else{?>
106              <li>暂无新闻数据！</li>
107         <?php }?>
108          </ul>
109         </div>
110     </div> <!--end of main_content-->
111      </div><!--end of main-->
```

112	`</div><!--end of newRow-->`	
113	`</div> <!--end of tableContainer-->`	
114	`</div><!--end of wrapper-->`	
115	`<div id="footer"> <?php include 'bottom.php';?> </div>`	
116	`</body>`	
117	`</html>`	

说明：

在首页主体内容部分显示新闻列表，与第 6 章中创建的新闻列表页面基本相似，不同的部分用粗体区别显示。

第 6 行代码引入了定义在 style.css 文件中的样式来格式化网页中的相关元素。

第 20 行代码定义了变量$newclass，并初始化为"全部分类"。在首页主体内容部分，将显示新闻列表，默认情况下用户进入首页将显示所有分类的新闻列表。

第 21 行代码判断通过 url 传递的参数 classid 是否存在且不等于 all，即用户选择了某一新闻分类。

第 23 行代码根据新闻分类编号查询新闻信息。

第 24 行代码将新闻分类的名称保存到变量$newsclass 中，以在首页上进行显示。

第 57～62 行代码组合用来显示分页链接的字符串。

第 65～73 行代码和第 110～115 行代码将模板中的框架应用于首页。

第 74～78 行代码显示当前新闻分类名称和分页后的总页码以及组合好的分页链接。

7.2.2 置顶新闻列表页面 recommendNewslist.php 的设计

1．修改新闻数据表的数据访问层

在网页布局框架模板的左边栏中，显示了最新的三条置顶新闻，当点击更多超链接时，将跳转到置顶新闻列表页面。在置顶新闻列表页面中，需要将所有的置顶新闻列表以分页方式显示。为了对置顶新闻分页显示，需要修改新闻数据表的数据访问层文件 news.dao.php，添加两个新的方法以支持对置顶新闻的分页访问。新闻表操作函数清单如表 7.2.1 所示。

表 7.2.1 新闻表操作函数清单

序号	函　　数	描　　述
1	findRecommendNews_page($page,$pagesize=10)	分页显示置顶新闻信息，参数$page 为页码参数，$pagesize 为页面大小，即每页显示的记录条数
2	maxpage_findRecommendNews($pagesize=10)	获取分页查询置顶新闻信息的最大页码数

添加的两个方法代码如下：

```
1    /**
2       获取置顶新闻分页后的最大页码
3     * @param int $pagesize 每页显示最大记录数  默认为 10 条记录
4     */
```

```
5   function maxpage_findRecommendNews($pagesize=10){
6       $link=get_connect();
7       $sql="select count(*) as num from `tbl_news` where istop=1 order by `publishtime` desc";
8       $rs=execQuery($sql,$link);
9       $count= $rs[0];
10      //取出查询结果中的 num 列的值
11      $count = $count['num'];
12      //取得最大页码值
13      $max_page = ceil($count/$pagesize);
14      return $max_page;
15  }
16
17  /**
18      分页查询置顶新闻信息，按照发布时间倒序
19   * @param int $page  当前 page 值
20   * @param int $pagesize  每页显示最大记录数  默认为 10 条记录
21   */
22  function findRecommendNews_page($page,$pagesize=10){
23      $max_page=maxpage_findNews($pagesize);
24      //拼接查询语句并执行，获取查询数据
25      $lim = ($page -1) * $pagesize;
26      $sql = "select * from `tbl_news` where istop=1 order by `publishtime` desc limit $lim, $pagesize";
27      $link=get_connect();
28      $rs=execQuery($sql,$link);
29      return $rs;
30  }
```

2．置顶新闻列表页面的实现

实现步骤：

在 DW CS6 中打开网站 examples，在文件夹"chapter7"下新增一个 PHP 文件夹，将文件重命名为"recommendNewslist.php"，然后打开文件并编辑文件内容。文件代码如下：

```
1   <!doctype html>
2   <html>
3   <head>
4   <meta charset="utf-8">
5   <title>推荐新闻列表</title>
6   <link href="style/style.css" rel="stylesheet" type="text/css">
7   <style></style>
8   </head>
```

```php
9   <?php
10      require_once 'common/news.dao.php';
11      require_once 'common/user.dao.php';
12      //获取当前选择的页码
13      $page = isset($_GET['page']) ? intval($_GET['page']) : 1;
14      //定义每页显示的记录行数
15      $pagesize=2;
16      $params=array();//保存 url 中参数列表
17      $max_page=maxpage_findRecommendNews($pagesize);
18        //获取当前选择的页码，并做容错处理
19      $page = $page > $max_page ? $max_page : $page;
20      $page = $page < 1 ? 1 : $page;
21      $newslist=findRecommendNews_page($page,$pagesize);
22      //组合分页链接的参数列表
23      $param_str='?';
24      if(!empty($params)){
25          foreach($params as $key=>$value){
26              $param_str=$param_str.$key.'='.$value.'&';
27          }
28      }
29      $page_html = "<a href='".$param_str."page=1'>首页&gt;&gt;</a> ";
30      $page_html .= "<a href='".$param_str."page=".(($page - 1) > 0 ? ($page - 1) : 1)."'>上一页
31  &gt;&gt;</a> ";
32      $page_html .= "<a href='".$param_str."page=".(($page + 1) < $max_page ? ($page + 1) : $max_page)."'>
33  下一页&gt;&gt;</a> ";
34      $page_html .= "<a href='".$param_str."page={$max_page}'>尾页&gt;&gt;</a>";
35  ?>
36  <body>
37    <div id="header"> <?php include 'header.php';?></div>
38    <hr/>
39    <div id="wrapper">
40      <div id="tableContainer">
41        <div id="newRow">
42          <div id="left"><?php include 'left.php';?></div>
43          <div id="main">
44            <div id="main_top"><?php include "main_top.php";?></div>
45            <div id="main_content">
46              <div style="color:#0066ff;">
47                <span class="newsclass">推 荐 新 闻 列 表      共 <?php echo
```

```
48              $max_page;?>页</span>
49                          <span class="page"><?php echo $page_html; ?></span>
50                      </div>
51                      <div class="main">
52                          <ul>
53                  <?php   if(!empty($newslist)) {
54                          foreach($newslist as $row){
55                  ?>
56                              <li><span class="news_title"><a href="newsdetail.php?newsid=<?php
57  echo $row['newsid'];?>"><?php echo $row['title'];?></a></span>
58                              <p class="news_content">
59                              <?php
60                              $content =
61  htmlspecialchars_decode(mb_substr(trim($row['content']),0,150,'utf-8')).'…… ……';
62                              echo $content;
63                              ?></p>
64                              <p class="news_show"><a href="newsdetail.php?newsid=<?php echo
65  $row['newsid'];?>">点击查看全文&gt;&gt;</a></p>
66                              <p>发表时间：<span class="news_label"><?php echo
67  $row['publishtime'];?> </span>
68                              作者：<span class="news_label"><?php
69
70                              $author=findUserById($row['uid']);
71                              if(!empty($author)){
72                              echo $author['uname'];}
73                              ?> </span></p></li>
74                  <?php   }
75
76                          }else{?>
77                              <li>暂无新闻数据！</li>
78                  <?php }?>
79                          </ul>
80                      </div>
81                  </div> <!--end of main_content-->
82              </div><!--end of main-->
83          </div><!--end of newRow-->
84      </div><!--end of tableContainer-->
85  </div><!--end of wrapper-->
86  <div id="footer"> <?php include 'bottom.php';?> </div>
```

```
87        </body>
88     </html>
```

说明:

置顶新闻列表和首页有着相同的框架,显示的也都是新闻列表,主体内容布置也基本一致。

第 17 行代码调用 maxpage_findRecommendNews()方法,获取按照当前$pagesize 设置置顶新闻的最大页码,并保存到变量$max_page 中。

第 21 行代码调用 findRecommendNews_page()方法,获取当前页码$page 的置顶新闻记录集,并保存到变量$newslist 中。

第 47、第 48 行代码在网页上显示推荐新闻列表以及总页码数$max_page。

7.2.3 热点新闻列表页面 hotNewslist.php 的设计

1. 修改新闻数据表的数据访问层

在网页布局框架模板的左边栏中,显示了最新的三条最热新闻,当点击更多超链接时,将跳转到热点新闻列表页面。在热点新闻列表页面中,需要将所有的热点新闻列表以分页方式显示。为了对热点新闻分页显示,需要修改新闻数据表的数据访问层文件 news.dao.php,添加两个新的方法以支持对热点新闻的分页访问。新闻表操作函数清单如表 7.2.2 所示。

表 7.2.2 新闻表操作函数清单

序号	函数	描述
1	findHotNews_page ($page,$pagesize=10)	分页显示热点新闻信息,参数$page 为页码参数,$pagesize 为页面大小,即每页显示的记录条数
2	maxpage_findHotNews ($pagesize=10)	获取分页查询热点新闻信息的最大页码数

添加的两个方法如下所示:

```
1   /**
2      获取热点新闻分页后的最大页码
3    * @param int $pagesize 每页显示最大记录数,默认为 10 条记录
4    */
5   function maxpage_findHotNews($pagesize=10){
6       $link=get_connect();
7       $sql="select count(*) as num from `tbl_news` where ishot=1 order by `publishtime` desc";
8       $rs=execQuery($sql,$link);
9       $count= $rs[0];
10      //取出查询结果中的 num 列的值
11      $count = $count['num'];
12      //取得最大页码值
13      $max_page = ceil($count/$pagesize);
14      return $max_page;
```

```
15    }
16    /**
17     * 分页查询热点新闻信息，按照发布时间倒序
18     * @param int $page  当前 page 值
19     * @param int $pagesize 每页显示最大记录数，默认为 10 条记录
20     */
21    function findHotNews_page($page,$pagesize=10){
22        $max_page=maxpage_findNews($pagesize);
23        //拼接查询语句并执行，获取查询数据
24        $lim = ($page -1) * $pagesize;
25        $sql = "select * from `tbl_news` where ishot=1 order by `publishtime` desc limit $lim, $pagesize";
26        $link=get_connect();
27        $rs=execQuery($sql,$link);
28        return $rs;
29    }
```

2．热点新闻列表页面的实现

实现步骤：

在 DW CS6 中打开网站 examples，打开文件夹"chapter7"下新增一个 PHP 文件夹，将文件重命名为"hotNewslist.php"，然后打开文件并编辑文件内容。文件代码如下：

```
1     <!doctype html>
2     <html>
3     <head>
4     <meta charset="utf-8">
5     <title>热点新闻列表</title>
6     <link href="style/style.css" rel="stylesheet" type="text/css">
7     <style></style>
8     </head>
9     <?php
10        require_once 'common/news.dao.php';
11        require_once 'common/user.dao.php';
12        //获取当前选择的页码
13        $page = isset($_GET['page']) ? intval($_GET['page']) : 1;
14        //定义每页显示的记录行数
15        $pagesize=2;
16        $params=array();//保存 url 中参数列表
17        $max_page=maxpage_findHotNews($pagesize);
18        //获取当前选择的页码，并做容错处理
19        $page = $page > $max_page ? $max_page : $page;
```

```php
20        $page = $page < 1 ? 1 : $page;
21        $newslist=findHotNews_page($page,$pagesize);
22        //组合分页链接的参数列表
23        $param_str='?';
24        if(!empty($params)){
25            foreach($params as $key=>$value){
26                $param_str=$param_str.$key.'='.$value.'&';
27            }
28        }
29     $page_html = "<a href='".$param_str."page=1'>首页&gt;&gt;</a> ";
30     $page_html .= "<a href='".$param_str."page=".(($page - 1) > 0 ? ($page - 1) : 1)."'>上一页
31     &gt;&gt;</a> ";
32     $page_html .= "<a href='".$param_str."page=".(($page + 1) < $max_page ? ($page + 1) :
33     $max_page)."'>下一页&gt;&gt;</a> ";
34     $page_html .= "<a href='".$param_str."page={$max_page}'>尾页&gt;&gt;</a>";
35     ?>
36     <body>
37       <div id="header"> <?php include 'header.php';   ?></div>
38       <hr/>
39       <div id="wrapper">
40         <div id="tableContainer">
41            <div id="newRow">
42              <div id="left"><?php include 'left.php';?></div>
43              <div id="main">
44                <div id="main_top"><?php include "main_top.php";?></div>
45                <div id="main_content">
46                  <div style="color:#0066ff;">
47                    <span class="newsclass">最热新闻列表   共<?php echo
48     $max_page;?>页</span>
49                    <span class="page"><?php echo $page_html; ?></span>
50                  </div>
51                  <div class="main">
52                    <ul>
53     <?php   if(!empty($newslist)) {
54             foreach($newslist as $row){
55         ?>
56                      <li><span class="news_title"><a href="newsdetail.php?newsid=<?php echo
57     $row['newsid'];?>"><?php echo $row['title'];?></a></span>
58                        <p class="news_content">
```

```
59                        <?php
60                            $content =
61 htmlspecialchars_decode(mb_substr(trim($row['content']),0,150,'utf-8')).'…… ……';
62                            echo $content;
63                        ?></p>
64                        <p class="news_show"><a href="newsdetail.php?newsid=<?php
65 echo $row['newsid'];?>">点击查看全文&gt;&gt;</a></p>
66                        <p>发表时间：<span class="news_label"><?php echo
67 $row['publishtime'];?> </span>
68                        作者：<span class="news_label"><?php
69                            $author=findUserById($row['uid']);
70                            if(!empty($author)){
71                                echo $author['uname'];}
72                        ?> </span></p></li>
73                    <?php    }
74                        }else{?>
75                        <li>暂无新闻数据！</li>
76                    <?php }?>
77                    </ul>
78                    </div>
79                    </div><!--end of main_content-->
80                    </div><!--end of  main-->
81                </div><!--end of newRow -->
82            </div> <!--end of tableContainer-->
83        </div><!--end of wrapper-->
84        <div id="footer"><?php include 'bottom.php';?></div>
85    </body>
86 </html>
```

说明：

第 17 行代码调用 maxpage_findHotNews()方法，获取热点新闻分页显示的最大页码，并保存到变量$max_page 中。

第 21 行代码调用 findHotNews_page()方法，查询分页显示的热点新闻。

7.2.4 查看新闻详情页面 newsdetail.php 的设计

实现步骤：

（1）在 DW CS6 中打开网站 examples，打开位于文件夹"chapter7"下子文件夹"style"中的样式表文件"style.css"，在文件尾部添加 CSS 代码，用来样式化查看新闻详情页面的样式。代码如下：

```css
1    /*新闻展示样式*/
2    .news_show{ margin:0 auto;}
3    .news_show .show_title {text-align:center; font-size:14px; border-bottom:1px dotted #c7c7c7;
4    padding-bottom:15px;margin-bottom:20px;}
5    .news_show h2{ font-size:24px;}
6    .news_show span{ padding-right:10px;}
7    .news_show .paging{ text-align:center;}
8    .news_show a{ color:#0871A5;}
9    .news_show .content{font-size:15px;text-indent:28px;}
10   .news_show .operator{padding-top:25px; text-align:center; }
11   /*新闻评论*/
12   .table,.table th,.table td{border:1px solid #cfe1f9;}
13   .table{border-bottom:#cfe1f9 solid 2px;border-collapse:collapse;line-height:38px;
14   width:90%;margin:15px auto;}
15   .table th{background:#eef7fc;color: #185697;padding:0 6px;}
16   .table td{padding:0 12px;}
17   .form-btn{height: 26px;border: 1px #949494 solid;padding: 0 10px;cursor: pointer;
18   background:#fff;margin-right:10px;}
19   .comments{   width:100%; overflow:auto; word-break:break-all;   }
```

(2) 在 DW CS6 中打开网站 examples，在文件夹"chapter7"下新增一个 PHP 文件夹，将文件重命名为"newsdetail.php"，然后打开文件并编辑文件内容。文件代码如下：

```php
1    <!doctype html>
2    <html>
3    <head>
4    <meta charset="utf-8">
5    <title>新闻详情查看</title>
6    <link href="style/style.css" rel="stylesheet" type="text/css">
7    <script src="common/jquery-3.1.1.min.js" type="text/javascript"></script>
8    </head>
9    <?php
10       require_once 'common/news.dao.php';
11       require_once 'common/newsclass.dao.php';
12       require_once 'common/user.dao.php';
13       require_once 'common/reply.dao.php';
14       require_once 'common/checkFormlib.php';
15       $newsid="";
16       if(!empty($_POST)){
17           //启动 Session
```

```php
18        @session_start();
19        $newsid=$_POST['newsid'];
20        if(isset($_SESSION['userinfo'])){
21            $userinfo = $_SESSION['userinfo'];   //获取用户信息
22            $userid=$userinfo['id'];    //用户名
23            $comment=isset($_POST['commnet'])?test_input($_POST['commnet']):'';
24            $result=addReply($userid,$newsid,$comment);
25            if($result){
26                echo "<script>alert('成功发表评论>>>>')</script>";
27            }
28        }else{
29            //用户信息不存在，说明用户没有登录
30            echo "<script>alert('登录后才可发表评论，请先登录>>>>')</script>";
31        }
32    }
33    if(!empty($_GET)){
34        $newsid=$_GET['newsid'];
35    }
36    if($newsid!=""){
37        $rst=findNewsById($newsid);
38        $author_rst=findUserById($rst['uid']);
39        $author=$author_rst['uname'];
40        $newsclass_rst=findNewsClassById($rst['classid']);
41        $newsclass=$newsclass_rst['classname'];
42        //更新新闻访问量
43        $viewcount=$rst['viewcount']+1;
44        $result=updateViewCount($newsid);
45        if(!$result){echo "<script>alert('fail update viewcount.');</script>";}
46        //新闻点赞相关
47        $likecount=$rst['likecount'];
48        //新闻评论相关
49        $commentRst=findReplyByNewsid($newsid);
50        $commentCount=count($commentRst);
51    }else{
52        header("location:index.php");
53    }
54 ?>
55 <body>
56 <div id="header"> <?php include 'header.php';   ?></div>
```

```
57    <hr/>
58    <div id="wrapper">
59        <div id="tableContainer">
60            <div id="newRow">
61                <div id="left"><?php include 'left.php';?></div>
62                <div id="main">
63                    <div id="main_top"><?php include "main_top.php";?></div>
64                    <div id="main_content">
65                        <div class="news_show">
66                            <div class="show_title">
67                                <h2><?php echo $rst['title'];?></h2>
68                                <span>时间：<?php echo $rst['publishtime'];?></span>
69                                <span>分类：<?php echo $newsclass;?></span>
70                                <span>作者：<?php echo $author;?></span>
71                                <span>访问量：<?php echo $viewcount;?></span>
72                            </div>
73                            <div class="content"><?php echo
74  htmlspecialchars_decode(trim($rst['content']));?> </div>
75                            <div class="operator">
76                                <button id="vote" rel="<?php echo $newsid;?>">点赞</button>
77                                <span id="likes"><?php echo $likecount;?></span>
78                            </div>
79                            <div class="show_comment">
80                              <table class="table">
81                                <form method="post" action="newsdetail.php">
82                                    <tr colspan="2">
83                                        <th>评论内容:</th>
84                                        <td><textarea name="commnet" class="comments"></textarea>
85                                        <input type="hidden" name="newsid" value="<?php echo $newsid?>">
86                                        </td>
87                                    </tr>
88                                    <tr>
89                                        <td colspan="2" align="center">
90                                            <input type="submit" value="确认发布" class="form-btn">
91                                            <input type="reset" value="重新填写" class="form-btn">
92                                        </td>
93                                    </tr>
94                                </form>
95                                    <tr>
```

```php
96                      <td colspan="2">共计<?php echo $commentCount;?>条评论</td>
97                    </tr>
98                    <?php if(!empty($commentRst)){
99                        foreach($commentRst as $row){
100                         $comment_user=$row['uid'];
101                         $comment_content=$row['content'];
102                         $comment_publishtime=$row['publishtime'];
103                         $user_rst=findUserById($comment_user);
104                         $user_uname=$user_rst['uname'];
105                         $user_headimg=$user_rst['headimg'];
106                         $headimg_file="./headimg/".$user_headimg;
107                       ?>
108                     <tr>
109                       <td colspan="2">用户<img src="<?php echo $headimg_file;?>" width="30" height="30">
111                         <span><?php echo $user_uname;?></span>
112                         <span><?php echo $comment_publishtime;?></span>
113                         说:
114                         <span><?php echo $comment_content;?></span></td>
115                     </tr>
116                     <?php
117                       }
118                     }
119                     ?>
120                    </table>
121                  </div>
122                </div>
123              </div><!--end of main_content-->
124            </div><!--end of main-->
125          </div><!--end of newRow-->
126        </div><!--end of tablecontainer-->
127      </div><!--end of wrapper-->
128      <div id="footer"> <?php include 'bottom.php';?> </div>
129      <script type="text/javascript">
130        $(document).ready(function() {
131          $("#vote").click(function(){
132            $.ajax(
133              { url:"updatelike.php",//处理数据的地址
134                type:"post",//数据提交形式
```

```
135                    data:{"id":<?php echo $newsid;?>,"likecount":<?php echo $likecount;?> },//需要提交的
136 数据
137                    success:function(data){//数据返回成功的执行放大
138                        if(data==false){
139                            alert("赞过了");
140                        }else{
141                            alert('点赞数+1');
142                            $("#likes").html(data);
143                        }
144                    }
145                });
146            });
147        });
148    </script>
149 </body>
150 </html>
```

说明：

查看新闻详情页面和第 6 章完成的新闻详情查看页面具有基本相同的内容，不同的部分用粗体标记。

第 6 行代码表示引用外部样式表样式化页面元素，样式定义在 style.css 文件中。

第 18 行代码在启动 Session 方法前面加上 "@" 符号，将忽略系统提示的信息。由于采用了聚合的页面框架技术，在其他页面中启动 Session 会导致页面运行出现一些提示信息，为了降低对普通用户的困扰，将这些提示信息忽略处理。

第 56~64 行代码和第 123~128 行代码调用页面布局框架以统一网页风格。

7.2.5　用户登录页面 login.php 的设计

实现步骤：

（1）在 DW CS6 中打开网站 examples，打开位于文件夹 "chapter7" 下子文件夹 "style" 中的样式表文件 "style.css"，在文件尾部添加 CSS 代码，用来样式化用户登录页面的样式。代码如下：

```
1  /*登录页面的CSS*/
2  .login{width:500px; margin:15px auto;padding:20px;border:1px solid #ccc;
3      background-color:#fff;}
4  .login .title{text-align:center;padding-bottom:10px;}
5  .login th{font-weight:normal;text-align:right;}
6  .login input{width:180px;border:1px solid #ccc;height:20px;padding-left:4px;}
7  .login .button{background-color:#0099ff;border:1px solid #0099ff;color:#fff;
8      width:80px;height:25px;margin:0 5px;cursor:pointer;}
```

9	.login .td-btn{text-align:center;padding-top:10px;}
10	.login .td-auto-login{font-size:14px;text-align:left;padding-left:90px;padding-top:5px;}
11	.login .checkbox{width:auto;vertical-align:middle;}
12	.login label{vertical-align:middle;}
13	.login img {vertical-align:top;}
14	.login a{font-size:12px; color:#999; text-decoration:none;}

(2) 在文件夹"chapter7"下新增一个 PHP 文件, 重命名为"login.php", 然后打开文件并编辑其代码。代码如下:

1	<!doctype html>
2	<html>
3	<head>
4	<meta charset="utf-8">
5	<title>用户登录</title>
6	<link href="style/style.css" rel="stylesheet" type="text/css">
7	</head>
8	<body>
9	<div id="header"> <?php include 'header.php'; ?></div>
10	<hr/>
11	<div id="wrapper">
12	<div id="tableContainer">
13	<div id="newRow">
14	<div id="left"><?php include 'left.php';?></div>
15	<div id="main ">
16	<form method="post" action="doLogin.php">
17	<fieldset class="login">
18	<legend>用户登录</legend>
19	<table>
20	<tr><th>用户名: </th><td><input type="text" name="username" /></td></tr>
21	<tr><th>密码: </th><td><input type="password" name="password" /></td></tr>
22	<tr><th>验证码: </th><td><input type="text" name="verify_code" />
23	<img src="common/code.php" alt="" id="code_img"/><a href="#" id="change">看不清，换一张</a></td>
24	
25	</tr>
26	<tr><td colspan="2" class="td-auto-login">
27	<input type="checkbox" class="checkbox" id="auto_login" name="auto_login" value="on" />
28	
29	<label for="auto_login">下次自动登录</label>
30	</td></tr>
31	<tr><td colspan="2" class="td-btn">

```
32                      <input type="submit" value="登录" class="button" />
33                      <input type="button" value="立即注册" class="button"
34     onclick="location.href='register.php'" />
35                  </td></tr>
36              </table>
37          </fieldset>
38      </form>
39      </div><!--end of main-->
40      </div><!--end of newrow-->
41      </div><!--end of tablecontainer-->
42    </div><!--end of wrapper-->
43    <div id="footer"> <?php include 'bottom.php';?> </div>
44    <script>
45        var change = document.getElementById("change");
46        var img = document.getElementById("code_img");
47        change.onclick = function(){
48            img.src = "common/code.php?t="+Math.random(); //增加一个随机参数，防止图片缓存
49            return false; //阻止超链接的跳转动作
50        }
51    </script>
52    </body>
53    </html>
```

说明：

用户登录页面与第 6 章完成的用户登录页面基本相同，不同的部分用粗体显示。

第 6 行代码引入外部样式表文件 style.css，用来样式化用户登录页面元素的样式。

第 9~15 行代码和第 39~43 行代码使用网页布局框架来规范登录页面的网页布局，使其具有统一的风格。

(3) 在文件夹"chapter7"下新增一个 PHP 文件，重命名为"doLogin.php"，然后打开文件并编辑其代码。代码如下：

```
1    <?php
2      define('APP','newsmgs');
3      header('Content-Type:text/html;charset=utf-8');
4      //引入表单验证函数，验证用户名和密码格式
5      require 'common/checkFormlib.php';
6      //引入用户数据表数据访问层文件
7      require 'common/user.dao.php';
8      $error = array();       //保存错误信息
9      session_start();
10     //当有表单提交时
```

```php
11   if(!empty($_POST)){
12       //接收用户登录表单
13       $username = isset($_POST['username']) ? test_input($_POST['username']) : '';
14       $password = isset($_POST['password']) ? test_input($_POST['password']) : '';
15       $code = isset($_POST['verify_code']) ? test_input($_POST['verify_code']) : '';
16       //将字符串都转成小写，然后再进行比较
17       if (strtolower($code) != strtolower($_SESSION['verify_code'])){
18           $error[]='验证码输入错误';
19       }
20       unset($_SESSION['verify_code']); //清除 Session 数据
21       //根据用户名取出用户信息
22       $row=findUserByName($username);
23       if($row){
24           //判断密码是否正确
25           if($row['upass']==md5($password)){
26               //判断用户是否勾选了下次自动登录
27               if(isset($_POST['auto_login']) && $_POST['auto_login']=='on'){
28                   //将用户名和密码保存到 Cookie
29                   $password_cookie = $row['upass'];
30                   $cookie_expire = time()+2592000; //保存 1 个月(60*60*24*30)
31                   setcookie('username',$username,$cookie_expire);          //保存用户名
32                   setcookie('password',$password_cookie,$cookie_expire);   //保存密码
33               }
34               //登录成功，保存用户会话
35               $_SESSION['userinfo'] = array(
36                   'id' => $row['uid'],           //将用户 id 保存到 Session
37                   'username' => $username,       //将用户名保存到 Session
38                   'power'=> $row['power']        //将用户权限保存到 Session
39               );
40               //登录成功，跳转到 index.php 中
41               header('Location: index.php');
42               //终止脚本继续执行
43               die();
44           }
45       }
46       $error[] = '用户名不存在或密码错误。';
47       //调用公共文件 error.php 显示错误提示信息
48       require 'common/error.php';
49   }
```

```php
50      //当 Cookie 中存在登录状态时
51      if(isset($_COOKIE['username']) && isset($_COOKIE['password'])){
52          //取出用户名和密码
53          $username = $_COOKIE['username'];
54          $password = $_COOKIE['password'];
55          //根据用户名取出用户信息
56          $row=findUserByName($username);
57          if($row){
58              if($row['upass']==$password){
59                  //登录成功，保存用户会话
60                  $_SESSION['userinfo'] = array(
61                      'id' => $row['uid'],          //将用户 id 保存到 Session
62                      'username' => $username,      //将用户名保存到 Session
63                      'power'=> $row['power']
64                  );
65                  //登录成功，跳转到 index.php 中
66                  header('Location: index.php');
67                  //终止脚本继续执行
68                  die();
69              }
70          }
71      }
72  ?>
```

说明：

用户登录处理页面与前面第 6 章完成的用户登录处理页面基本一致，不同的部分用粗体提示。

第 41 行代码当用户登录成功后自动跳转到 index.php 中。

第 66 行代码当用户通过保存的 Cookie 自动登录成功后，自动跳转到 index.php 中。

7.2.6 用户注册页面 register.php 的设计

实现步骤：

(1) 在 DW CS6 中打开网站 examples，打开位于文件夹"chapter7"下子文件夹"style"中的样式表文件 style.css，在文件尾部添加 CSS 代码，用来样式化用户注册页面的样式。代码如下：

```
1   /*注册页面的CSS*/
2   .reg{border:1px solid #ccc;background-color:#fff; padding:5px;}
3   .reg th{font-weight:normal;text-align:right;}
4   .reg input{border:1px solid #ccc;height:20px;padding-left:4px;     }
```

5	.reg .button{background-color:#0099ff;border:1px solid #0099ff;color:#fff;
6	width:80px;height:25px;margin:0 5px;cursor:pointer;}
7	.reg .td-btn{text-align:center;padding-top:10px;}

(2) 在文件夹"chapter7"下新增一个 PHP 文件，重命名为"register.php"，打开文件并编辑其代码。代码如下：

1	<!doctype html>
2	<html>
3	<head>
4	<meta charset="utf-8">
5	<title>注册新用户</title>
6	<link href="style/style.css" rel="stylesheet" type="text/css">
7	</head>
8	<body>
9	<div id="header"> <?php include 'header.php'; ?></div>
10	<hr/>
11	<div id="wrapper">
12	<div id="tableContainer">
13	<div id="newRow">
14	<div id="left"><?php include 'left.php';?></div>
15	<div id="main">
16	<form name="form1" action="doReg.php" method="post" enctype="multipart/form-data">
17	<fieldset class="reg">
18	<legend>用户注册</legend>
19	<table >
20	<tr><th>用户名：</th><td><input type="text" name="uname" /></td></tr>
21	<tr><th>密码：</th><td><input type="password" name="upass" /></td></tr>
22	<tr><th>重复密码：</th><td><input type="password" name="upass1" />
23	</td></tr>
24	<tr><th>电子邮件：</th><td><input type="email" name="uemail" /></td></tr>
25	<tr><th>性 别：</th><td><input type="radio" name="gender" value="1"
26	checked="checked" >男
27	<input type="radio" name="gender" value="2" >女</td></tr>
28	<tr><th>请选择头像：</th><td>
29	<?php
30	for($i=1;$i<=20;$i++){
31	$headfile="head".$i.".jpg";
32	echo "<img src='headimg/".$headfile."' width='50' height='50' /> <input type='radio'
33	name='head' value='".$headfile."'/>";
34	if($i % 5==0) echo " ";

```
35                    }
36                    ?>
37                       </td></tr>
38                       <tr><th>自 定 义 头 像 ：</th><td><input type="file" name="myhead"
39    style="height:auto;"> </td></tr>
40                       <tr><td colspan="2" class="td-btn">
41                          <input type="hidden" name="power" value="1">
42                          <input type="submit" value="注册" class="button" />
43                          <input type="reset"  value="重置" class="button"/>
44                       </td></tr>
45                       </table>
46                    </fieldset>
47                </form>
48            </div><!--end of main-->
49         </div><!--end of newrow-->
50      </div><!--end of tablecontainer-->
51    </div><!--end of wrapper-->
52    <div id="footer"> <?php include 'bottom.php';?> </div>
53    </body>
54    </html>
```

说明：

用户注册页面与第 4 章完成的用户注册页面基本相同，不同的部分用粗体显示。

第 6 行代码引入外部样式表文件 style.css，用来样式化用户登录页面的元素的样式。

第 9~15 行代码和第 48~52 行代码使用网页布局框架来规范用户注册页面的网页布局，使其具有统一的风格。

(3) 在文件夹"chapter7"下新增一个 PHP 文件，重命名为"doReg.php"，然后打开文件并编辑其代码。代码如下：

```
1    <?php define('APP','newsmgs');
2      header('Content-Type:text/html;charset=utf-8');//设置字符编码
3      require 'common/checkFormLib.php';   //引入表单验证函数库
4      require 'common/user.dao.php';       //引入用户数据表数据访问层
5        //判断$_POST 是否为非空数组
6      if(!empty($_POST)){
7        $fields=array('uname','upass','upass1','uemail','gender','head','power');
8        //表单字段若不为空，则将数据过滤后存入 save_data 指定字段中
9        foreach($fields as $v){
10         $save_data[$v]=isset($_POST[$v])?test_input($_POST[$v]):'';
11       }
12       //$error 数组保存验证后的错误信息
```

```php
13    $error=array();
14    //验证用户名
15    $result=checkUsername($save_data['uname']);
16    if($result !== true){
17        $error['uname']=  $result;
18    }
19    //验证用户名是否重名
20    if( findUserByName($save_data['uname'])){
21        $error['uname']=  '用户名已经存在,请重新选择一个用户名';
22    }
23    //验证密码
24    $result=checkPassword($save_data['upass']);
25    if($result !== true){
26        $error['upass']=  $result;
27    }
28     //验证重复密码
29    $result=checkConfirmPassword($save_data['upass'], $save_data['upass1']);
30    if($result !== true){
31        $error['upass1']=  $result;
32    }
33    //验证邮箱
34    $result=checkEmail($save_data['uemail']);
35    if($result !== true){
36        $error['uemail']=  $result;
37    }
38    //处理头像文件上传
39    $upload_flag=false; //上传成功标志,初始化为 false
40     if(!empty($_FILES['myhead'])){
41        $myhead=$_FILES['myhead'];
42        if($myhead['name']==''){
43            //用户没有选择上传文件,则不做任何处理
44        }else{
45         if($myhead['error']>0){
46             $error_msg='上传过程发生错误';
47             $error['myhead']=$error_msg;
48        }else{
49            if($myhead['size']<50000){
50                $type=$myhead['type'];
51                $allow_type=array('image/jpeg','image/png','image/gif');
```

```php
52                    if(in_array($type,$allow_type)){
53                        $type=substr(strrchr($myhead['name'],'.'),1);
54                        $head=date("YmdHis").rand(100, 999).".".$type;
55                        move_uploaded_file($myhead['tmp_name'],"headimg/".$head);
56                        $upload_flag=true;
57                    }else{
58                        $error['myhead']=' 图 像 类 型 不 符 合 要 求 ， 允 许 的 类 型 为 ：
59  '.implode(",",$allow_type);
60                    }
61                }else{
62
63                    $error['myhead']='文件大小应小于50k';
64                }
65          }
66        }
67    }
68
69    if(empty($error)){
70        //用户选择了上传文件，则保存自定义头像
71        if($upload_flag){echo '文件上传成功'; $save_data['head']=$head;}
72    $rs=addUser( $save_data['uname'],md5($save_data['upass']),$save_data['uemail'] ,$save_data['head'],
73    $save_data['gender'],$save_data['power']);
74        if($rs){
75            echo "<script>alert('用户注册成功！自动跳转到首页>>>')</script>";
76            echo "<script>location.href='index.php';</script>";//注册成功，跳转到首页
77        }else {
78          $error['error']='用户注册失败';
79          require 'common/error.php';
80        }
81    }else{
82      //调用公共文件 error.php 显示错误提示信息
83      require 'common/error.php';
84    }
85  }
86  ?>
```

说明：

此处的用户注册处理页面与前面第 4 章完成的用户注册处理页面基本一致，不同的部分用粗体提示。

第 75 行代码使用 javascript 代码的 alert() 方法，提示用户注册成功信息。

第 76 行代码使用 javascript 的 location.href 属性设置页面跳转。使用 js 代码进行跳转保证了 75 行的 alert()消息框能得到正常的显示。

7.2.7 用户密码修改页面 updatePass.php 的设计

用户密码修改页面主要用于修改已登录用户的密码信息。要实现该功能，首先需要获取已登录用户的信息标识，由于在用户登录时，已将用户的信息保存在会话中，因此只需从会话中提取该变量即可提取用户信息标识。

为了系统的安全性，修改密码时需要输入旧密码，输入旧密码以方便和数据库中用户表中保存的密码进行比对，只有比对成功后才可以进行密码修改工作。

实现步骤：

（1）添加密码修改页面。在 DW CS6 中打开网站 examples，在位于文件夹"chapter7"下添加一个新的 PHP 文件，重命名文件为"updatePass.php"，然后打开文件并编辑代码。编辑后的代码如下：

```
1   <!doctype html>
2   <html>
3   <head>
4   <meta charset="utf-8">
5   <title>修改密码</title>
6   <link href="style/style.css" rel="stylesheet" type="text/css">
7   </head>
8   <body>
9   <div id="header"> <?php include 'header.php';   ?></div>
10    <hr/>
11    <div id="wrapper">
12      <div id="tableContainer">
13        <div id="newRow">
14          <div id="left"><?php include 'left.php';?></div>
15          <div id="main">
16            <div id="main_top"><?php include "main_top.php";?></div>
17            <div id="main_content">
18              <form method="post" action="doUpdatePass.php">
19                <fieldset class="login">
20                  <legend>修改密码</legend>
21                  <table >
22                    <tr><th>旧密码：</th><td><input type="password" name="upass"  /></td></tr>
23                    <tr><th> 新 密 码 ： </th><td><input type="password" name="upassNew" /></td></tr>
24                    
25                    <tr><th>新密码确认：</th><td><input type="password" name="upassNew1"
```

```
26           /></td></tr>
27                         <tr><td colspan="2" class="td-btn" >
28                             <input type="submit" value="确认" class="button" />
29                             <input type="reset" value="取消" class="button" />
30                         </td></tr>
31                     </table>
32                 </fieldset>
33             </form>
34         </div><!--end of main_content-->
35         </div><!--end of main-->
36       </div><!--end of newrow-->
37     </div><!--end of tablecontainer-->
38 </div><!--end of wrapper-->
39 <div id="footer"> <?php include 'bottom.php';?> </div>
40 </body>
41 </html>
```

(2) 添加表单处理页面。在 DW CS6 中打开网站 examples，在位于文件夹"chapter7"下添加一个新的 PHP 文件，重命名文件为"doUpdatePass.php"，然后打开文件并编辑代码。编辑后的代码如下：

```
1  <?php
2    define('APP','newsmgs');
3    header('Content-Type:text/html;charset=utf-8');
4    //引入表单验证函数，验证用户名和密码格式
5    require 'common/checkFormlib.php';
6    //引入用户数据表数据访问层文件
7    require 'common/user.dao.php';
8    $error = array();      //保存表单校验错误信息
9    session_start();
10   //当有表单提交时
11 if(!empty($_POST)){
12      //接收用户登录表单
13      $upass = isset($_POST['upass']) ? test_input($_POST['upass']) : '';
14      $upassNew = isset($_POST['upassNew']) ? test_input($_POST['upassNew']) : '';
15      $upassNew1 = isset($_POST['upassNew1']) ? test_input($_POST['upassNew1']) : '';
16      //验证密码
17      $result=checkPassword($upassNew);
18      if($result !== true){
19          $error['upassNew']=   $result;
20      }
```

```php
21          //验证重复密码
22          $result=checkConfirmPassword($upassNew, $upassNew1);
23          if($result !== true){
24              $error['upassNew1']=  $result;
25          }
26          $userinfo=$_SESSION['userinfo'];
27          $uid=$userinfo['id'];
28          $row=findUserById($uid);//根据用户编号查询用户信息
29          //判断旧密码是否正确
30            if($row['upass']!=md5($upass)){
31                $error['upass']='旧密码输入错误!';
32            }
33          if(empty($error)){
34          //表单数据全部符合要求
35              $rs=updateUserPass($uid,md5($upassNew));
36          if($rs){
37              //密码修改成功，跳转到首页
38              echo "<script>alert('用户密码修改成功);location.href='index.php';</script>";
39              die();
40          }else {
41              //密码修改失败，回退到上一页面
42              echo "<script>alert('用户密码修改失败');history.back();;</script>";
43              die();
44          }
45      }else{
46      //调用公共文件 error.php 显示错误提示信息
47          require './common/error.php';
48      }
49  }
50  ?>
```

说明：

第 8 行代码定义变量$error，用来保存表单校验错误信息。

第 9 行代码启动 session。

第 13～15 行代码将通过 post 方式传递的三个参数值分别保存到变量中。

第 17 行代码调用 checkPassword()方法，校验输入的新密码是否符合密码要求。

第 18 行代码判断校验结果是否不为 true，是的话，将校验结果保存到$error 变量中。

第 28 行代码调用 findUserById()，查询指定用户编号的用户信息。

第 30 行代码判断输入的旧密码$upass 在使用 md5()算法加密后和数据库中存储的密码是否一致。

第 35 行代码没有任何错误时，调用 updateUserPass()更新密码。

7.2.8 用户资料修改页面 updateUser.php 的设计

用户登录后，可以通过资料修改页面来修改个人的信息，如电子邮件、性别、头像等信息。要实现该功能，首先需要获取已登录用户的标识信息。由于在系统登录时，已经登录的用户信息保存在会话中，因此只需从会话中取出该变量即可显示用户信息，同时还需要提供一个用户信息修改的处理页面 doUpdateUser.php。

实现步骤：

(1) 在 DW CS6 中打开网站 examples，在位于文件夹"chapter7"下添加一个新的 PHP 文件，重命名文件为"updateUser.php"，然后打开文件并编辑其代码。编辑后的代码如下：

```
1   <!doctype html>
2   <html>
3   <head>
4   <meta charset="utf-8">
5   <title>修改用户资料</title>
6   <link href="style/style.css" rel="stylesheet" type="text/css">
7   </head>
8   <?php
9   require './common/user.dao.php';
10  session_start();
11  $userinfo=$_SESSION['userinfo'];
12  $uid=$userinfo['id'];
13  $row=findUserById($uid);//根据用户编号查询用户信息
14  $upass=$row['upass'];
15  $uname=$row['uname'];
16  $uemail=$row['uemail'];
17  $gender=$row['gender'];
18  $headimg=$row['headimg'];
19  ?>
20  <body>
21  <div id="header"> <?php include 'header.php';  ?></div>
22    <hr/>
23    <div id="wrapper">
24      <div id="tableContainer">
25        <div id="newRow">
26          <div id="left"><?php include 'left.php';?></div>
27          <div id="main">
28            <div id="main_top"><?php include "main_top.php";?></div>
```

```
29              <div id="main_content">
30              <form        name="form1"        action="doUpdateUser.php"        method="post"
31   enctype="multipart/form-data">
32              <fieldset class="reg">
33              <legend>修改用户资料</legend>
34              <table >
35              <tr><th>用 户 名 ： </th><td><input type="text" name="uname" readonly
36   value="<?php echo $uname;?>"/></td></tr>
37              <tr><th>电子邮件： </th><td><input type="email" name="uemail"
38   value="<?php echo $uemail;?>"/></td></tr>
39              <tr><th>性别： </th><td>
40              <?php if ($gender=='男'){?>
41              <input type="radio" name="gender" value="1" checked="checked" >男
42              <input type="radio" name="gender" value="2" >女
43              <?php }else{?>
44              <input type="radio" name="gender" value="1" >男
45              <input type="radio" name="gender" value="2"  checked="checked">女
46              <?php }?>
47              </td></tr>
48              <tr><th>请选择头像： </th><td>
49              <?php
50                  //是否是系统头像
51                  $isSystem=false;
52              for($i=1;$i<=20;$i++){
53                  $headfile="head".$i.".jpg";
54                  if($headimg==$headfile)
55                  {
56                      echo "<img src='headimg/".$headfile."' width='50' height='50' />
57   <input type='radio' name='head' value='".$headfile."' checked='checked'/>";
58                      $isSystem=true;
59                  }else{
60                      echo "<img src='headimg/".$headfile."' width='50' height='50' />
61   <input type='radio' name='head' value='".$headfile."'/>";
62                  }
63              if($i % 5==0) echo "<br>";
64              }
65              ?>
66              </td></tr>
67
```

```
68                      <tr><th>自定义头像：</th><td><input type="file" name="myhead"
69     style="height:auto;"> </td></tr>                <?php
70                  if(!$isSystem){
71                      $headfile=$headimg;
72                      echo   "<tr><th></th><td><img   src='headimg/".$headfile."'   width='50'
73     height='50' /></td></tr> ";
74                  }
75                  ?>
76                  <tr><td colspan="2" class="td-btn">
77                      <input type="hidden" name="power" value="1">
78                      <input type="hidden" name="upass" value="<?php echo $upass;?>">
79                      <input type="hidden" name="uid" value="<?php echo $uid;?>">
80                      <input type="submit" value="保存" class="button" />
81                      <input type="reset"  value="重置" class="button"/>
82                  </td></tr>
83              </table>
84           </fieldset>
85       </form>
86                  </div><!--end of main_content-->
87              </div><!--end of main-->
88          </div><!--end of newrow-->
89      </div><!--end of tablecontainer-->
90    </div><!--end of wrapper-->
91    <div id="footer"> <?php include 'bottom.php';?> </div>
92    </body>
93    </html>
```

说明：

第 10~12 行代码提取保存在会话中的用户编号信息。

第 13 行代码调用 findUserById()，查询指定编号的用户信息。

第 14~18 行代码提取用户的各字段信息，并保存在变量中。

第 30~85 行代码定义编辑用户资料的表单，其中 action 属性指明处理用户数据修改的页面是 doUpdateUser，提交方法是 post。由于允许用户上传自定义头像，所以 enctype 设置为 multipart/form-data。

第 35 行代码定义输入用户名的输入框。

第 37 行代码定义输入电子邮件的输入框。

第 41 行代码用于输出用户性别是男性的页面代码。

第 42 行代码用于输出用户性别是女性的页面代码。

第 51 行代码定义变量 $isSystem 用于保存头像是否是系统头像，为 false 表示是自定义头像。

第 52~64 行代码用于输出用户头像的页面代码，其中第 52 行代码用于输出全部 20 个系统头像，第 54 行代码用于判断哪个头像被选中。当头像被选中时，第 57 行代码将单选输入控件的 checked 设置为 checked，同时将变量 isSystem 设置为 true。

第 68 行代码用于上传用户自定义头像的文件输入控件。

第 71~73 行代码用于显示自定义用户头像的代码。

第 77~79 行代码定义了三个隐藏数据项用户编号 uid、用户权限 power 和用户密码 upass。

(2) 在 DW CS6 中打开网站 examples，在位于文件夹"chapter7"下添加一个新的 PHP 文件，重命名文件为"doUpdateUser.php"，然后打开文件并编辑其代码。编辑后的代码如下：

```php
1   <?php define('APP','newsmgs');
2       header('Content-Type:text/html;charset=utf-8');//设置字符编码
3       require 'common/checkFormLib.php';    //引入表单验证函数库
4       require 'common/user.dao.php';        //引入用户数据表数据访问层
5       //判断$_POST 是否为非空数组
6       if(!empty($_POST)){
7           $fields=array('uid','uname','upass','uemail','gender','head','power');
8           //表单字段若不为空，则将数据过滤后存入 save_data 指定字段中
9           foreach($fields as $v){
10              $save_data[$v]=isset($_POST[$v])?test_input($_POST[$v]):'';
11          }
12          //$error 数组保存验证后的错误信息
13          $error=array();
14          //验证邮箱
15          $result=checkEmail($save_data['uemail']);
16          if($result !== true){
17              $error['uemail']=  $result;
18          }
19          //处理头像文件上传
20          $upload_flag=false; //上传成功标志，初始化为 false
21          if(!empty($_FILES['myhead'])){
22              $myhead=$_FILES['myhead'];
23              if($myhead['name']==''){
24                  //用户没有选择上传文件，则不做任何处理
25              }else{
26                  if($myhead['error']>0){
27                      $error_msg='上传过程发生错误';
28                      $error['myhead']=$error_msg;
29                  }else{
```

```php
30              if($myhead['size']<50000){
31                  $type=$myhead['type'];
32                  $allow_type=array('image/jpeg','image/png','image/gif');
33                  if(in_array($type,$allow_type)){
34                      $type=substr(strrchr($myhead['name'],'.'),1);
35                      $head=date("YmdHis").rand(100, 999).".".$type;
36                      move_uploaded_file($myhead['tmp_name'],"headimg/".$head);
37                      $upload_flag=true;
38                  }else{
39                      $error['myhead']=' 图像类型不符合要求，允许的类型为：'.implode(",",$allow_type);
41                  }
42              }else{
43                  $error['myhead']='文件大小应小于50k';
44              }
45          }
46      }
47  }
48  if(empty($error)){
49      //用户选择了上传文件，则保存自定义头像
50      if($upload_flag){echo '文件上传成功'; $save_data['head']=$head;}
51      $rs=updateUser($save_data['uid'],
52  $save_data['uname'],$save_data['upass'],$save_data['uemail'],$save_data['head'],$save_data['gender'],$save
53  _data['power']);
54      if($rs){
55          //密码修改成功，跳转到首页
56          echo "<script>alert('用户信息修改成功');location.href='index.php';</script>";
57          die();
58      }else {
59          echo "<script>alert('用户信息修改失败');history.back();;</script>";
60          die();
61      }
62  }else{
63      //调用公共文件 error.php 显示错误提示信息
64      require 'common/error.php';
65  }
66  }
67  ?>
```

说明：

第 3、第 4 行代码导入表单验证函数库文件和用户数据操作类。

第 6 行代码判断是否通过 post 方式传递了参数，传递的话，在$fields 保存所有参数名，$save_data 保存以参数名为键值，参数值为值的关联数组。

第 7 行代码定义数组$error，用来保存验证错误信息。

第 15~18 行代码进行邮箱验证。

第 26 行代码判断上传文件是否成功，$_FILES['myhead']['error']为 0 标识上传文件成功。

第 30 行代码判断上传文件大小是否满足要求。

第 31~33 行代码判断文件后缀名是否符合要求。

第 35 行代码生成新文件名，利用时间函数和随机数产生一个唯一的文件名，防止上传文件出现重名。

第 36 行代码实现上传功能。

第 50 行代码当上传文件成功时，使用自定义头像的文件名更新用户信息；未上传成功时，则使用系统头像的文件名更新用户信息。

第 51 行代码调用 updateUser()更新用户信息。

思考与练习

1．常用的网页排版技术有哪些？举例说明并分析其优缺点。

2．语句 include 和 require 都能把另外一个文件包含到当前文件中，它们的区别是什么？为避免多次包含同一文件，可用什么语句代替它们？

3．编程题

实现用户注册功能。需要建一张用户信息表，并编写注册、结果两个页面。用户在注册页面填写注册信息，提交到结果页面后显示注册的结果。具体要求及效果截图如下：

(1) 在 MySQL 数据库的 test 数据库中，创建一张用于存放用户注册信息的表(如题图 7-1 所示)，表中有"用户名"、"密码"两个字段，并且设置"用户名"字段为主键。

(2) 用户注册页面要显示一个输入框、一个密码框和一个"注册"提交按钮。

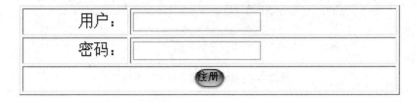

题图 7-1　用户信息表

(3) 用户点击"注册"按钮时，需要对用户的输入信息进行判断，包括：用户名或者密码不能为空，密码的长度必须大于 6 位，用户名和密码的长度必须小于 10 位。假如用户输入不符合上述规范，则弹出相应的错误提示信息终止提交，如题图 7-2 所示；只有当用户输入满足上述规范时，才允许将表单提交到结果页面。

用户：
asdf
密码：
注册
Microsoft Internet Explorer
密码长度必须至少为6位!
确定

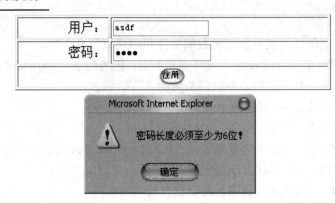

题图 7-2　用户输入不符合规范时的信息错误提示界面

(4) 如果用户名在表中已经存在，则在结果页面提示用户重新输入用户名，如题图 7-3 所示。

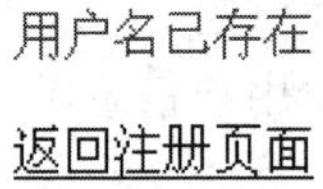
用户名已存在
返回注册页面

题图 7-3　提示用户重新输入用户名的界面

(5) 如果用户名在表中不存在，则将用户的注册信息插入到数据库中，并在结果页面显示“注册成功”的提示信息。

(6) 用户注册成功后，在结果页面显示“现在已经有 XX 位注册用户了！”，并将所有的注册用户信息以列表方式显示出来，如题图 7-4 所示。

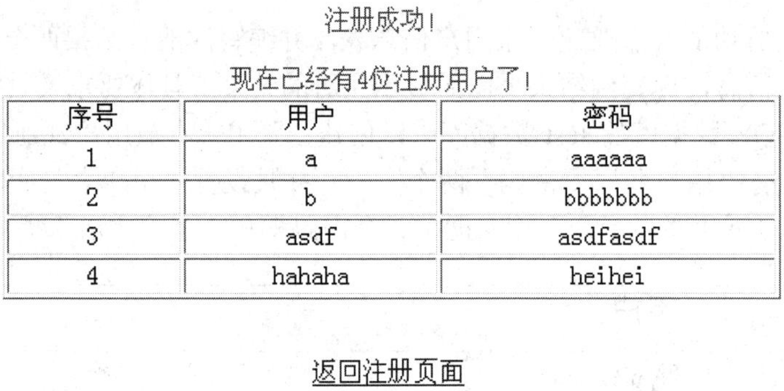
注册成功!
现在已经有4位注册用户了!
序号 用户 密码
1 a aaaaaa
2 b bbbbbbb
3 asdf asdfasdf
4 hahaha heihei
返回注册页面

题图 7-4　用户成功注册后的界面

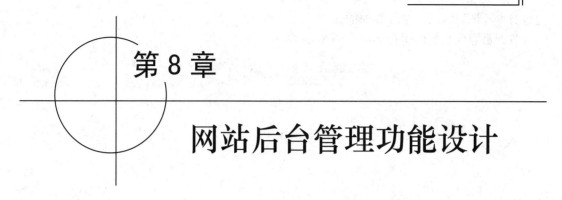

第 8 章

网站后台管理功能设计

本章要点

- 使用 mysqli 扩展访问 MySQL 数据库的方法
- 使用 PDO 对象访问 MySQL 数据库的方法
- 使用 CSS+DIV 网页布局技术进行后台页面的设计
- 敏感词过滤的方法
- 第三方编辑控件(KindEditor)的使用

学习目标

- 了解 mysqli 访问 MySQL 数据库的方法。
- 掌握 PDO 对象访问 MySQL 数据库的方法。
- 了解第三方编辑控件(KindEditor)的使用。
- 强化巩固前面所学知识。

在前面的内容中,学习了用户注册、用户登录、网站首页、新闻信息浏览、新闻详细信息查看等模块的开发,完成了 PHP 新闻管理系统网站的前台功能,即网站的普通用户可以使用的功能,那么如何完成网站的日常管理呢?例如,新闻分类的添加、修改、删除,新闻信息的发布、修改、删除等。完成这些工作还需要一个网站后台管理系统。后台管理系统的主要功能包括新闻分类信息管理、新闻信息管理、用户评论信息管理以及会员信息管理等。在前面各章节对网站前台各个模块功能的实现过程中,主要使用 mysql 扩展库实现对 db_news 数据库以及数据表的操作。在本章中,将介绍使用 mysqli 扩展库和 PDO 的访问数据库的方法。

8.1 任务 1:管理员登录页设计

后台管理员登录作为后台管理系统的入口,主要用于验证管理员的身份。只有具有管理员权限的用户,才可以通过身份验证,顺利进入后台管理界面;普通用户登录,是无法通过身份验证进入后台管理界面的。

管理员登录页面的运行效果如图 8.1.1 所示。

图 8.1.1　管理员登录页面的运行效果

8.1.1　mysqli 扩展函数的使用

　　mysqli 扩展库与 mysql 扩展库的应用基本类似，而且大部分函数的使用方法都一样，唯一的区别是 mysqli 扩展库中的函数名称都是以 mysqli 开始的。

　　相对于 mysql 扩展，mysqli 扩展对 MySQL 提供了更完善的支持，即增加了对 MySQL 新特性的支持。mysqli 扩展在默认情况下已经安装好了，需要开启时，在 php.ini 配置文件中找到";extension=PHP_mysqli.dll"，去掉分号注释即可。修改后重新启动 Apache，然后在 phpStudy 主控面板上选择『其他选项菜单』-『查看 PHPinfo』，通过 phpinfo() 函数查看 mysqli 扩展库是否开启成功，具体如图 8.1.2 所示。

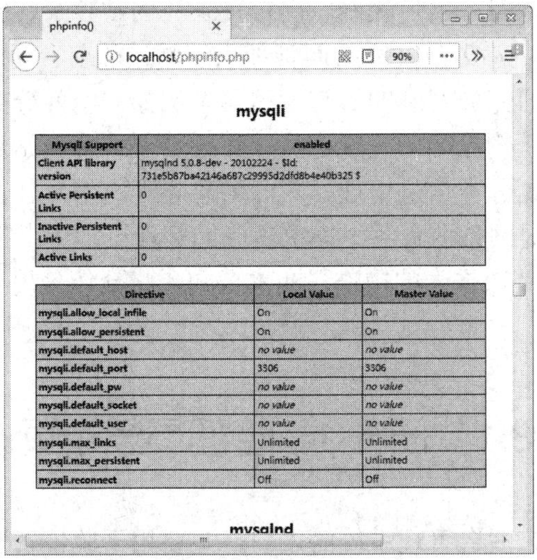

图 8.1.2　mysqli 扩展信息

1. 连接 MySQL 服务器

PHP 操作 MySQL 数据库，首先需要建立与 MySQL 数据库的连接。mysqli 扩展提供了 mysql_connect()函数，实现与 MySQL 数据库的连接。函数定义如下：

```
mysqli_connect(servername,username,password);
```

mysqli_connect()函数用来打开一个到 MySQL 服务器的连接，如果成功，返回一个 MySQL 连接的标识，失败则返回 false。参数 servername 表示连接 MySQL 服务器名称或者地址，参数 username 为连接 MySQL 数据库的用户名，password 为用户密码。

2. 选择 MySQL 数据库

在取得数据库连接后，执行 SQL 语句之前，需要先选择待操作的数据库并设置字符集。确定字符集是为了保证得到的数据能正确显示，不出现乱码。选择数据库是由于一个 MySQL 数据库服务器上存在多个数据库，因此需要选择要操作的数据库。

应用 mysqli_connect()函数可以创建与 MySQL 服务器的连接，同时可以指定要选择的数据库名称。除此之外，mysqli 扩展库还提供了 mysqli_select_db()函数，用来选择 MySQL 数据库。其语法如下：

```
mysqli_select_db(link,dbname);
```

link 是与 MySQL 服务器建立连接后返回的连接标识。dbname 是用户要选择的数据库名称。

此外，和 mysql 扩展库一样，还可以使用 mysqli_query()函数来选择数据库，该函数的作用是执行一条 SQL 语句。选择数据库和设置字符集均可以使用 mysqli_query()函数实现。

3. 执行 SQL 语句

要对数据库中的表进行操作，通常使用 mysqli_query()函数执行 SQL 语句。其语法如下：

```
resource mysqli_query(link, query);
```

link 是与 MySQL 服务器建立连接后返回的连接标识。query 是所要执行的 SQL 语句。mysqli_query()函数不仅可以执行 SQL 语句，还可以用来选择数据库和设置数据库编码格式，例如：

```
mysqli_query($link, 'use db_news');
mysqli_query($link, 'set name utf8');
```

4. 从结果集获取一行作为关联数组

查询操作成功，将返回查询结果集。mysqli_fetch_assoc()函数用于从结果集中取一行作为关联数组。其语法如下：

```
mixed mysqli_fetch_assoc (result);
```

5. 释放内存

mysqli_free_result()函数用于释放内存。数据库操作完成后，需要关闭结果集，以释放系统资源。该函数的语法格式如下：

```
void mysqli_free_result(result);
```

mysqli_free_result()函数将释放所有与结果标识符 result 关联的内存。

6. 关闭连接

完成数据库的操作后,需要及时断开与数据库的连接并释放内存,否则会浪费大量的内存空间,在访问较大的 web 项目中很可能会导致服务器崩溃。使用 mysqli_close()函数可以断开与 MySQL 服务器的连接。该函数的语法格式如下:

```
bool mysqli_close(link);
```

PHP 中与数据库的连接是非持久连接,系统会自动回收,一般不用设置关闭。但如果一次性返回的结果集比较大,获网站的访问量比较多,最好使用 mysqli_close()函数手动进行释放。

8.1.2 使用 mysqli 扩展函数实现数据库操作层

前面介绍 mysql 扩展库时,为了方便实现 CRUD(增加(Create)、查询(Retrieve)、更新(Update)和删除(Delete))操作,将数据库的连接、编辑和查询功能抽象出来写了一个公共的程序,在这里我们将继续使用 mysqli 扩展库编写公共文件以实现 CRUD 操作,并将该文件命名为 commoni.php。公共程序文件 commoni.phy 清单如表 8.1.1 所示。

表 8.1.1 公共程序文件 commoni.php 清单

序号	函数	描述
1	mysqli_get_connect ()	创建与数据库的连接
2	mysqli_dataCheck ($paramter)	对 SQL 命令参数进行输出转义
3	mysqli_execQuery ($strQuery)	执行查询类 SQL 语句,并返回结果集,结果集以二维数组的形式给出
4	mysqli_execUpdate (string $strUpdate)	执行非查询类 SQL 语句,并将执行结果返回

该程序的实现清单如下:

```
1   <?php
2   //使用 mysqli 扩展库建立与 MySQL 数据库的连接
3    function mysqli_get_connect(){
4        //数据库默认连接信息
5        $config = array(
6            'host' => '127.0.0.1',
7            'user' => 'root',
8            'password' => 'root',
9            'charset' => 'utf8',
10           'dbname' => 'db_news',
11           'port' => 3306
12       );
13       $link = mysqli_connect($config['host'].':'.$config['port'],$config['user'],$config['password']);
14       if(!$link){
15          die('数据库连接失败!') . mysqli_error($link);
```

```php
16      }
17      //设置字符集,选择数据库
18      mysqli_query($link,'set names '.$config['charset']);
19      mysqli_query($link,'use `'.$config['dbname'].'`');
20      return $link;
21    }
22  //对 SQL 命令参数进行输出转义
23    function    mysqli_dataCheck($link,$parameter){
24        return mysqli_real_escape_string($link,$parameter);
25    }
26
27  //执行查询操作
28    function mysqli_execQuery($strQuery,$link){
29      //$link=get_connect();
30      $res=mysqli_query($link,$strQuery);
31      if(!$res) die('数据库查询失败!') . mysqli_error($link);;
32      //定义结果数组,用以保存结果信息
33      $results = array();
34      //遍历结果集,获取每条记录的详细数据
35      while($row = mysqli_fetch_assoc($res)){
36        //把从结果集中取出的每一行数据赋值给$emp_info 数组
37        $results[] = $row;
38      }
39      mysqli_free_result($res);//释放记录集
40      return $results;
41    }
42
43  //执行增、删、改操作
44    function mysqli_execUpdate($strUpdate,$link){
45      // $link=get_connect();
46      $res=@mysqli_query($link,$strUpdate);
47      if(!$res) die('数据库操作失败!').mysqli_error($link);
48      return $res;
49    }
50  ?>
```

8.1.3 使用 mysqli 扩展函数实现用户表数据访问层

通过对 PHP 新闻管理系统网站功能的需求分析,在后台部分针对用户数据表,需要完

成如下功能：登录管理员修改密码、删除用户、重置其他用户密码、添加用户、权限管理等功能。为此，将针对用户表 tbl_user 的这些功能重新根据新的数据库访问文件 commoni.php 设计相应的函数清单。用户表操作函数清单如表 8.1.2 所示。

表 8.1.2 用户表操作函数清单

序号	函 数	描 述
1	addUser($uname,$upass,$uemail, $headimg,$gender="1",$power="1")	注册新用户，参数$uname 为用户名，$upass 为密码，$uemail 用电子邮件，$headimg 是用户头像文件信息，$gender 和$power 分别为性别和权限，1 为默认值
2	deleteUser($uid)	删除注册用户，$uid 为用户编号
3	findUserById($uid)	根据用户编号查询用户信息
4	findUserByName($name)	根据用户名查询用户信息
5	findUser()	查询所有用户信息
6	updateUserPass($uid,$upass)	修改指定用户编号的密码信息
7	promoteUser($uid)	提升指定编号的用户权限
8	dePromoteUser($uid)	降级指定编号的用户权限

在项目中创建文件名为"user.dao.php"文件，并在文件中定义用户表的各种操作函数。其程序中函数清单如下：

```
1   <?php
2   /**用户信息操作文件**/
3   require_once 'commoni.php';
4   function addUser($uname,$upass,$uemail,$headimg,$gender="1",$power="1"){
5       $link=mysqli_get_connect();
6       $uname=mysqli_dataCheck($link,$uname);
7       $upass=mysqli_dataCheck($link,$upass);
8       $uemail=mysqli_dataCheck($link,$uemail);
9       $headimg=mysqli_dataCheck($link,$headimg);
10      $format="%Y-%m-%d %H:%M:%S";//设置时间格式
11      $regtime=strftime($format); //获取系统时间
12      $sql = "insert into `tbl_user` (`uname`,`upass`,`uemail`,`headimg`,`regtime`,`gender`,`power`) values
13  ('$uname','$upass','$uemail','$headimg','$regtime',$gender,$power)";
14      $rs= mysqli_execUpdate($sql,$link);
15      return $rs;
16  }
17
18  function deleteUser($uid){
19      $sql="delete from `tbl_user` where `uid`=$uid";
20      $link=mysqli_get_connect();
21      $rs=mysqli_execUpdate($sql,$link);
```

```
22        return $rs;
23    }
24
25    function findUserById($uid){
26        $sql = "select `uid`,`uname`,
27     case
28       when gender=1 then '男'
29         when gender=2 then '女' end as `gender`,`upass`,`regtime`,`headimg`,`uemail`,
30     case
31       when power=1 then '普通用户'
32         when power=2 then '系统管理员' end as `power` from `tbl_user` where `uid`=$uid";
33        $link=mysqli_get_connect();
34        $rs=mysqli_execQuery($sql,$link);
35        if(count($rs)>0){return $rs[0];}
36        return $rs;
37    }
38
39    function findUserByName($name){
40        $link=mysqli_get_connect();
41        $name=mysqli_dataCheck($link,$name);
42        $sql = "select `uid`,`uname`,
43     case
44       when gender=1 then '男'
45         when gender=2 then '女' end as `gender`,`upass`,`regtime`,`headimg`,`uemail`,
46     case
47       when power=1 then '普通用户'
48         when power=2 then '系统管理员' end as `power` from `tbl_user` where `uname`='$name'";
49
50        $rs=mysqli_execQuery($sql,$link);
51        if(count($rs)>0){return $rs[0];}
52        return $rs;
53    }
54
55    function updateUserPass($uid,$upass){
56        $link=mysqli_get_connect();
57        $upass=mysqli_dataCheck($link,$upass);
58        //组合 sql 语句
59        $sql = "update `tbl_user` set `upass`='$upass' where `uid`=$uid";
60        $rs=mysqli_execUpdate($sql,$link);
```

```php
61      return $rs;
62  }
63
64  function findUser(){
65      $sql = "select `uid`,`uname`,
66  case
67      when gender=1 then '男'
68      when gender=2 then '女' end as `gender`,`upass`,`regtime`,`headimg`,`uemail`,
69  case
70      when power=1 then '普通用户'
71      when power=2 then '系统管理员' end as `power` from `tbl_user`";
72      $link=mysqli_get_connect();
73      $rs=mysqli_execQuery($sql,$link);
74      return $rs;
75  }
76
77  //提升指定用户编号的权限
78  function promoteUser($uid){
79      $sql="update `tbl_user` set `power`=2 where `uid`= $uid ";
80      $link=mysqli_get_connect();
81      $rs=mysqli_execUpdate($sql,$link);
82      return $rs;
83  }
84
85  //降级指定用户编号的权限
86  function dePromoteUser($uid){
87      $sql="update `tbl_user` set `power`=1 where `uid`= $uid ";
88      $link=mysqli_get_connect();
89      $rs=mysqli_execUpdate($sql,$link);
90      return $rs;
91  }
92  ?>
```

8.1.4 使用 mysqli 扩展函数实现管理员登录页

接下来考虑用新实现的用户数据表访问层来实现后台管理的会员功能，首先来介绍一下管理员登录页面的实现。

实现步骤：

(1) 复制公共和资源文件夹。在 DW CS6 中打开网站 examples，新建一个文件夹

"chapter8",将文件夹"chapter7"下的资源文件夹 style、headimg、images 和公共文件夹 common 复制到"chapter8"下。将 commoni.php 和 mysqli_user.dao.php 文件保存到 common 文件夹中。

(2) 创建后台管理文件夹。在文件夹"chapter8"下新建一个文件夹,并将文件夹改名为"admin",所有后台管理相关的页面将存放在"admin"文件夹下;在"admin"文件夹下新建一个子文件夹,命名为"img",用来存放后台页面所需使用的图片。此时的各文件夹情况如图 8.1.3 所示。

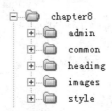

图 8.1.3 文件夹视图

(3) 添加管理员登录页面。在"admin"文件夹下,添加一个新的 PHP 文件,并重命名为"adminlogin.php",然后打开文件编辑其代码。代码如下:

```
1    <!doctype html>
2    <html>
3    <head>
4    <meta charset="utf-8">
5    <title>后台登录 - PHP 新闻管理系统</title>
6    <style type="text/css">
7    body{color:#555;min-width:592px;overflow:hidden;background:#eee;
8        background-image: url(img/bg.png);font-family:Helvetica,simsun;}
9    .login{overflow:visible;}
10   .login .box{width:400px;background:#fff;margin:7% auto;padding:50px;box-shadow:0 0 15px #ccc;}
11   .login .box h1{font-size:24px;color:#555;text-align:center;text-shadow: 1px 1px 1px #ccc;}
12   .login .box img{cursor:pointer;}
13   .login .box table{width:100%;height:300px;margin:0 auto;margin-top:20px;}
14   .login .box th{text-align:right;font-weight:normal;}
15   .login .box .input{width:250px;height:20px;border:1px solid #ddd;
16       padding:5px;color:#666;font-size:20px;}
17   .login .box .login_btn{width:80px;height:30px;margin:0 auto;background:#0077A2;
18   color:#fff;border:1px solid #DEEFFA;cursor:pointer;}
19   .login .box .login_btn:hover{background:#005580;}
20   .login a{ text-decoration:none;}
21   </style>
22   </head>
23   <body class="login">
24   <div class="box">
25       <h1>欢迎访问 PHP 新闻管理系统后台</h1>
26       <form method="post" action="doAdminLogin.php">
27           <table>
28               <tr><th width="80">用户名:</th><td><input class="input" type="text"
```

```
29              name="username" required /></td></tr>
30                      <tr><th>密    码：</th><td><input class="input" type="password" name="password"
31   required /></td></tr>
32                      <tr><th>验证码：</th><td><input class="input" type="text" name="verify_code"
33   required /></td></tr>
34                      <tr><td> </td><td> <img src="../common/code.php" alt="" id="code_img"/>
35                      <a href="#" id="change">  看不清，换一张</a></td></tr>
36                      <tr><td> </td><td><input class="login_btn" type="submit" value="登录" /></td></tr>
37                  </table>
38              </form>
39      </div>
40       <script>
41          var change = document.getElementById("change");
42          var img = document.getElementById("code_img");
43          change.onclick = function(){
44          img.src = "../common/code.php?t="+Math.random(); //增加一个随机参数，防止图片缓存
45          return false; //阻止超链接的跳转动作
46          }
47      </script>
48      </body>
49      </html>
```

说明：

第6~21行代码<style>标签定义了独立应用于登录页面的样式。

第26~38行代码定义了表单，表单数据的传递方法是post，表单的处理页面是dologin.php页面。

第34行代码中，<img>用来显示验证码，并设置id属性为code_img，与前台中的登录页面的验证码功能相似。

第35行代码中，<a>用来刷新验证码，并设置id属性为change。

第40~47行代码的<script>标签用来处理验证码刷新。

第41行代码使用DOM对象模型获取页面中id属性为change的元素，即前面定义的a元素。

第42行代码获取页面中id属性为code_img的元素，即前面定义的img元素。

第43行代码为超链接元素定义一个单击事件。

(4) 添加通用工具方法。在"common"文件夹下，添加一个新的PHP文件，重命名为"tool.php"，然后打开文件并编辑其代码。代码如下：

```
1   <?php
2   //该方法在某个操作执行成功并需要跳转到指定页面时使用
3   function alertGo($info,$url){
4     echo "<script>alert('$info');location.href='$url';</script>";
```

```php
5       exit();
6   }
7   //该方法在某个操作失败时使用
8   function alertBack($info){
9       echo "<script>alert('$info');history.back();;</script>";
10      exit;
11  }
12  ?>
```

(5) 添加处理页面。在"admin"文件夹下，添加一个新的 PHP 文件，重命名为"doAdminlogin.php"，然后打开文件编辑其代码。代码如下：

```php
1   <?php
2   define('APP','newsmgs');
3   header('Content-Type:text/html;charset=utf-8');
4   //引入表单验证函数，验证用户名和密码格式
5   require '../common/checkFormlib.php';
6   require '../common/mysqli_user.dao.php';
7   require '../common/tool.php';
8   $error = array();           //保存错误信息
9   session_start();
10  //当有表单提交时
11  if(!empty($_POST)){
12      //接收用户登录表单
13      $username = isset($_POST['username']) ? test_input($_POST['username']) : '';
14      $password = isset($_POST['password']) ? test_input($_POST['password']) : '';
15      $code = isset($_POST['verify_code']) ? test_input($_POST['verify_code']) : '';
16      //将字符串都转成小写，然后再进行比较
17      if (strtolower($code) != strtolower($_SESSION['verify_code'])){
18          $error[]='验证码输入错误';
19      }
20      unset($_SESSION['verify_code']); //清除 Session 数据
21      //根据用户名取出用户信息
22      $row=findUserByName($username);
23      if($row){
24          //判断密码是否正确
25          if($row['upass']==md5($password) && $row['power']!='普通用户'){
26      //登录成功，保存用户会话
27              $_SESSION['back_userinfo'] = array(
28                  'id' => $row['uid'],          //将用户 id 保存到 Session
29                  'username' => $username,      //将用户名保存到 Session
```

```
30                    'power'=> $row['power']      //将用户权限保存到 Session
31                );
32                //登录成功,跳转到 main.php 中
33                alertGo('登录操作成功,将自动跳转到管理平台首页>>>','index.php');
34                //终止脚本继续执行
35                die();
36            }
37        }
38        $error[] = '没有权限访问!';
39        //调用公共文件 error.php 显示错误提示信息
40        require '../common/error.php';
41 }
42 ?>
```

说明:

第 25 行代码判断用户的密码和用户表中存放的密码一致,并且用户的权限不是"普通用户",则意味着登录的用户名密码正确且用户是系统管理员。普通用户没有访问后台管理功能的权限。

第 27 行代码将登陆成功的系统管理员信息保存到 Session 变量 back_userinfo 中。

第 33 行代码登录成功,调用 alertGo()方法提示用户登录操作成功,并自动跳转到后台管理首页 index.php 页面。

第 38 行代码当登录不成功时,将错误信息保存到数组$error 中。

第 40 行代码引用包含文件 error.php 显示错误信息。

(6) 浏览页面。在浏览器上运行 adminlogin.php 页面,运行结果如图 8.1.4 所示。

图 8.1.4 后台管理登录界面

8.2 任务2：网站后台首页设计

正如网站的前台页面具有统一的网页风格，网站后台也是如此。网站后台的首页是管理员进行后台管理的起始页面，通过首页可以链接到所有后台管理功能页面。

在 PHP 新闻管理系统网站中，网站后台主要包括以下内容：
- 系统管理：可以修改当前管理员密码、注销登录。
- 用户管理模块：显示所有网站用户的列表、删除用户、重置用户密码、用户提权、用户降级等功能。
- 新闻类别管理模块：显示所有的新闻类别、删除新闻类别、编辑新闻类别以及添加新闻类别等功能。
- 新闻管理模块：显示所有的新闻列表、编辑新闻、删除新闻、添加新闻、新闻置顶、新闻热点等功能。
- 用户评论管理模块：显示所有用户的评论信息、删除评论以及对评论中所包含的敏感字符进行过滤等功能。

网站后台布局采用二分栏结构布局。布局示意图如图 8.2.1 所示。在网页的页眉部分包含网站的 logo 和登录管理员用户信息，为了页面的整洁和增强页面的可维护性，将这部分内容实现在"top.php"文件中，并在文件中使用引用语句，如 require 语句包含在功能页面中。网页的左边栏实现各种管理模块的导航功能，这部分功能实现在"mainleft.php"中。

图 8.2.1 网站后台首页布局示意图

8.2.1 后台网页布局模板的设计

网站后台的网页具有统一的布局，为了降低后续网页开发的难度，先设计一个模板网页，后续仅需根据需要将网页的主体内容填入即可。布局模板采用兼容 W3C 标准的 CSS+DIV 技术进行设计。

后台网页布局模板的主要代码如下：

```
1    <!doctype html>
2    <html>
3    <head>
4    <meta charset="utf-8">
5    <title>无标题文档</title>
6    <link href="style/backSTyle.css" type="text/css" rel="stylesheet">
7    </head>
8    <body>
9    <div id="header"><?php require_once 'top.php';?></div>
```

```
10    <div id="wrapper">
11        <div id="tableContainer">
12            <div id="left"><?php require_once 'mainleft.php';?></div>
13            <div id="main"></div><!--end of main-->
14        </div><!--end of tableContainer-->
15    </div><!--end of wrapper-->
16  </body>
17  </html>
```

8.2.2 后台网页布局模板的 CSS 设计

后台网页布局模板的主要代码如下：

```
1  /* 后台页面的 CSS Document */
2  * { margin:0; padding:0; font-size: 15px; color: #757575; }
3  body{color:#555;min-width:592px;overflow:hidden;background:#eee;background-image: url(img/bg.png);
4  font-family:Verdana, Geneva, sans-serif;}
5  #header { width: 980px;    margin: 0 auto; }
6  #wrapper { width: 980px; margin: 0 auto; height:600px;overflow-y:auto;}
7  #tableContainer {display: table; border-spacing: 10px;   }
8  #newRow {display: table-row;}
9  #left { display: table-cell;width:135px; vertical-align:top;}
10 #main{ display:table-cell; padding-left:20px; vertical-align:top;}
```

说明：

第 2 行代码使用通配符*定义了样式，即没有单独定义样式时将应用的样式。

第 5 行代码定义了 id 属性为 header 元素的样式，元素的 width 为 980px，margin:0 auto 意味着页眉部分内容将居中显示在浏览器上。

第 6 行代码定义了 id 属性为 wrapper 元素的样式，元素的 width 为 980px，顶部和底部 margin 为 0，左右 margin 相同，且自适应浏览器大小，居中显示在浏览器上；height 为 600px，当垂直方向超过高度定义时，将自动出现滚动条。

第 7 行代码定义了 id 属性为 tableContainer 元素的样式，将以 table 样式显示，单元间距为 10px。

第 8 行代码定义 id 属性为 newRow 元素的样式，将显示为表格的行。

第 9 行代码定义 id 属性为 left 元素的样式，将显示为表格的单元格，宽度为固定宽度 135px。

第 10 行代码定义 id 属性为 main 元素的样式，将显示为表格的单元格。

8.2.3 页眉部分 top.php 页面的设计

实现步骤：

(1) 在 DW CS6 中打开网站 examples，打开文件夹 "chapter8" 下的子文件夹 "admin"，

在"admin"文件夹下新建一个"style"文件夹,并新建一个样式文件"backstyle.css",将8.2.2中定义的CSS样式添加到backstyle.css中。

(2) 在文件夹"admin"中,新增一个PHP文件,重命名为"top.php",然后打开文件并编辑其代码。代码如下:

```
1   <style type="text/css">
2   .top-box{width:98%;}
3   .top{background: #358edd;height:40px;}
4   .top-box{margin:0 auto;position: relative;min-width:390px;}
5   .top-box-logo{font-size:18px;font-weight:normal;color:#fff;position:absolute;left:0;top:7px;letter-spacing:1
6   px;}
7   .top-box-nav{text-align:right;color: #fff;line-height:40px;font-size:13px;letter-spacing:3px;}
8   .top-box-nav a{color: #fff;margin-left: 5px;text-decoration: none;}
9   </style>
10  <?php
11      //启动Session
12      @session_start();
13      //判断Session中是否存在用户信息
14      if(isset($_SESSION['back_userinfo'])){
15          //用户信息存在,说明用户已经登录
16          $login = true;      //保存用户登录状态
17          $userinfo = $_SESSION['back_userinfo'];    //获取保存在Session中的用户信息
18      }else{
19          //若用户没有登录,直接跳转到后台登录页面
20          $login = false;
21          header('Location: adminLogin.php');
22      }
23      //用户退出
24      if(isset($_GET['action']) && $_GET['action']=='logout'){
25          //清除Session数据
26          unset($_SESSION['back_userinfo']);
27          //如果Session中没有其他数据,则销毁Session
28          if(empty($_SESSION)){
29              session_destroy();
30          }
31          //跳转到登录页面
32          header('Location: adminLogin.php');
33      }
34  ?>
35  <div class="top">
```

36	`    <div class="top-box">`
37	`        <h1 class="top-box-logo">PHP 新闻管理系统管理后台</h1>`
38	`        <div class="top-box-nav">`
39	`            欢 迎 您 ， <a href="#"><?php echo $userinfo['username']; ?></a> ！ <a`
40	`href="updatepass.php">密码修改</a> <a href="?action=logout">安全退出</a>`
41	`        </div>`
42	`    </div>`
43	`</div>`

说明：

第 14 行代码判断 Session 中是否保存了 back_userinfo 的信息，如果有，则说明某位具有系统管理员权限的用户已经登录。

第 16 行代码将用户登录状态保存在标志变量$login 中。

第 17 行代码将提取 SESSION['back_userinfo']中的用户信息并保存在变量$userinfo 中。

第 18 行代码为用户没有登录的情况。

第 20 行代码设置标志变量$flag 为 false。

第 21 行代码将页面重定向到后台登录页面进行登录。

第 24～31 行代码当用户"安全退出"时，清除 Session 中的用户信息并跳转到登录页面。

8.2.4 左边栏部分 mainleft.php 页面的设计

实现步骤：

（1）在 DW CS6 中打开网站 examples，打开文件夹"chapter8"下的子文件夹"admin"，在"admin"文件夹下新增一个 PHP 文件，重命名为"mainleft.php"，然后打开文件并编辑其代码。代码如下：

1	`<style type="text/css">`
2	`.main-left{border-top:#0080c4 4px solid;}`
3	`.main-left-nav{border:#bdd7f2 1px solid;border-bottom:#0080c4 4px solid;background: #ebf7ff`
4	`url(img/leftdhbg.jpg) repeat-y right;margin-left:10px;margin-bottom:20px;}`
5	`.main-left-nav-head{border-bottom:1px  #98c9ee  solid;display:  block;text-align:  center;position:`
6	`relative;height:38px;line-height:38px;}`
7	`.main-left-nav-head    div{position:absolute;background:    url(img/leftbgbt2.jpg)    no-repeat;width:`
8	`11px;height:48px;left:-11px;top:-1px;}`
9	`.main-left-nav`
10	`a{display:block;background:#fff;line-height:28px;height:28px;text-align:center;border-bottom:1px`
11	`#98c9ee dotted; text-decoration:none;}`
12	`.main-left-nav a:hover{background:#0080c4;color:#fff; }`
13	`</style>`
14	`<div class="main-left">`

```
15      <div class="main-left-nav">
16          <div class="main-left-nav-head">
17              <strong>系统管理</strong><div></div>
18          </div>
19          <div class="main-left-nav-list">
20              <a href="updatepass.php">修改密码</a>
21              <a href="index.php">返回首页</a>
22          </div>
23          <div class="main-left-nav-head">
24              <strong>用户管理</strong><div></div>
25          </div>
26          <div class="main-left-nav-list">
27              <a href="userlist.php">用户列表</a>
28              <a href="adduser.php">添加用户</a>
29              <a href="userpower.php">权限管理</a>
30          </div>
31          <div class="main-left-nav-head">
32              <strong>新闻类别管理</strong><div></div>
33          </div>
34          <div class="main-left-nav-list">
35              <div><a href="newsClassList.php">类别列表</a></div>
36              <div><a href="addNewsClass.php">添加类别</a></div>
37          </div>
38          <div class="main-left-nav-head">
39              <strong>新闻管理</strong><div></div>
40          </div>
41          <div class="main-left-nav-list">
42              <div><a href="newslist.php">新闻列表</a></div>
43              <div><a href="addNews.php">发布新闻</a></div>
44              <div><a href="topnews.php">置顶新闻</a></div>
45              <div><a href="hotnews.php">热点新闻</a></div>
46          </div>
47          <div class="main-left-nav-head">
48              <strong>用户评论管理</strong><div></div>
49          </div>
50          <div class="main-left-nav-list">
51              <div><a href="replylist.php">评论列表</a></div>
52          </div>
53      </div>
```

54	`</div>`

8.2.5 后台首页 index.php 的设计

有了后台网站网页布局的统一框架后，接下来考虑设计后台首页页面的设计。

实现步骤：

(1) 在 DW CS6 中打开网站 examples，定位到文件夹 "chapter8" → "admin" → "style" 文件夹下的 "backstyle.css" 文件，在文件的尾部添加用于首页的样式定义。编辑后效果如下：

1	`/*首页样式*/`
2	`.title{color:#444;margin-bottom:10px;font-family:'Microsoft YaHei';`
3	`font-size:22px;}`
4	`.bordered {border: solid #dadada 1px;padding-top:5px;padding-bottom:15px;`
5	`background-color:#fff;margin-right:20px;margin-bottom:20px;}`
6	`.bordered dt{border-bottom: solid #DFE4E7 1px;text-align:left; padding-bottom:5px;`
7	`margin-bottom:5px;text-indent:15px;font-weight:bold;}`
8	`.bordered dd{margin-left:35px;}`

(2) 在文件夹 "admin" 下新增一个 PHP 文件，重命名为 "index.php"，然后打开文件并编辑其代码。代码如下：

1	`<!doctype html>`
2	`<html`
3	`<head>`
4	`<meta charset="utf-8">`
5	`<title>后台管理首页</title>`
6	`<link href="style/backSTyle.css" type="text/css" rel="stylesheet">`
7	`</head>`
8	`<body>`
9	`<div id="header"><?php require_once 'top.php';?></div>`
10	`<div id="wrapper">`
11	`    <div id="tableContainer">`
12	`      <div id="left"><?php require_once 'mainleft.php';?></div>`
13	`      <div id="main">`
14	`        <div class="title">后台首页</div>`
15	`        <dl class="bordered">`
16	`          <dt>欢迎访问</dt>`
17	`          <dd>欢迎进入 PHP 新闻管理系统后台！请从左侧选择一个操作。</dd>`
18	`          <dd></dd>`
19	`        </dl>`
20	`        <dl class="bordered">`

21	<dt>服务器信息</dt>
22	<dd>系统环境：<?php echo $_SERVER['SERVER_SOFTWARE']?></dd>
23	<dd>服务器时间：<?php echo date('Y-m-d H:i:s', time());?></dd>
24	<dd>文件上传限制：<?php echo ini_get('file_uploads') ? ini_get('upload_max_filesize') : '
25	已禁用';?></dd>
26	<dd>脚本执行时限：<?php echo ini_get('max_execution_time').'秒';?></dd>
27	</dl>
28	</div><!--end of main-->
29	</div><!--end of tableContainer-->
30	</div><!--end of wrapper-->
31	</body>
32	</html>

(3) 在浏览器中访问 index.php，运行结果如图 8.2.2 所示。

图 8.2.2　后台首页运行效果

8.3　任务 3：用户管理功能的设计

用户管理功能是对系统的用户进行日常管理的模块，主要包括修改密码、用户列表查询、删除用户、添加用户以及用户的权限管理等功能。

8.3.1　修改密码页面 updatePass.php 的设计

修改密码页面是登录到后台的管理员用来修改自己密码的，修改密码的时候，还需要同时验证是否能正确输入旧密码。

实现步骤：

(1) 新增样式。在 DW CS6 中打开网站 examples，打开文件夹 "chapter8" 下的 "admin"

文件夹，在"style"下的样式表"backstyle.css"文件尾部添加一些新样式。新增样式代码如下：

```
1   /*管理列表样式*/
2   .main-right-nav{color: #185697;font-size: 14px;margin-bottom: 10px;font-weight: 100;border-bottom: 1px
3   #ddd dotted;line-height: 30px;}
```

（2）添加表单页面。在"admin"文件夹下添加一个 PHP 文件，并重命名为"updatePass.php"，然后打开文件并编辑其代码。代码如下：

```
1   <!doctype html>
2   <html>
3   <head>
4   <meta charset="utf-8">
5   <title>修改密码</title>
6   <link href="style/backSTyle.css" type="text/css" rel="stylesheet">
7   </head>
8   <body>
9   <div id="header"><?php require_once 'top.php';?></div>
10  <div id="wrapper">
11      <div id="tableContainer">
12          <div id="left"><?php require_once 'mainleft.php';?></div>
13          <div id="main">
14              <h2 class="main-right-nav">系统管理 &gt; 修改密码</h2>
15              <form method="post" action="doUpdatePass.php">
16              <table class="table">
17                  <tr>
18                      <th>旧密码：</th><td><input type="password" class="form-text" name="upassold"
19  required></td>
20                  </tr>
21                  <tr>
22                      <th>新密码：</th><td><input type="password" class="form-text" name="upassnew"
23  required></td>
24                  </tr>
25                  <tr>
26                      <th>新密码确认：</th><td><input type="password" class="form-text" name=
27  "upassnew1" required></td>
28                  </tr>
29                  <tr>
30                      <td colspan="2" align="center"><input type="submit" value="确认修改" class="form-btn">
31  <input type="reset" value="重新填写" class="form-btn"></td>
32                  </tr>
```

```
33          </table>
34        </form>
35      </div><!--end of main-->
36    </div><!--end of tableContainer-->
37  </div><!--end of wrapper-->
38  </body>
39  </html>
```

（3）添加处理页面。在"admin"文件夹下添加一个 PHP 文件，重命名为"doUpdatePass.php"，然后打开文件并编辑其代码。代码如下：

```
1   <?php define('APP','newsmgs');
2       header('Content-Type:text/html;charset=utf-8');//设置字符编码
3       require '../common/checkFormLib.php';    //引入表单验证函数库
4       require '../common/mysqli_user.dao.php';    //引入用户数据表数据访问层
5       require '../common/tool.php';
6           //判断$_POST 是否为非空数组
7       if(!empty($_POST)){
8           $fields=array('upassold','upassnew','upassnew1');
9       //表单字段若不为空，则将数据过滤后存入 save_data 指定字段中
10          foreach($fields as $v){
11              $save_data[$v]=isset($_POST[$v])?test_input($_POST[$v]):'';
12          }
13      //$error 数组保存验证后的错误信息
14      $error=array();
15      //检查新密码和新密码确认是否一致
16      if($save_data['upassnew']!=$save_data['upassnew1']){
17          $error['upassnew']='新密码和新密码确认不一致!';
18      }
19      //检查旧密码是否正确
20      session_start();
21      $userinfo = $_SESSION['back_userinfo'];
22      $uid=$userinfo['id'];//取登录用户的编号
23      $row= findUserById($uid);
24      if(md5($save_data['upassold'])!=$row['upass']){
25          $error['upassold']='旧密码输入错误!';
26      }
27      if(empty($error)){
28          //表单数据全部符合要求
29          $rs=updateUserPass($uid,md5($save_data['upassnew']));
30          if($rs){
```

```
31                 //注册成功，跳转到首页
32                 alertGo("用户密码修改成功","index.php");
33             }else {
34                 alertBack('用户密码修改失败');
35             }
36         }else{
37             //调用公共文件 error.php，显示错误提示信息
38             require '../common/error.php';
39         }
40     }
41 ?>
```

说明：

第 21 行代码取出保存在 Session 中的用户信息并保存到变量$userinfo 中。

第 22 行代码取出关联数组变量$userinfo 中的用户编号并保存到$uid 中。

第 23 行代码调用 findUserById()方法，查询指定用户编号的用户信息并保存到$row 中。

第 24 行代码将用户输入的旧密码使用 md5()算法加密后与数据库中的密码比对，若一致，说明旧密码输入正确；否则，说明旧密码输入错误。

第 27 行代码若没有任何错误，则调用 updateUserPass()方法修改用户密码。

第 32 行代码修改密码操作成功后，提示操作成功并自动跳转到首页。

第 34 行代码修改密码操作失败，则调用 alertBack()方法返回到修改密码表单页面。

第 38 行代码若有错误，则通过引用 error.php 显示错误提示信息。

(4) 测试页面。在浏览器中运行"updatepass.php"，运行效果如图 8.3.1 所示。

图 8.3.1　修改密码页面运行效果

8.3.2　用户列表页面 userList.php 的设计

为了方便对所有用户的查看和管理，用户列表页面将所有用户信息以表格形式显示，

方便选取某个用户信息进行密码重置和删除等操作。当用户忘记密码后，可以请求管理员重置密码，重置密码统一设置为"123456"。若要删除用户信息，首先需要检查用户是否发布过新闻信息，若发布过，则不能删除该用户信息；还需要检查用户是否发布过新闻评论，若发布过，也不能删除该用户信息。当用户既没发布过新闻，也没发布过新闻评论才可以删除该用户信息。

实现步骤：

(1) 新增样式。在 DW CS6 中打开网站 examples，打开文件夹"chapter8"下的"admin"文件夹，在"style"下的样式表"backstyle.css"文件尾部添加一些新样式。新增样式代码如下：

```
1   /*添加和信息列表页面样式*/
2   .table,.table th,.table td{border:1px solid #cfe1f9;}
3   .table{border-bottom:#cfe1f9 solid 4px;border-collapse:collapse;
4   line-height:38px;margin:15px auto;}
5   .table th{background:#eef7fc;color: #185697;padding:0 6px;}
6   .table td{padding:0 12px;}
7   .table tr:hover{background:#f5fcff;}
8   .table-major{background:#fff;}
9   .form-btn{height: 26px;border: 1px #949494 solid;padding: 0 10px;cursor:
10  pointer;background:#fff;margin-right:10px;}
11  .form-text{border-top:  1px  #999  solid;border-left:  1px  #999  solid;border-bottom:  1px  #ddd
12  solid;border-right: 1px #ddd solid;padding: 3px;line-height: 18px;font-size: 13px;width:300px;}
13  .textarea{   width:100%; overflow:auto; word-break:break-all; width:300px;   }
```

(2) 添加表单页面。在"admin"文件夹下添加一个 PHP 文件，并重命名为"userList.php"，然后打开文件并编辑其代码。代码如下：

```
1   <!doctype html>
2   <html>
3   <head>
4   <meta charset="utf-8">
5   <title>用户列表</title>
6   <link href="style/backSTyle.css" type="text/css" rel="stylesheet">
7   </head>
8   <?php
9       require_once '../common/mysqli_user.dao.php';
10      require_once '../common/reply.dao.php';
11      require_once '../common/news.dao.php';
12      require_once '../common/tool.php';
13      $user_rst=findUser();
14      if(isset($_GET['id'])&& $_GET['action']=='del'){
15          //按照用户编号查找是否有新闻是该用户所编写
```

```php
16          $news_rst= findNewsByUid($_GET['id']);
17          if(!empty($news_rst)){
18              alertGo('该用户是新闻作者,不能删除','userlist.php');
19          }
20          //按用户编号查找评论信息
21          $reply_rst=findReplyByUid($_GET['id']);
22          if(!empty($reply_rst)){
23              alertGo('该用户有新闻评论,不能删除','userlist.php');
24          }
25          $result=deleteUser($_GET['id']);
26          if($result)   alertGo('用户删除成功','userlist.php');
27      }
28      if(isset($_GET['id'])&& $_GET['action']=='init'){
29          $pass=md5('123456');//重置密码统一为 123456
30          $result=updateUserPass($_GET['id'],$pass);
31          if($result)   alertGo('用户密码重置成功','userlist.php');
32      }
33  ?>
34  <body>
35  <div id="header"><?php require_once 'top.php';?></div>
36  <div id="wrapper">
37      <div id="tableContainer">
38          <div id="left"><?php require_once 'mainleft.php';?></div>
39          <div id="main">
40              <h2 class="main-right-nav">用户管理 &gt; 用户列表</h2>
41              <table class="table">
42                  <tr><th>编号</th><th>用户名</th><th>头像</th><th>权限</th><th>性别</th><th>注册时间</th><th>操作</th></tr>
43
44                  <?php   if(!empty($user_rst)) {
45                      foreach($user_rst as $row){
46                  ?>
47                      <tr align="center">
48                      <td><?php echo $row['uid'];?></td>
49                      <td><?php echo $row['uname'];?></td>
50                      <td>
51                      <?php
52                      $user_headimg=$row['headimg'];
53                      $headimg_file="../headimg/".$user_headimg;
54                      ?>
```

```
55                    <img src="<?php echo $headimg_file;?>" width="30" height="30">
56                    </td>
57                    <td><?php echo $row['power'];?></td>
58                    <td><?php echo $row['gender'];?></td>
59                     <td><?php echo $row['regtime'];?></td>
60                    <td><div align="center"><a href="?id=<?php echo $row['uid'];?>&action=init">
61   重置密码</a>   <a href="?id=<?php echo $row['uid'];?>&action=del"
62   onclick="javascript:if(confirm(' 确 定 要 删 除 此 信 息 吗 ？ ')){return true;}return false;"> 删 除
63   </a></div></td>
64                    </tr>
65                    <?php
66                    }
67                    }else{
68                    ?>
69                    <tr align="center"><td colspan="5">查询的结果不存在！</td></tr>
70                    <?php }?>
71                    </table>
72           </div><!--end of main-->
73           </div><!--end of tableContainer-->
74   </div><!--end of wrapper-->
75   </body>
76   </html>
```

说明：

第 13 行代码调用 findUser()方法查询所有用户信息，并保存到变量$user_rst 中。

第 14 行代码判断是否通过 get 方式传递了 id 以及 action 参数，且 action 参数值为 del。

第 16 行代码根据传递的 id 参数值调用 findNewsByUid()方法，查找是否存在某条新闻作者的编号是 id 值。

第 17 行代码判断查出来的记录是否为空。

第 18 行代码不为空，则提示"该用户是新闻作者,不能删除"，同时重定向到 userlist.php。

第 21 行代码调用 findReplyByUid()方法，根据用户编号查找用户评论信息。

第 23 行代码查找结果不为空，提示"该用户有新闻评论，不能删除"，同时重定向到 userlist.php。

第 24 行代码调用 deleteUser()方法，删除编号为 id 参数值的用户信息。

第 25 行代码若操作执行成功，提示"用户删除成功"并重定向到 userlist.php。重定向的目的是启动刷新页面的效果，使得用户列表中显示最新的用户信息。

第 28 行代码判断是否通过 get 方式传递了参数 id 和 action，且 action 参数值为 init。

第 29 行代码计算字符串"123456"MD5 算法加密后的 32 位字符串,并保存到变量$pass中。123456 是所有用户重置后的密码。

第 30 行代码调用 updateUserPass()方法，将编号为参数 id 的用户的密码重置为$pass

变量的值。

第 31 行代码若操作成功，提示"用户密码重置成功"并重定向到 userlist.php 中。

第 44 行代码判断$user_rst 是否为空，为空意味着目前没有用户信息。

第 45 行代码循环遍历$user_rst 中的用户信息，每次取出一位用户信息并保存到$row 中。

第 52 行代码提取$row 中的头像字段信息，头像字段信息保存了头像文件名称。

第 53 行代码设置头像文件的完整路径信息。

第 60~61 行代码的<a>标签用来实现重置密码，利用 url 地址传递了两个参数 id 和 action，id 值为当前用户的编号，action 值为 init。

第 61~62 行代码的<a>标签用来实现删除用户，利用 url 地址传递了两个参数 id 和 action，id 值为当前用户的编号，action 值为 del。并为<a>标签添加了一个 onclick 事件，使用 confirm()函数提供用户进行删除操作的确认。由于删除操作具有不可撤销性，因此需要提供一次确认。

(3) 测试页面。在浏览器中运行"userList.php"，运行效果如图 8.3.2 所示。

图 8.3.2　用户列表页面运行效果

8.3.3　添加用户页面 addUser.php 的设计

管理员可以在后台添加用户信息，由管理员添加用户的密码统一设置为初始密码 123456。用户头像也仅可以从系统提供的 20 个默认头像中进行选择，不可以上传自定义头像。

实现步骤：

(1) 添加表单页面。在 DW CS6 中打开网站 examples，打开文件夹"chapter8"下的"admin"文件夹，新增一个 PHP 文件，并将文件重命名为"addUser.php"，然后编辑其代码。编辑后代码如下：

```
1    <!doctype html>
2    <html>
```

```
3    <head>
4    <meta charset="utf-8">
5    <title>添加用户</title>
6    <link href="style/backSTyle.css" type="text/css" rel="stylesheet">
7    </head>
8    <body>
9    <div id="header"><?php require_once 'top.php';?></div>
10   <div id="wrapper">
11      <div id="tableContainer">
12         <div id="left"><?php require_once 'mainleft.php';?></div>
13         <div id="main">
14            <h2 class="main-right-nav">用户管理 &gt; 添加用户</h2>
15            <form method="post" action="doAddUser.php">
16             <table class="table">
17               <tr><th>用户名：</th><td><input type="text" name="uname" class="form-text" />
18   </td></tr>
19               <tr><th>电子邮件：</th><td><input type="email" name="uemail"  class="form-text"/>
20   </td></tr>
21               <tr><th>性别：</th><td><input type="radio" name="gender" value="1" checked=
22   "checked" >男
23                  <input type="radio" name="gender" value="2" >女</td></tr>
24               <tr><th>请选择头像：</th><td>
25            <?php
26              for($i=1;$i<=20;$i++){
27                $headfile="head".$i.".jpg";
28                echo "<img src='../headimg/".$headfile."' width='50' height='50' /> <input type='radio'
29   name='head' value='".$headfile."'/>";
30                if($i % 5==0) echo "<br>";
31              }
32            ?>
33            </td></tr>
34            <tr><th>用户权限：</th><td>
35              <input type="radio" name="power" value="1" checked="checked" >普通用户
36              <input type="radio" name="power" value="2" >系统管理员
37            </td></tr>
38            <tr>
39              <td colspan="2" align="center"><input type="submit" value=" 确 认 添 加 "
40   class="form-btn">  <input type="reset" value="重新填写" class="form-btn"></td>
41            </tr>
```

```
42              </table>
43          </form>
44          </div><!--end of main-->
45      </div><!--end of tableContainer-->
46  </div><!--end of wrapper-->
47  </body>
48  </html>
```

(2) 添加表单处理页面。在 DW CS6 中打开网站 examples，打开文件夹"chapter8"下的"admin"文件夹，新增一个 PHP 文件，并将文件重命名为"doAdduser.php"，然后编辑其代码。编辑后代码如下：

```
1   <?php define('APP','newsmgs');
2       header('Content-Type:text/html;charset=utf-8');//设置字符编码
3       require_once '../common/checkFormLib.php';    //引入表单验证函数库
4       require_once '../common/mysqli_user.dao.php';    //引入用户数据表数据访问层
5       require_once '../common/tool.php';
6       //判断$_POST 是否为非空数组
7       if(!empty($_POST)){
8           $fields=array('uname','uemail','gender','head','power');
9           //表单字段若不为空，则将数据过滤后存入 save_data 指定字段中
10          foreach($fields as $v){
11              $save_data[$v]=isset($_POST[$v])?test_input($_POST[$v]):'';
12          }
13          //$error 数组保存验证后的错误信息
14          $error=array();
15          //验证用户名
16          $result=checkUsername($save_data['uname']);
17          if($result !== true){
18              $error['uname']=  $result;
19          }
20          //验证用户名是否重名
21          if( findUserByName($save_data['uname'])){
22              $error['uname']=  '用户名已经存在，请重新选择一个用户名';
23          }
24          //验证邮箱
25          $result=checkEmail($save_data['uemail']);
26          if($result !== true){
27              $error['uemail']=  $result;
28          }
29          $rs=addUser( $save_data['uname'],md5('123456'),$save_data['uemail'] ,$save_data['head'],$save_data
```

```
30              ['gender'],$save_data['power']);
31      if($rs){
32              alertGo('用户添加成功!','userlist.php');
33      }else {
34              alertBack('用户添加失败!');
35      }
36          }else{
37      //调用公共文件 error.php 显示错误提示信息
38          require '../common/error.php';
39      }
40      ?>
```

(3) 测试页面。在浏览器中运行 addUser.php，运行结果如图 8.3.3 所示。

图 8.3.3　添加用户页面运行效果

8.3.4　权限管理页面 userPower.php 的设计

在 PHP 新闻管理系统中，用户的权限分为两种：普通用户和系统管理员。普通用户不具有后台管理的权限，系统管理员既可以在前台登录也可以在后台进行网站的日常管理工作。对于普通用户，使用权限管理功能，可以进行权限升级；对于管理员用户，使用权限管理功能，可以进行权限降级为普通用户。

实现步骤：

(1) 添加页面。在 DW CS6 中打开网站 examples，打开文件夹 "chapter8" 下的 "admin" 文件夹，新增一个 PHP 文件，并将文件重命名为 "userPower.php"，然后编辑其代码。编辑后代码如下：

```
1       <!doctype html>
2       <html>
```

```
3   <head>
4   <meta charset="utf-8">
5   <title>权限管理</title>
6   <link href="style/backSTyle.css" type="text/css" rel="stylesheet">
7   </head>
8   <?php
9       require_once '../common/mysqli_user.dao.php';
10      require '../common/tool.php';
11      $user_rst=findUser();
12      if(isset($_GET['id'])&& $_GET['action']=='promote'){
13          $result=promoteUser($_GET['id']);
14          alertGo("用户提升权限设置成功","userpower.php");
15      }else if(isset($_GET['id'])&& $_GET['action']=='dePromo'){
16          $result=dePromoteUser($_GET['id']);
17          alertGo("用户权限降级设置成功","userpower.php");
18      }
19  ?>
20  <body>
21  <div id="header"><?php require_once 'top.php';?></div>
22  <div id="wrapper">
23      <div id="tableContainer">
24          <div id="left"><?php require_once 'mainleft.php';?></div>
25          <div id="main">
26              <h2 class="main-right-nav">用户管理 &gt; 权限管理</h2>
27              <table class="table">
28                  <tr><th>编号</th><th>用户名</th><th>头像</th><th>权限</th><th>性别</th><th>注册时间</th><th>操作</th></tr>
30                  <?php   if(!empty($user_rst)) {
31                      foreach($user_rst as $row){
32                  ?>
33                      <tr align="center">
34                          <td><?php echo $row['uid'];?></td>
35                          <td><?php echo $row['uname'];?></td>
36                          <td>
37                              <?php
38                              $user_headimg=$row['headimg'];
39                              $headimg_file="../headimg/".$user_headimg;
40                              ?>
41                              <img src="<?php echo $headimg_file;?>" width="30" height="30">
```

```
42                    </td>
43                    <td><?php echo $row['power'];?></td>
44                    <td><?php echo $row['gender'];?></td>
45                     <td><?php echo $row['regtime'];?></td>
46                    <td><div align="center"><a href="?id=<?php echo
47  $row['uid'];?>&action=promote" onclick="javascript:if(confirm('确定要提升该用户权限吗？')){return
48  true;}return false;">升级</a>   <a href="?id=<?php echo $row['uid'];?>&action=dePromo"
49  onclick="javascript:if(confirm('确定要降级该用户权限吗？')){return true;}return false;">降级
50  </a></div></td>
51                </tr>
52                <?php
53                    }
54                }else{
55                ?>
56                <tr align="center"><td colspan="5">查询的结果不存在！</td></tr>
57                <?php }?>
58              </table>
59           </div><!--end of main-->
60        </div><!--end of tableContainer-->
61    </div><!--end of wrapper-->
62    </body>
63    </html>
```

说明：

第 11 行代码调用 findUser()方法查询所有的用户信息。

第 12 行代码判断是否通过 get 方式传递了 id 和 action 两个参数，且 action 参数值为 promote。

第 13 行代码调用 promoteUser()方法升级用户编号为 id 参数值用户的权限。

第 14 行代码操作成功，提示"用户提升权限设置成功"并重定向到 userpower.php 页面。

第 15 行代码判断是否通过 get 方式传递了 id 和 action 两个参数，且 action 参数值为 depromo。

第 16 行代码调用 dePromoteUser()方法降级用户编号为 id 参数值的用户的权限。

第 17 行代码操作成功，提示"用户权限降级设置成功"并重定向到 userpower.php 页面。

第 46、第 47 行代码的<a>标签用来升级用户权限，并添加了 onclick 事件，用来在提升之前由用户确认是否进行操作。

第 47、第 48 行代码的<a>标签用来降级用户权限，并添加了 onclick 事件，用来在降级之前由用户确认是否进行操作。

(2) 测试页面。在浏览器中运行 userPower.php 页面，运行效果如图 8.3.4 所示。

图 8.3.4　权限管理页面运行效果

8.4　任务 4：新闻分类管理功能的设计

新闻分类管理功能主要包括新闻分类的添加、新闻分类的列表、选定新闻分类的编辑以及删除等功能。在实现新闻分类管理功能的时候，采用 PDO 来实现数据库的访问。下面首先介绍 PDO 的基本使用方法，然后介绍使用 PDO 实现新闻分类管理功能。

8.4.1　PDO 概述及其使用

PDO，即 PHP Data Object 的简称。在早前的 PHP 版本中，各种不同的数据库扩展各不兼容，每个扩展都有各种的操作函数，导致 PHP 的维护非常困难，可移植性也非常差。为了解决这一问题，PHP 开发了 PDO 数据库抽象层，当选择不同的数据库时，只需修改 PDO 中的 DSN(数据源)即可。

1. PDO 的安装

安装 PHP 5.1 以上版本都会默认安装 PDO，但在使用之前，仍需进行一些相关的配置，打开 PHP 的配置文件 php.ini，在 Dynamic Extensions 一节中，找到以下语句：

```
;extension=PHP_pdo_mssql.dll  //MSSQL Server PDO 访问驱动
extension=PHP_pdo_mysql.dll    //MySQL Server PDO 访问驱动
;extension=PHP_pdo_oci.dll    //Oracle PDO 访问驱动
extension=PHP_pdo_odbc.dll    //ODBC PDO 访问驱动
extension=PHP_pdo_sqlite.dll //Sqlite PDO 访问驱动
```

将前面的";"(注释符)去掉，意味着打开相应数据库的 PDO 驱动程序扩展。保存修改后的 php.ini 文件，重启 apache 服务器，即完成了 PDO 的启用。这时可以查看 PHPinfo 函数，图 8.4.1 所示表示 PDO 启用成功。

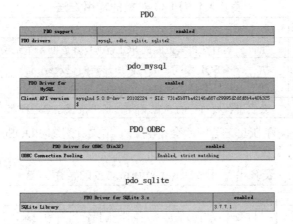

图 8.4.1　PHPinfo()函数输出 PDO 配置结果

2．PDO 的使用

（1）创建 PDO 对象并连接数据库。在使用 PDO 与数据库交互之前，必须先创建 PDO 对象。创建 PDO 对象的方法有多种，其中最简单的一种方法如下：

对象名=new PDO(DSN, username, password, [driver_options]);

第 1 个参数 DSN 是数据源名称，用来指定一个要连接的数据库和连接使用的驱动程序。其语法格式如下：

驱动程序名：参数名=参数值；参数名=参数值

例如，连接 MySQL 数据库和连接 Oracle 数据库的 DSN 格式分别如下：

mysql:host=localhost;dbname=db_news;

oci:dbname=//localhost:1521/mydb

第 2 个参数和第 3 个参数分别用于指定连接数据库的用户名和密码。

第 4 个参数是一个数组，用来指定连接所需的所有额外选项。

下面代码演示了使用 PDO 连接到 MySQL 的 db_news 数据库的过程。

```
1   <?php
2       try{
3           $dsn="mysql:host=localhost;dbname=db_news";
4           $conn=new PDO($dsn, 'root', 'root');
5           $conn->query("set names utf8");
6           echo '数据库连接成功!';
7       }catch(PDOException $ex){
8           print "Error:" .$ex->getMessage(). "<br>";
9           die();
10      }
11  ?>
```

（2）查询数据。当 PDO 对象成功创建后，与数据库的连接已经创建好，就可以使用该对象进行数据访问了。PDO 对象的常用方法如表 8.4.1 所示。

表 8.4.1　PDO 对象的常用方法

序号	方法名	描述
1	query()	执行一条有结果集返回的 SQL 语句，并返回一个结果集 PDOStatement 对象
2	exec()	执行一条 SQL 语句，并返回所影响的记录数
3	lastInsertId()	获取最近一条插入到表中记录的自增 id 值
4	prepare()	负责准备要执行的 SQL 语句，用于执行存储过程等

调用 query()方法执行 Select 语句后会得到一个结果集对象 PDOStatement，该对象的常用方法如表 8.4.2 所示。

表 8.4.2　PDOStatement 对象的常用方法

序号	方法名	描述
1	fetch()	以数组或对象的形式返回当前指针指向的记录，并将结果集指针移动下一行，当到达结果集末尾时返回 false
2	fetchAll()	返回结果集中所有的行，并赋给返回的二维数组，指针指向结果集末尾
3	rowcount()	返回结果集中的记录总数
4	columnCount()	返回结果集的总列数

PDO 访问数据库和 MySQL 扩展返回数据库的步骤基本一致，即：① 连接数据库；② 设置字符集；③ 创建结果集；④ 读取一条记录到数组；⑤ 将数组元素显示在页面上。

(3) 增、删、改数据。如果要用到 PDO 对数据库执行添加、修改、删除操作，可以使用 exec()方法，该方法将处理一条 SQL 语句，并返回所影响的记录条数。

(4) 使用 prepare 方法执行预处理语句。PDO 提供了对所预处理语句的支持，预处理语句的作用是：编译一次，多次执行。它会在服务器缓存查询的语法和执行过程，并只在服务器和客户端之间传输有变化的列值，从而减少额外的开销；同时对于复杂查询来说，通过预处理语句可以避免重复分析、编译和优化的环境，并能有效防止 SQL 注入。执行预处理的过程如下：

① 在 SQL 语句中添加占位符。PDO 支持两种占位符，即问号占位符和命名参数占位符。例如：

$sql="insert into tbl_user(uid,uname,upass,head,regtime,gender) values (?,?,?,?,?,?)";
$sql="insert into tbl_user(uid,uname,upass,head,regtime,gender) values (:uid,:uname,:upass,:head,:regtime,:gender)";

② 使用 prepare()方法准备执行预处理语句。该方法返回一个 PDOStatement 类对象。例如：

$stmt=$conn->prepare($sql);

③ 绑定参数。使用 bindParam()方法将参数绑定到准备好的查询占位符上。例如：

$stmt->bindParam(1,$uid);
$stmt->bindParam(":uid",$uid);

④ 使用 execute()方法执行一条预处理语句。其语法格式如下：

bool PDOStatement::execute ([array $input_parameters])

在上述声明中，可选参数$input_parameters 表示一个元素个数与预处理语句中占位符数量一样多的数组，用于为预处理语句中的占位符赋值。当占位符为问号占位符时，需为

execute()方法传递一个索引数组参数；当占位符为命名参数占位符时，需为 execute()方法传递一个关联数组参数。

8.4.2 使用 PDO 实现数据库操作层

在 DW CS6 中打开网站 examples，打开文件夹"chapter8"下的"common"文件夹，新增一个 PHP 文件，并将文件重命名为"pdo_common.php"，用来实现 PDO 数据库访问方法。编辑后的代码如下：

```php
1   <?php
2   //建立与 MySQL 数据库的连接
3     function pdo_get_connect(){
4         //数据库默认连接信息
5         $config = array(
6             'host' => '127.0.0.1',
7             'user' => 'root',
8             'password' => 'root',
9             'charset' => 'utf8',
10            'dbname' => 'db_news',
11            'port' => 3306
12        );
13        try{
14          $dsn="mysql:host=".$config['host'].";dbname=".$config['dbname'];
15          $link=new PDO($dsn,$config['user'],$config['password']);
16          $link->query("set names ".$config['charset']);
17        }catch(PDOException $ex){
18            die('数据库连接失败!') . $ex->getMessage();
19        }
20       return $link;
21    }
22
23   //执行查询操作
24     function pdo_execQuery($strQuery,$params){
25        $link=pdo_get_connect();
26        $stmt=$link->prepare($strQuery);
27        $stmt->execute($params);
28        $result=$stmt->fetchAll(PDO::FETCH_ASSOC);
29        return $result;
30     }
31
```

```
32      //执行增、删、改操作
33      function pdo_execUpdate($strUpdate,$params){
34          $link= pdo_get_connect();
35          $stmt=$link->prepare($strUpdate);
36          $result=$stmt->execute($params);
37          return $result;
38      }
39  ?>
```

说明:

第 5~12 行代码使用关联数组$config 保存系统的配置信息。

第 14 行代码构造 DSN(数据源名称)。

第 15 行代码创建 PDO 对象。

第 16 行代码设置字符编码。

第 13~19 行代码使用 try…catch 语句块捕获是否发生 PDOException 类型异常。

8.4.3 使用 PDO 实现新闻分类数据访问层

在 DW CS6 中打开网站 examples,打开文件夹"chapter8"下的"common"文件夹,新增一个 PHP 文件,并将文件重命名为"pdo_newsclass.dao.php",用来实现 PDO 方法的新闻分类表的数据访问层。编辑后代码如下:

```
1   <?php
2   /**新闻分类信息操作文件**/
3   require_once 'pdo_common.php';
4   //添加新闻分类
5   function addNewsClass($classname,$classdesc){
6       $sql = "insert into `tbl_newsclass` (`classname`,`classdesc`) values (?,?)";
7       $params=array($classname,$classdesc);
8       $result=pdo_execUpdate($sql,$params);
9       return $result;
10  }
11  //编辑新闻分类
12  function updateNewsClass($classname,$classdesc,$classid){
13      $sql = "update `tbl_newsclass` set `classname`=?,`classdesc`=? where `classid`=?";
14      $params=array($classname,$classdesc,$classid);
15      $result=pdo_execUpdate($sql,$params);
16      return $result;
17  }
18  //删除新闻分类
19  function deleteNewsClass($classid){
```

```php
20        $sql="delete from `tbl_newsclass` where `classid`=?";
21        $params=array($classid);
22        $result=pdo_execUpdate($sql,$params);
23        return $result;
24    }
25    //根据编号查找新闻分类
26    function findNewsClassById($classid){
27        $sql = "select * from `tbl_newsclass` where `classid`=?";
28        $params=array($classid);
29        $result=pdo_execQuery($sql,$params);
30    if(count($result)>0){return $result[0];}
31        return $result;
32    }
33    //查找新闻分类信息
34    function findNewsClass(){
35        $sql = "select * from `tbl_newsclass` ";
36        $params=array();
37        $result=pdo_execQuery($sql,$params);
38        return $result;
39    }
40    ?>
```

8.4.4 新闻分类列表页 newsClassList.php 的设计

新闻类别列表实现对所有已有新闻分类的管理，包括新闻分类的编辑和新闻分类的删除。新闻分类列表功能运行效果如图 8.4.2 所示。

图 8.4.2 新闻分类列表运行效果

下面介绍新闻分类列表功能的实现步骤。

实现步骤：

在 DW CS6 中打开网站 examples，打开文件夹"chapter8"下的"admin"文件夹，新增一个 PHP 文件，并将文件重命名为"newsclassList.php"，然后编辑其代码。编辑后的代码如下：

```
1    <!doctype html>
2    <html>
3    <head>
4    <meta charset="utf-8">
5    <title>新闻分类列表</title>
6    <link href="style/backSTyle.css" type="text/css" rel="stylesheet">
7    </head>
8    <?php
9      require_once '../common/pdo_newsclass.dao.php';
10     require_once '../common/news.dao.php';
11     require_once '../common/tool.php';
12     $newsclass_rst=findNewsClass();
13     if(isset($_GET['id'])){
14         $news_rst= findNewsByClassid($_GET['id']);
15         if(!empty($news_rst)){
16             alertGo('该新闻分类下有新闻,不能删除','newsclasslist.php');
17         }
18         $result=deleteNewsClass($_GET['id']);
19         if($result)    alertGo('新闻分类删除成功','newsclasslist.php');
20     }
21   ?>
22   <body>
23   <div id="header"><?php require_once 'top.php';?></div>
24   <div id="wrapper">
25       <div id="tableContainer">
26           <div id="left"><?php require_once 'mainleft.php';?></div>
27           <div id="main">
28               <h2 class="main-right-nav">新闻类别管理 &gt; 类别列表</h2>
29               <table class="table">
30                   <tr><th>编号</th><th>分类标题</th><th>分类描述</th><th>操作</th></tr>
31                   <?php   if(!empty($newsclass_rst)) {
32                       foreach($newsclass_rst as $row){
33                   ?>
34                       <tr align="center">
```

```
35                    <td><?php echo $row['classid'];?></td>
36                    <td><?php echo $row['classname'];?></td>
37                    <td><?php echo $row['classdesc'];?></td>
38                    <td><div align="center"><a href="updateNewsclass.php?id=<?php echo $row
39  ['classid'];?>"> 编 辑 </a>   <a href="?id=<?php echo $row['classid'];?>" onclick=
40  "javascript:if(confirm('确定要删除此信息吗？')){return true;}return false;">删除</a></div></td>
41                    </tr>
42                <?php
43                    }
44                }else{
45                ?>
46                    <tr align="center"><td colspan="5">查询的结果不存在！</td></tr>
47                <?php }?>
48            </table>
49        </div><!--end of main-->
50      </div><!--end of tableContainer-->
51  </div><!--end of wrapper-->
52  </body>
53  </html>
```

说明：

第 9 行代码包含使用 PDO 对象实现的新闻列表数据访问层。

第 12 行代码调用 findNewsClass() 方法获取所有的新闻列表信息，并保存在变量 $newsclass_rst 中。

第 13 行代码判断是否有通过 get 方法传递参数 id 的值。第 14~16 行代码当传递了参数 id 时，即意味着需要删除编号为参数 id 值的新闻分类信息。在删除新闻分类之前，首先需要判断是否存在具有该分类下的新闻信息，即第 14 行代码调用 findNewsByClassid() 按照新闻编号查找新闻信息，如果查找的结果不为空，则提示用户"该新闻分类下有新闻，不能删除"，并重定向到 newsclasslist.php 页面。这样就可以防止出现由于外键约束而带来的删除错误。

第 18 行代码调用 deleteNewsClass() 方法删除编号为参数 id 值的新闻列表信息。

第 19 行代码删除操作成功则提示信息"新闻分类删除成功"，并重定向到 newsclasslist.php 页面。

第 31 行代码判断保存新闻分类列表的结果集 $newsclass_rst 是否为空。

第 32 行代码不为空时，一次遍历新闻分类结果集，将每条新闻分类信息显示在表格的一行上。

第 38、第 39 行代码的超链接用来实现编辑新闻分类页面的跳转，并通过参数 id 传递新闻分类编号。

第 39、第 40 行代码的超链接用来实现删除新闻分类信息，onclick 单击事件使用 javascript 进行删除之前的确认。

第 47 行代码是新闻分类信息不存在时网页显示的情况。

8.4.5 新闻分类编辑页 updateNewsClass.php 的设计

用户访问新闻列表管理页面选定新闻列表进行编辑，即可跳转到新闻分类编辑页面。新闻分类编辑页面运行效果如图 8.4.3 所示。

图 8.4.3 编辑新闻分类运行效果

实现步骤：

（1）添加编辑页面。在 DW CS6 中打开网站 examples，打开文件夹"chapter8"下的"admin"文件夹，新增一个 PHP 文件，并将文件重命名为"updateNewsclass.php"，然后编辑其代码。编辑后的代码如下：

```
1     <!doctype html>
2     <html>
3     <head>
4     <meta charset="utf-8">
5     <title>编辑新闻类别信息</title>
6     <link href="style/backSTyle.css" type="text/css" rel="stylesheet">
7     </head>
8     <?php
9         require_once '../common/pdo_newsclass.dao.php';
10        if(isset($_GET)){
11            $classid=$_GET['id'];
12            $row=findNewsClassById($classid);
13        }
14    ?>
15    <body>
```

```
16    <div id="header"><?php require_once 'top.php';?></div>
17    <div id="wrapper">
18        <div id="tableContainer">
19            <div id="left"><?php require_once 'mainleft.php';?></div>
20            <div id="main">
21                <h2 class="main-right-nav">新闻类别管理 &gt; 编辑新闻类别信息</h2>
22                <form method="post" action="doUpdateNewsClass.php">
23                <input type="hidden" name="classid" value="<?php echo $row['classid'];?>"/>
24                <table class="table">
25                    <tr>
26                        <th>新闻类别标题：</th><td><input type="text" class="form-text"
27 name="classname" value="<?php echo $row['classname'];?>"></td>
28                    </tr>
29                    <tr>
30                        <th>新闻类别描述：</th><td><textarea name="classdesc" class="textarea" ><?php
31 echo $row['classdesc'];?></textarea></td>
32                    </tr>
33                    <tr>
34                        <td colspan="2" align="center"><input type="submit" value=" 确认修改 "
35 class="form-btn">  </td>
36                    </tr>
37                </table>
38                </form>
39            </div><!--end of main-->
40        </div><!--end of tableContainer-->
41    </div><!--end of wrapper-->
42  </body>
43  </html>
```

说明：

第 9 行代码包含使用 PDO 对象实现的新闻分类表数据访问层文件。

第 10 行代码判断是否通过 get 方法传递参数。

第 11 行代码获取 get 方法传递的参数 id 的值并保存到变量$classid 中。

第 12 行代码调用 findNewsClassById()方法获取指定编号的新闻分类信息，即需要编辑的新闻分类信息，将之保存到变量$row 中。

第 26、第 27 行代码在输入文本框中显示新闻分类的标题以供用户查看或编辑。

第 30、第 31 行代码在输入多行文本框中显示新闻分类的描述以供用户查看或编辑。

（2）添加表单处理页面。在 DW CS6 中打开网站 examples，打开文件夹"chapter8"下的"admin"文件夹，新增一个 PHP 文件，并将文件重命名为"doUpdateNewsclass.php"，然后编辑其代码。编辑后的代码如下：

```php
1  <?php define('APP','newsmgs');
2    header('Content-Type:text/html;charset=utf-8');//设置字符编码
3    require '../common/checkFormLib.php';    //引入表单验证函数库
4    require '../common/pdo_newsclass.dao.php';    //引入用户数据表数据访问层
5    require '../common/tool.php';
6      //判断$_POST 是否为非空数组
7    if(!empty($_POST)){
8      $fields=array('classid','classname','classdesc');
9      //表单字段若不为空,则将数据过滤后存入 save_data 指定字段中
10     foreach($fields as $v){
11       $save_data[$v]=isset($_POST[$v])?test_input($_POST[$v]):'';
12     }
13     //$error 数组保存验证后的错误信息
14     $error=array();
15     if(empty($error)){
16       //表单数据全部符合要求
17  $rs=updateNewsClass($save_data['classname'],$save_data['classdesc'],$save_data['classid']);
18       if($rs){
19         alertGo("新闻类别编辑成功","newsclasslist.php");
20       }else {
21         alertBack('新闻类别编辑失败');
22       }
23     }else{
24       //调用公共文件 error.php 显示错误提示信息
25       require '../common/error.php';
26     }
27   }
28   ?>
```

说明:

第 4 行代码包含使用 PDO 对象实现的新闻分类数据访问层文件。

第 7 行代码判断通过 post 方式传递的参数是否不为空。

第 8 行代码建立一个包含 classid、classname 和 classdesc 三个元素的数组$fields。

第 10~12 行代码遍历数组变量$fields,将$_POST 中传递的参数值保存到$save_data 中。

第 14 行代码定义数组变量$error,用来保存数据验证后的错误信息。

第 15 行代码判断$error 是否为空,为空意味着没有验证错误发生。

第 17 行代码调用 updateNewsClass()方法进行新闻分类信息的编辑。

第 19 行代码操作成功时,调用 alertGo()方法提示成功信息并重定向至 newsclasslist.php 页面。

第 21 行代码操作失败时，调用 alertBack()方法提示失败信息并回退到上一个页面。

第 26 行代码当$error 变量不为空时，包含错误信息并在显示页面显示错误信息。

8.4.6 新闻分类添加页 addNewsClass.php 的设计

添加新闻分类用来实现新的新闻分类信息的添加。页面运行效果如图 8.4.4 所示。

图 8.4.4 新闻分类添加运行效果

实现步骤：

（1）添加编辑页面。在 DW CS6 中打开网站 examples，打开文件夹"chapter8"下的"admin"文件夹，新增一个 PHP 文件，并将文件重命名为"addNewsclass.php"，然后编辑其代码。编辑后的代码如下：

1	`<!doctype html>`
2	`<html`
3	`<head>`
4	`<meta charset="utf-8">`
5	`<title>添加新闻分类</title>`
6	`<link href="style/backSTyle.css" type="text/css" rel="stylesheet">`
7	`</head>`
8	`<body>`
9	`<div id="header"><?php require_once 'top.php';?></div>`
10	`<div id="wrapper">`
11	`    <div id="tableContainer">`
12	`        <div id="left"><?php require_once 'mainleft.php';?></div>`
13	`        <div id="main">`
14	`            <h2 class="main-right-nav">新闻类别管理 &gt; 添加类别</h2>`
15	`            <form method="post" action="doAddNewsClass.php">`
16	`<table class="table">`
17	`    <tr>`
18	`        <th>新闻类别标题：</th><td><input type="text" class="form-text" name="classname"`

```
19          required></td>
20              </tr>
21              <tr>
22                  <th>新闻类别描述：</th>
23                  <td><textarea name="classdesc" class="textarea" ></textarea></td>
24              </tr>
25              <tr>
26                  <td colspan="2" align="center"><input type="submit" value=" 确 认 添 加 "
27  class="form-btn">   <input type="reset" value="重新填写" class="form-btn"></td>
28              </tr>
29          </table>
30      </form>
31      </div><!--end of main-->
32      </div><!--end of tableContainer-->
33  </div><!--end of wrapper-->
34  </body>
35  </html>
```

(2) 添加表单处理页面。在 DW CS6 中打开网站 examples，打开文件夹"chapter8"下的"admin"文件夹，新增一个 PHP 文件，并将文件重命名为"doAddNewsclass.php"，然后编辑其代码。编辑后的代码如下：

```
1   <?php define('APP','newsmgs');
2       header('Content-Type:text/html;charset=utf-8');//设置字符编码
3       require '../common/checkFormLib.php';   //引入表单验证函数库
4       require '../common/pdo_newsclass.dao.php';   //引入用户数据表数据访问层
5       require '../common/tool.php';
6       //判断$_POST 是否为非空数组
7   if(!empty($_POST)){
8       $fields=array('classname','classdesc');
9       //表单字段若不为空，则将数据过滤后存入 save_data 指定字段中
10      foreach($fields as $v){
11        $save_data[$v]=isset($_POST[$v])?test_input($_POST[$v]):'';
12      }
13      //$error 数组保存验证后的错误信息
14      $error=array();
15      if(empty($error)){
16        //表单数据全部符合要求
17          $rs=addNewsClass($save_data['classname'],$save_data['classdesc']);
18          if($rs){
19              alertGo("新闻类别添加成功","newsclasslist.php");
```

```
20            }else {
21                alertBack('新闻类别添加失败');
22            }
23        }else{
24            //调用公共文件 error.php 显示错误提示信息
25            require '../common/error.php';
26        }
27    }
28    ?>
```

说明：

第 4 行代码包含使用 PDO 对象实现的新闻分类数据访问层文件。

第 7 行代码判断是否通过 post 方法传递了参数。

第 8 行代码创建数组变量$fields，保存字段名 classname 和 classdesc。

第 10~12 行代码循环处理每一个字段值，并保存到$save_data 中。

第 17 行代码调用 addNewsClass()方法添加新的新闻分类。

第 19 行代码添加操作成功后，提示"新闻类别添加成功"，并重定向到 newslist.php 页面。

第 21 行代码添加操作失败时，提示"新闻类别添加失败"，并返回到前一个页面。

8.5 任务 5：新闻信息管理功能的设计

新闻信息管理是 PHP 新闻后台管理系统的核心功能。新闻的编辑采用富文本框编辑。富文本框是一种可内嵌于浏览器，所见即所得的文本编辑器，它提供类似于 MS Word 的编辑功能，为不会编写 HTML 但需要设置文本格式的用户所喜爱。

8.5.1 第三方编辑控件 KindEditor 的介绍

PHP 新闻管理系统在用户添加新闻时，经常需要对文字进行排版，设置字体、字号、颜色等功能，甚至需要上传图片增加文章的可读性。为此，可以使用在线文本编辑器简化用户的操作。

目前，使用比较广泛的在线文本编辑器是 KindEditor，它是一套开源的在线 HTML 编辑器，主要用于在线获得所见即所得的编辑效果。开发人员可以用 KindEditor 把传统的多行文本输入框(textarea)替换为可视化的富文本输入框。本书以"KindEditor 4.1.11"为例来介绍该组件的使用方法。

(1) 从 KindEditor 网站下载组件包"kindeditor-4.1.11-zh-CN.zip"后解压，然后将表 8.5.1 中的文件和文件夹复制到项目工程中。例如，在 PHP 新闻管理系统中将清单所列文件复制到项目工程的"kindeditor"文件夹中。添加后的文件夹视图如图 8.5.1 所示。

表 8.5.1　KindEditor 组件程序包清单

序号	文件名或文件夹名	描　述
1	\lang	组件参数
2	\plugins	组件视图插件
3	\thems	组件视图模板
4	kindeditor-all.js 或 kindeditor-all-min.js	组件 API 库，kindeditor-all.js 是未压缩版，用于测试或开发；kindeditor-all-min.js 是压缩版，用于实际的网站

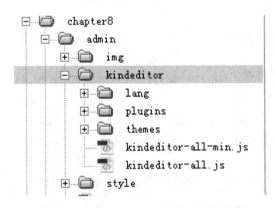

图 8.5.1　添加 kindEditor 文件夹后的视图

(2) 在页面中使用下面的程序段将组件引入，这样就可以在页面中使用 KindEditor 组件。

```
1   <script charset="utf-8" src="kindeditor/kindeditor-all.js"></script>
2   <script charset="utf-8" src="kindeditor/lang/zh-CN.js"></script>
3   <script type="text/javascript">
4   //初始化在线文本编辑器
5   var editor;
6     KindEditor.ready(function(K){
7           editor=K.create('textarea[name="content"]',{
8           cssPath:'kindeditor/plugins/code/prettify.css',
9           allowImageUpload:false,allFlashUpload:false,
10          allowMediaUpload:false });
11          prettyPrint();
12      });
13  </script>
14  ……
15  <textarea name="content"></textarea>
```

说明：

上述程序中第 7 行代码使用 K.create()方法创建编辑器组件，其中第一个参数值是将

KindEditor 组件绑定到 HTML 的输入框组件。这里使用参数值"textarea[name="content"]"，将编辑器绑定到名为"content"的多行文本输入框中，这样就可以在页面中使用该组件了。

8.5.2 使用 KindEditor 控件实现新闻发布功能

新闻发布页面用来发布新闻，在发布时需要输入新闻的标题、选择新闻的分类和输入新闻的内容，需要在页面上添加两个输入框，此外还需要在页面上动态保存新闻所需分类的相关信息。新闻发布页面运行效果如图 8.5.2 所示。

图 8.5.2　新闻发布页面运行效果

实现步骤：

（1）添加新闻发布页面。在 DW CS6 中打开网站 examples，打开文件夹"chapter8"下的"admin"文件夹，新增一个 PHP 文件，并将文件重命名为"addNews.php"，然后编辑其代码。编辑后的代码如下：

```
1   <!doctype html>
2   <html>
3   <head>
4   <meta charset="utf-8">
5   <title>添加新闻</title>
6   <link href="style/backSTyle.css" type="text/css" rel="stylesheet">
7   </head>
8   <script charset="utf-8" src="kindeditor/kindeditor-all.js"></script>
9   <script charset="utf-8" src="kindeditor/lang/zh-CN.js"></script>
10  <script type="text/javascript">
11  //初始化在线文本编辑器
12  var editor;
13    KindEditor.ready(function(K){
14        editor=K.create('textarea[name="content"]',{
15            cssPath:'kindeditor/plugins/code/prettify.css',
```

```
16                    allowImageUpload:false,allFlashUpload:false,
17                    allowMediaUpload:false});
18                    prettyPrint();
19             });
20        </script>
21        <?php
22          require '../common/pdo_newsclass.dao.php';
23          $category=findNewsClass();
24        ?>
25        <body>
26        <div id="header"><?php require_once 'top.php';?></div>
27        <div id="wrapper">
28             <div id="tableContainer">
29                  <div id="left"><?php require_once 'mainleft.php';?></div>
30                  <div id="main">
31                       <h2 class="main-right-nav">新闻管理 &gt; 发布新闻</h2>
32                       <form method="post" action="doAddNews.php">
33                       <table class="table">
34                            <tr>
35                                 <th>新闻标题：</th><td><input type="text" class="form-text" name="title" style=
36        "width:500px" required></td>
37                            </tr>
38                            <tr>
39                                 <th>新闻类别：</th><td><select name="classid">
40                                      <?php foreach($category as $row){
41                                           echo "<option value='".$row['classid']."'>".$row['classname']."</option>";
42                                      }
43                                      ?>
44                            </tr>
45                            <tr>
46                                 <th>新闻内容：</th>
47                                 <td><textarea name="content"></textarea></td>
48                            </tr>
49                            <tr>
50                                 <td  colspan="2"  align="center"><input  type="submit"  value="确 认 发 布 "
51        class="form-btn">   <input type="reset" value="重新填写" class="form-btn"></td>
52                            </tr>
53                       </table>
54                  </form>
```

55	\</div\>\<!--end of main--\>
56	\</div\>\<!--end of tableContainer--\>
57	\</div\>\<!--end of wrapper--\>
58	\</body\>
59	\</html\>

说明：

第 8~20 行代码将组件 KindEditor 使用的代码段包含在页面中，以方便使用 KindEditor 组件。

第 22 行代码包含新闻分类的数据访问层文件。

第 23 行代码调用 findNewsClass()方法查询所有的新闻分类信息，并保存到变量 $category 中，用来实现添加新闻时选择所属的新闻分类。

第 40 行代码循环遍历$category 变量以取出每一条新闻分类信息。

第 41 行代码将去除的新闻分类的编号赋值给下拉列表 option 选项的 value 属性，同时将新闻分类的名称显示给用户查看。在新闻数据表设计中，所属分类存放的是新闻分类的编号，但看到新闻分类的编号，用户对于新闻分类的名称并不清楚，因此需要将新闻分类名称显示给用户查看。

第 47 行代码使用 textarea 多行输入文本框，其 name 属性和 KindEditor 中绑定的第一个参数一致，意味着这个 name 属性值为 content 的多行文本框将显示为富文本框，用户可以进行各种格式编辑，而且可以实现所见即所得的编辑效果。

（2）添加表单处理页面。在 DW CS6 中打开网站 examples，打开文件夹 "chapter8" 下的 "admin" 文件夹，新增一个 PHP 文件，并将文件重命名为 "doAddNews.php"，然后编辑其代码。编辑后的代码如下：

1	\<?php define('APP','newsmgs');
2	header('Content-Type:text/html;charset=utf-8');//设置字符编码
3	require '../common/checkFormLib.php'; //引入表单验证函数库
4	require '../common/news.dao.php'; //引入用户数据表数据访问层
5	require '../common/tool.php';
6	//判断$_POST 是否为非空数组
7	if(!empty($_POST)){
8	$fields=array('title','content','classid');
9	//表单字段若不为空，则将数据过滤后存入 save_data 指定字段中
10	foreach($fields as $v){
11	$save_data[$v]=isset($_POST[$v])?test_input($_POST[$v]):'';
12	}
13	//$error 数组保存验证后的错误信息
14	$error=array();
15	//验证新闻标题
16	$result=checkNewsTitle($save_data['title']);
17	if($result !== true){

```
18              $error['title']=   $result;
19          }
20      session_start();
21      $userinfo = $_SESSION['back_userinfo'];
22      $uid=$userinfo['id'];//取登录用户的编号
23      if(empty($error)){
24          //表单数据全部符合要求
25          $rs=addNews($save_data['title'],$save_data['content'],$uid,$save_data['classid']);
26          if($rs){
27              alertGo("新闻添加成功","newslist.php");
28          }else {
29              alertBack('新闻添加失败');
30          }
31      }else{
32          //调用公共文件 error.php 显示错误提示信息
33          require '../common/error.php';
34      }
35      }
36      ?>
```

说明：

第 7 行代码判断是否通过 post 方式传递了参数值。

第 8 行代码在$fields 中保存了新闻表需要插入数据的几个字段名。

第 10~12 行代码将 post 方式传递的参数值保存到变量$save_data 中。

第 14 行代码定义一个空数组变量$error，用来保存表单数据校验后的错误信息。

第 16 行代码调用 checkNewsTitle()校验新闻标题信息是否符合要求。

第 17~19 行代码当不符合要求时，将错误信息写入$error 中。

第 21 行代码将用户登录成功时保存的 session 变量"back_userinfo"取出，并保存在变量$userinfo 中。

第 22 行代码将登录用户的编号取出存在变量$uid 中。该用户编号将作为新闻的作者保存在新闻数据表中。

第 25 行代码调用 addNews()方法添加一条新闻信息，$rs 将返回添加操作的结果。

第 27 行代码当操作成功时，调用 alertGo()方法提示用户"新闻添加成功"，并重定向到 newslist.php 中。

第 29 行代码操作失败时，调用 alertBack()方法提示用户"新闻添加失败"，并返回到前一个页面。

8.5.3 新闻列表页 newsList.php 的设计

新闻列表页面用来实现对所有的新闻信息进行管理，用户可以选择新闻进行编辑或者删除。页面运行效果如图 8.5.3 所示。

图 8.5.3 新闻列表页面运行效果

实现步骤：

(1) 添加新闻列表页面。在 DW CS6 中打开网站 examples，打开文件夹"chapter8"下的"admin"文件夹，新增一个 PHP 文件，并将文件重命名为"newsList.php"，然后编辑其代码。编辑后的代码如下：

```
1    <!doctype html>
2    <html>
3    <head>
4    <meta charset="utf-8">
5    <title>新闻列表</title>
6    <link href="style/backSTyle.css" type="text/css" rel="stylesheet">
7    </head>
8    <?php
9       require_once '../common/news.dao.php';
10      require_once '../common/tool.php';
11      require_once '../common/reply.dao.php';
12      require_once '../common/pdo_newsclass.dao.php';
13      require_once '../common/mysqli_user.dao.php';
14      $news_rst=findNews();
15      if(isset($_GET['id'])){
16         //新闻有评论信息在，不能删除
17         $reply_rst= findReplyByNewsid($_GET['id']);
18         if(!empty($reply_rst)){
19            alertGo('该新闻有用户评论，不能删除','newslist.php');
```

```php
20              }
21              $result=deleteNews($_GET['id']);
22              alertGo("新闻删除成功","newslist.php");
23          }
24      ?>
25  <body>
26  <div id="header"><?php require_once 'top.php';?></div>
27  <div id="wrapper">
28      <div id="tableContainer">
29          <div id="left"><?php require_once 'mainleft.php';?></div>
30          <div id="main">
31              <h2 class="main-right-nav">新闻管理 &gt; 新闻列表</h2>
32              <table class="table">
33                  <tr><th>编号</th><th>新闻分类</th><th>新闻作者</th><th>发布时间</th><th>新闻标题</th><th>操作</th></tr>
34  
35                  <?php  if(!empty($news_rst)) {
36                      foreach($news_rst as $row){
37                  ?>
38                  <tr align="center">
39                      <td><?php echo $row['newsid'];?></td>
40                      <td>
41                          <?php
42                              $classid=$row['classid'];
43                              $newsclass_row=findNewsClassById($classid);
44                              echo $newsclass_row['classname'];
45                          ?></td>
46                      <td>
47                          <?php
48                              $uid=$row['uid'];
49                              $user_row=findUserById($uid);
50                              echo $user_row['uname'];
51                          ?></td>
52                      <td><?php echo $row['publishtime'];?></td>
53                      <td><?php echo mb_substr(trim($row['title']),0,15,'utf-8').'...';?></td>
54                      <td><div align="center"><a href="updateNews.php?id=<?php echo $row['newsid'];?>">编辑</a>   
56                          <a href="?id=<?php echo $row['newsid'];?>" onclick="javascript:if(confirm('确定要删除此信息吗？')){return true;}return false;">删除</a></div> </td>
58                  </tr>
```

59	<?php
60	}
61	}else{
62	?>
63	<tr align="center"><td colspan="5">查询的结果不存在！</td></tr>
64	<?php }?>
65	</table>
66	</div><!--end of main-->
67	</div><!--end of tableContainer-->
68	</div><!--end of wrapper-->
69	</body>
70	</html>

说明：

第 9 行代码将新闻表数据访问层文件包含进来。

第 10 行代码将所需的两个工具函数所在的文件包含进来。

第 11 行代码将用户评论表数据访问层文件包含进来。

第 12 行代码将新闻分类表数据访问层文件包含进来。

第 13 行代码将用户表数据访问层文件包含进来。

第 14 行代码调用 findNews() 方法查询所有的新闻信息并保存到$news_rst 中。

第 15 行代码判断是否有通过 get 方法传递的参数 id。

第 17~22 行代码为传递参数 id 时，即需要删除新闻信息。在删除新闻之前，首先需要判断是否有相关的评论存在，若有评论，则不能删除新闻。第 17 行代码调用 findReplyByNewsid()方法根据新闻编号查询新闻评论。第18行代码当查询的评论不为空时，提示用户"该新闻有用户评论，不能删除"，并重定向到 newslist.php 页面；评论为空时，第 21 行代码则调用 deleteNews()方法删除编号为参数 id 值的新闻信息。

第 36 行代码当$news_rst 不为空时，循环遍历$news_rst 取出一条新闻信息，并将新闻的各个字段值显示在表格的一行中。

第 42~44 行代码根据新闻所在新闻类别编号找出新闻分类名称。

第 48~50 行代码根据用户编号找出新闻作者姓名。

第 53 行代码中，使用函数 mb_substr()截取最多 15 个字符长度的新闻标题。mb_str($str, $start, $length, $encoding)中，$str 是要截断的字符串，$start 为截断开始处，$length 为长度，一个中文字符、英文字符的长度均为 1，$encoding 为字符编码。

第 54、第 55 行代码为跳转到新闻编辑页面的超链接。

第 56、第 57 行代码为跳转到新闻删除页的超链接。

8.5.4 新闻编辑页 updateNews.php 的设计

新闻编辑页的界面设计和新闻添加页面有点儿类似。从新闻列表页面选中新闻单击编辑链接即可跳转到新闻编辑页面，在新闻编辑页面使用输入控件将新闻的标题、类别和内容显示出来，用户可以直接上页面上修改，单击"确认修改"按钮后可将所做修改写入数据库永久保存。页面运行效果如图 8.5.4 所示。

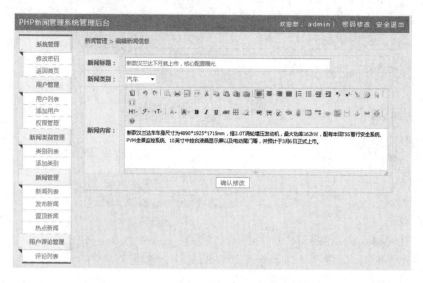

图 8.5.4　新闻编辑页面运行效果

实现步骤：

(1) 添加编辑页面。在 DW CS6 中打开网站 examples，打开文件夹"chapter8"下的"admin"文件夹，新增一个 PHP 文件，并将文件重命名为"updateNews.php"，然后编辑其代码。编辑后的代码如下：

1	`<!doctype html>`
2	`<html>`
3	`<head>`
4	`<meta charset="utf-8">`
5	`<title>`编辑新闻信息`</title>`
6	`<link href="style/backSTyle.css" type="text/css" rel="stylesheet">`
7	`<script charset="utf-8" src="kindeditor/kindeditor-all.js"></script>`
8	`<script charset="utf-8" src="kindeditor/lang/zh-CN.js"></script>`
9	`<script type="text/javascript">`
10	`//初始化在线文本编辑器`
11	`var editor;`
12	`KindEditor.ready(function(K){`
13	`editor=K.create('textarea[name="content"]',{`
14	`cssPath:'kindeditor/plugins/code/prettify.css',`
15	`allowImageUpload:false,allFlashUpload:false,`
16	`allowMediaUpload:false});`
17	`prettyPrint();`
18	`});`

```php
19  </script>
20  <?php
21      require_once '../common/pdo_newsclass.dao.php';
22      require_once '../common/news.dao.php';
23      require '../common/tool.php';
24      session_start();
25      $newsid=$_GET['id'];
26      $row=findNewsById($newsid);
27      //仅新闻作者可以修改新闻内容
28      $uid=$row['uid'];
29      $userinfo = $_SESSION['back_userinfo'];
30      if($uid!=$userinfo['id'])
31      {
32          alertGo("没有权限修改新闻内容!","newslist.php");
33          die();
34      }
35      $category=findNewsClass();
36  ?>
37  <body>
38  <div id="header"><?php require_once 'top.php';?></div>
39  <div id="wrapper">
40      <div id="tableContainer">
41          <div id="left"><?php require_once 'mainleft.php';?></div>
42          <div id="main">
43              <h2 class="main-right-nav">新闻管理 &gt; 编辑新闻信息</h2>
44              <form method="post" action="doUpdateNews.php">
45              <input type="hidden" name="newsid" value="<?php echo $row['newsid'];?>"/>
46              <input type="hidden" name="uid" value="<?php echo $row['uid'];?>">
47              <table class="table">
48                  <tr>
49                      <th>新闻标题：</th><td><input type="text" class="form-text" name="title" style=
50  "width:500px" value="<?php echo $row['title']?>" required></td>
51                  </tr>
52                  <tr>
53                      <th>新闻类别：</th><td><select name="classid">
54                      <?php foreach($category as $newsclass_row){
55                          if($newsclass_row['classid']==$row['classid']){
56                              echo "<option value='".$newsclass_row['classid']."'
57  selected='true'>".$newsclass_row['classname']."</option>";
```

```
58                              }else{
59                                  echo                                              "<option
60  value='".$newsclass_row['classid']."'>".$newsclass_row['classname']."</option>";
61                              }
62                          }
63                      ?>
64              </tr>
65              <tr>
66                  <th>新闻内容：</th>
67                  <td><textarea name="content"><?php echo $row['content'];?></textarea></td>
68              </tr>
69              <tr>
70                  <td colspan="2" align="center"><input type="submit" value="确认修改"
71  class="form-btn">  </td>
72              </tr>
73          </table>
74      </form>
75      </div><!--end of main-->
76      </div><!--end of tableContainer-->
77  </div><!--end of wrapper-->
78  </body>
79  </html>
```

说明：

第 7~19 行代码为网页使用 KindEditor 组件而添加的代码。新闻编辑和新闻发布一样，使用 KindEditor 为用户提供所见即所得的在线编辑效果。在第 13 行代码创建的 KindEditor 组件为 textarea 输入控件，且 name 属性为 content。

第 21 行代码包含使用 PDO 对象实现的新闻分类数据访问层文件。

第 22 行代码包含新闻表数据访问层文件。

第 23 行代码包含工具 tool.php 文件以使用定义在其中的方法。

第 24 行代码启动 Session。

第 25 行代码获取使用 get 方法传递的参数 id 的值，并保存到变量$newsid 中。

第 26 行代码调用 findNewsById()方法根据指定的新闻编号查询新闻信息并保存到$row 中。

第 28 行代码提取新闻信息中的作者的用户编号信息并保存在$uid 中。

第 29 行代码将保存在 Session 中的用户信息提取出来，并保存到变量$userinfo 中。

第 30~34 行代码判断登录用户和新闻作者是否是同一用户，若不是同一用户，则没有编辑新闻的权限，提示用户"没有权限修改新闻内容"，并重定向到 newslist.php 页面。

第 35 行代码调用 findNewsClass()方法获取所有的新闻分类信息并保存到$category 中。

第 44 行代码创建一个表单，使用 post 方法处理，表单的处理页面是 doUpdateNews.php。

第 45 行代码创建一个隐藏输入域，其 name 属性为 newsid，value 属性为新闻编号值。
第 46 行代码创建一个隐藏输入域，其 name 属性为 uid，values 属性为用户编号值。
第 49、第 50 行代码输入一个文本框，name 属性值为 title，value 属性值为新闻标题。
第 53~63 行代码添加一个下拉列表框，用来供用户选择新闻的类别。第 54 行代码遍历新闻列表记录集，若当前新闻类别编号和新闻的类别编号相同，则设置列表项 option 的 selected 属性值为 true。
第 67 行代码添加了一个多行文本框 textarea，且 name 属性为 content。根据前面对 KindEditor 编辑器的设计，这个多行文本框将显示为 HTML 在线编辑富文本框。页面启动时，富文本框的内容为新闻内容字段。

（2）添加表单处理页面。在 DW CS6 中打开网站 examples，打开文件夹"chapter8"下的"admin"文件夹，新增一个 PHP 文件，并将文件重命名为"doUpdateNews.php"，然后编辑其代码。编辑后的代码如下：

```php
1   <?php define('APP','newsmgs');
2       header('Content-Type:text/html;charset=utf-8');//设置字符编码
3       require '../common/checkFormLib.php';   //引入表单验证函数库
4       require '../common/news.dao.php';       //引入用户数据表数据访问层
5       require '../common/tool.php';
6       //判断$_POST 是否为非空数组
7   if(!empty($_POST)){
8       $fields=array('newsid','uid','title','classid','content');
9       //表单字段若不为空，则将数据过滤后存入 save_data 指定字段中
10      foreach($fields as $v){
11          $save_data[$v]=isset($_POST[$v])?test_input($_POST[$v]):'';
12      }
13      //$error 数组保存验证后的错误信息
14      $error=array();
15      if(empty($error)){
16          //表单数据全部符合要求
17          $rs=                updateNews($save_data['newsid'],$save_data['title'],$save_data['content'],
18  $save_data['uid'],$save_data['classid']);
19          if($rs){
20              alertGo("新闻信息编辑成功","newslist.php");
21          }else {
22              alertBack('新闻信息编辑失败');
23          }
24      }else{
25          require '../common/error.php';
26      }
27  }
```

```
28        ?>
```

说明:

第 3~5 行代码包含所要使用的外部文件。

第 7 行代码判断是否通过 post 方法传递了参数值。

第 8 行代码将所有字段名保存到数组变量$fields 中。

第 10~12 行代码将 post 方式传递的参数值保存到$save_data 中。

第 14 行代码创建用来保存表单验证后错误信息的$error 变量。

第 15 行代码中,若$error 为空,即所有表单数据全部符合要求。

第 17、第 18 行代码调用 updateNews()方法执行新闻编辑操作。

第 19 行代码判断编辑操作是否成功;第 20 行代码成功时提示用户"新闻信息编辑成功",并重定向到 newslist.php 页面;第 22 行代码失败时提示用户"新闻信息编辑失败",并重定向到前一个页面。

8.5.5 置顶新闻页 topNews.php 的设计

PHP 新闻管理系统,系统管理员可以通过后台的"置顶新闻"功能设置网站前台页面上最先显示的新闻。可以设置一条新闻是置顶显示,也可以取消置顶显示。页面运行效果如图 8.5.5 所示。

图 8.5.5 置顶新闻页面运行效果

实现步骤:

添加置顶页面:在 DW CS6 中打开网站 examples,打开文件夹"chapter8"下的"admin"文件夹,新增一个 PHP 文件,并将文件重命名为"topNews.php",然后编辑其代码。编辑后的代码如下:

```
1        <!doctype html>
2        <html>
3        <head>
```

```php
4   <meta charset="utf-8">
5   <title>置顶新闻</title>
6   <link href="style/backSTyle.css" type="text/css" rel="stylesheet">
7   </head>
8   <?php
9       require_once '../common/news.dao.php';
10      require_once '../common/pdo_newsclass.dao.php';
11      require_once '../common/mysqli_user.dao.php';
12      require '../common/tool.php';
13      $news_rst=findNews();
14      if(isset($_GET['id'])&& $_GET['action']=='set'){
15          $result=updateTopNews($_GET['id']);
16          alertGo("新闻置顶设置成功","topnews.php");
17      }else if(isset($_GET['id'])&& $_GET['action']=='cancel'){
18          $result=cancelTopNews($_GET['id']);
19          alertGo("新闻置顶成功取消","topnews.php");
20      }
21  ?>
22  <body>
23  <div id="header"><?php require_once 'top.php';?></div>
24  <div id="wrapper">
25      <div id="tableContainer">
26          <div id="left"><?php require_once 'mainleft.php';?></div>
27          <div id="main">
28              <h2 class="main-right-nav">新闻管理 &gt; 置顶新闻</h2>
29              <table class="table">
30                  <tr><th>编号</th><th>新闻分类</th><th>新闻作者</th><th>是否置顶</th><th>新闻
31  标题</th><th>操作</th></tr>
32                  <?php  if(!empty($news_rst)) {
33                      foreach($news_rst as $row){
34                  ?>
35                      <tr align="center">
36                          <td><?php echo $row['newsid'];?></td>
37                          <td>
38                              <?php
39                                  $classid=$row['classid'];
40                                  $newsclass_row=findNewsClassById($classid);
41                                  echo $newsclass_row['classname'];
42                              ?></td>
```

```
43                    <td>
44                        <?php
45                            $uid=$row['uid'];
46                            $user_row=findUserById($uid);
47                            echo $user_row['uname'];
48                        ?></td>
49                        <td><?php
50                            if( $row['istop']==0){
51                                echo "<input type='checkbox' onclick='return false'>" ;
52                            }else{
53                                echo "<input type='checkbox' onclick='return false' checked>";
54                            }
55                        ?></td>
56                        <td><?php echo mb_substr(trim($row['title']),0,15,'utf-8').'...';?></td>
57                        <td><div align="center">
58                            <a href="?id=<?php echo $row['newsid'];?>&action=set"
59  onclick="javascript:if(confirm('确定要设置此信息吗？')){return true;}return false;"> 置顶
60  </a>  
61                            <a href="?id=<?php echo $row['newsid'];?>&action=cancel"
62  onclick="javascript:if(confirm('确定要取消新闻置顶设置吗？')){return true;}return false;">取消置顶
63  </a>
64
65                        </div> </td>
66                    </tr>
67                    <?php
68                        }
69                    }else{
70                    ?>
71                    <tr align="center"><td colspan="5">查询的结果不存在！</td></tr>
72                    <?php }?>
73                </table>
74            </div><!--end of main-->
75        </div><!--end of tableContainer-->
76    </div><!--end of wrapper-->
77  </body>
78  </html>
```

说明：

第 13 行代码调用 findNews() 方法查询所有的新闻信息，并保存到变量 news_rst 中。

第 14 行代码判断是否通过 get 方式传递了 id 参数以及 action 参数且 action 的值为 set

的话，则意味着需要置顶编号为 id 值的新闻。

第 15 行代码调用 updateTopNews()方法执行设置置顶新闻操作。

第 16 行代码操作成功，提示用户"新闻置顶设置成功"，并重定向到 topNews.php 页面。

第 17 行代码判断是否通过 get 方式传递了 id 参数以及 action 参数且 action 的值为 cancel 的话，则意味着需要取消编号为 id 值的新闻置顶。

第 18 行代码调用 cancelTopNews()方法取消新闻置顶。

第 19 行代码操作成功，提示用户"新闻置顶成功取消"，并重定向到 topNews.php 页面。

第 32 行代码判断新闻记录信息 news_rst 是否为空。

第 33 行代码循环遍历 news_rst 取出一条新闻信息，并显示在表格的一行中。

第 50 行代码判断是否置顶字段值是否为 0。

第 51 行代码添加一个复选框，置顶字段为 0 则复选框显示为未选中状态，onclick='return false'，使得复选框不能进行单击操作，即不可修改复选框的状态。

第 53 行代码添加一个复选框，当置顶字段为 1 时复选框显示为选中状态，checked 属性设置即为选中。

第 58 行代码的超链接用来设置置顶操作。

第 61 行代码的超链接用来设置取消置顶操作。

8.5.6 热点新闻页 hotNews.php 的设计

热点新闻页功能和置顶新闻页相似，系统管理员可以将新闻设置为热点新闻显示在首页上，或者取消热点设置。页面运行效果如图 8.5.6 所示。

图 8.5.6 热点新闻页面运行效果

实现步骤：

添加置顶页面：在 DW CS6 中打开网站 examples，打开文件夹"chapter8"下的"admin"文件夹，新增一个 PHP 文件，并将文件重命名为"hotNews.php"，然后编辑其代码。编辑后的代码如下：

```
1   <!doctype html>
2   <html>
3   <head>
4   <meta charset="utf-8">
5   <title>热点新闻</title>
6   <link href="style/backSTyle.css" type="text/css" rel="stylesheet">
7   </head>
8   <?php
9       require_once '../common/news.dao.php';
10      require_once '../common/pdo_newsclass.dao.php';
11      require_once '../common/mysqli_user.dao.php';
12      require '../common/tool.php';
13      $news_rst=findNews();
14      if(isset($_GET['id'])&& $_GET['action']=='set'){
15          $result=updateHotNews($_GET['id']);
16          alertGo("新闻热点设置成功","hotnews.php");
17      }else if(isset($_GET['id'])&& $_GET['action']=='cancel'){
18          $result=cancelHotNews($_GET['id']);
19          alertGo("新闻热点成功取消","hotnews.php");
20      }
21  ?>
22  <body>
23  <div id="header"><?php require_once 'top.php';?></div>
24  <div id="wrapper">
25      <div id="tableContainer">
26          <div id="left"><?php require_once 'mainleft.php';?></div>
27          <div id="main">
28              <h2 class="main-right-nav">新闻管理 &gt; 热点新闻</h2>
29              <table class="table">
30                  <tr><th>编号</th><th>新闻分类</th><th>新闻作者</th><th>是否热点</th><th>新闻
31  标题</th><th>操作</th></tr>
32                  <?php   if(!empty($news_rst)) {
33                      foreach($news_rst as $row){
34                  ?>
35                      <tr align="center">
36                          <td><?php echo $row['newsid'];?></td>
37                          <td>
38                              <?php
```

```
39                    $classid=$row['classid'];
40                    $newsclass_row=findNewsClassById($classid);
41                    echo $newsclass_row['classname'];
42                    ?></td>
43              <td>
44                  <?php
45                    $uid=$row['uid'];
46                    $user_row=findUserById($uid);
47                    echo $user_row['uname'];
48                    ?></td>
49                  <td><?php
50                    if( $row['ishot']==0){
51                      echo "<input type='checkbox' onclick='return false;'>" ;
52                    }else{
53                      echo "<input type='checkbox' onclick='return false;' checked>";
54                    }
55                    ?></td>
56                  <td><?php
57                    echo mb_substr(trim($row['title']),0,15,'utf-8').'...';?></td>
58                  <td><div align="center">
59                    <a href="?id=<?php echo $row['newsid'];?>&action=set"
60 onclick="javascript:if(confirm('确定要设置此信息吗？')){return true;}return false;">热点
61 </a>  
62                    <a href="?id=<?php echo $row['newsid'];?>&action=cancel"
63 onclick="javascript:if(confirm('确定要取消新闻热点设置吗？')){return true;}return false;">取消热点
64 </a>
65                    </div></td>
66                  </tr>
67                  <?php
68                    }
69                  }else{
70                    ?>
71                    <tr align="center"><td colspan="5">查询的结果不存在！</td></tr>
72                    <?php }?>
73                  </table>
74          </div><!--end of main-->
75        </div><!--end of tableContainer-->
76  </div><!--end of wrapper-->
77  </body>
```

78   </html>

8.6 任务 6：用户评论管理功能的设计

对于用户对新闻发表的评论，系统管理员可以借助用户评论管理功能进行管理，包括删除用户的评论或者剔除用户评论中的敏感字符。

8.6.1 评论列表页 replyList.php 的设计

评论列表页将显示所有用户的评论信息，管理员可以选择评论进行删除，或者单击"查看"链接进行完整信息的查看。评论列表页面运行效果如图 8.6.1 所示。

图 8.6.1 评论列表页面运行效果

实现步骤：

添加评论列表页面：在 DW CS6 中打开网站 examples，打开文件夹"chapter8"下的"admin"文件夹，新增一个 PHP 文件，并将文件重命名为"replyList.php"，然后编辑其代码。编辑后的代码如下：

1	<!doctype html>
2	<html>
3	<head>
4	<meta charset="utf-8">
5	<title>新闻评论列表</title>
6	<link href="style/backSTyle.css" type="text/css" rel="stylesheet">
7	</head>
8	<?php
9	require_once '../common/reply.dao.php';
10	require_once '../common/news.dao.php';
11	require_once '../common/mysqli_user.dao.php';

```
12      require_once '../common/tool.php';
13      $reply_rst=findReply();
14      if(isset($_GET['id'])){
15          $result=deleteReply($_GET['id']);
16          if($result)   alertGo('新闻评论删除成功','replylist.php');
17      }
18  ?>
19  <body>
20  <div id="header"><?php require_once 'top.php';?></div>
21  <div id="wrapper">
22      <div id="tableContainer">
23          <div id="left"><?php require_once 'mainleft.php';?></div>
24          <div id="main">
25              <h2 class="main-right-nav">用户评论管理 &gt; 评论列表</h2>
26              <table class="table">
27                  <tr><th>编号</th><th>评论内容</th><th>评论人</th><th>发布时间</th><th>操作
28  </th></tr>
29                  <?php   if(!empty($reply_rst)) {
30                      foreach($reply_rst as $row){
31                  ?>
32                  <tr align="center">
33                      <td><?php echo $row['replyid'];?></td>
34                      <td><?php echo mb_substr(trim($row['content']),0,15,'utf-8').'...'; ?></td>
35                      <td><?php $user_rst= findUserById($row['uid']);
36                          echo $user_rst['uname'];   ?>
37                      </td>
38                      <td><?php echo $row['publishtime'];?></td>
39                      <td><div align="center"><a href="?id=<?php echo $row['replyid'];?>"
40  onclick="javascript:if(confirm(' 确 定 要 删 除 此 信 息 吗 ？ ')){return true;}return false;"> 删除
41  </a>  <a href="replydetail.php?id=<?php echo $row['replyid'];?>" >查看</a> </div></td>
42                  </tr>
43                  <?php
44                      }
45                  }else{
46                  ?>
47                  <tr align="center"><td colspan="5">查询的结果不存在！</td></tr>
48                  <?php }?>
49              </table>
50          </div><!--end of main-->
```

51	</div><!--end of tableContainer-->
52	</div><!--end of wrapper-->
53	</body>
54	</html>

说明：

第 13 行代码调用 findReply()方法查询所有的新闻评论信息，并保存到变量$reply_rst 中。

第 14 行代码判断是否通过 get 方法传递参数 id，有传递的话，则在第 15 行调用 deleteReply()方法删除编号为 id 值的评论信息。

8.6.2　会员评论的敏感字符的剔除

在用户的评论中，如果用户的评论中包含了敏感字符，需要将敏感字符剔除出去。为了实现敏感词过滤，需要下载一个敏感词字库。在这里仅为了示范敏感词过滤的方法，假如敏感词词库包含"脏话"和"骂人话"这两个词语。图 8.6.2 所示是执行敏感词过滤之前用户的评论，图 8.6.3 所示是执行敏感词过滤之后用户的评论信息。

图 8.6.2　敏感词过滤之前用户的评论

图 8.6.3　敏感词过滤之后用户的评论

实现步骤：

添加评论列表页面：在 DW CS6 中打开网站 examples，打开文件夹"chapter8"下的"admin"文件夹，新增一个 PHP 文件，并将文件重命名为"replyDetail.php"，然后编辑其代码。编辑后的代码如下：

```
1   <!doctype html>
2   <html>
3   <head>
4   <meta charset="utf-8">
5   <title>新闻评论查看</title>
6   <link href="style/backSTyle.css" type="text/css" rel="stylesheet">
7   </head>
8   <?php
9     require_once '../common/reply.dao.php';
10    require_once '../common/mysqli_user.dao.php';
11    $badword=array('脏话','骂人话');//敏感词库
12    $id=$_GET['id'];
13    $row=findReplyById($id);
14    $content=$row['content'];
15    $user_rst= findUserById($row['uid']);
16    if(isset($_POST['content'])){
17        $badword1 = array_combine($badword,array_fill(0,count($badword),'*'));
18        $bb = $_POST['content'];
19        $content = strtr($bb, $badword1);
20        updateReply($content,$_POST['replyid']);
21    }
22  ?>
23  <body>
24  <div id="header"><?php require_once 'top.php';?></div>
25  <div id="wrapper">
26      <div id="tableContainer">
27          <div id="left"><?php require_once 'mainleft.php';?></div>
28          <div id="main">
29              <h2 class="main-right-nav">用户评论管理 &gt; 评论查看</h2>
30              <form method="post" action="">
31              <table class="table">
32              <input type="hidden" name="uid" value="<?php echo $row['uid'];?>">
33              <tr><th>评论编号:</th><td><input type="text" name="replyid" value="<?php echo $id;?>"
34  readonly></td></tr>
35              <tr><th>评论作者:</th><td><input type="text" name="uname" value="<?php echo $user_rst
```

```
36          ['uname'];?>" readonly>
37              </td></tr>
38              <tr><th>发表时间:</th><td><input type="text" name="publishtime" value="<?php echo
39  $row['publishtime'];?>" readonly></td></tr>
40              <tr>
41                  <th>评论内容：</th>
42                  <td><textarea name="content" cols="50" rows="10" readonly><?php echo
43  $content;?></textarea></td>
44              </tr>
45              <tr>
46                  <td colspan="2" align="center"><input type="submit" value="敏感词过滤" class=
47  "form-btn">
48              </td>
49              </tr>
50          </table>
51      </form>
52      </div><!--end of main-->
53      </div><!--end of tableContainer-->
54  </div><!--end of wrapper-->
55  </body>
56  </html>
```

说明：

第 11 行代码的$badword 数组中保存了所有的敏感词。这里为了简单起见，仅使用了两个敏感词，可以将所有敏感词汇列表都保存到文件中或者数据库中。

第 12 行代码获取 get 方法传递的参数 id 并保存到变量$id 中。

第 13 行代码调用 findReplyById()方法查询指定编号的评论信息，并保存到变量$row 中。

第 14 行代码取出$row 中的 content 字段信息。

第 15 行代码调用 findUserById()方法查找置顶编号的用户信息。

第 16 行代码判断是否通过 post 方式传递了 content 参数的值。

第 17 行代码中，array_fill(index,number,value)函数表示用 value 值来填充数组；index 是数组的索引，表示开始填充的位置；number 表示需要填充的数组个数；value 是用来填充的值。array_fill(0,count($badword),'*')表示的是一个共 count($badword)个元素且元素值均为 "*" 的数组。array_combine(keys,values) 通过合并两个数组来创建一个新数组，其中的一个数组元素为键名，另一个数组元素为键值，参数$keys 为键名数组，参数$values 为键值数组。这里的$badword1 数组就是一个以$badword 中元素值为键名的，键值均为 "*" 的数组。

第 19 行代码中，strstr(string,search)函数用来搜索字符串在另一个字符串中的第一次出现，string 是被搜索的字符串，search 是所搜索的字符串。使用 strstr($bb,$badword1)后$content 中所有敏感词将以 "*" 出现。

第 20 行代码调用 updateReply()方法编辑评论信息。

附录 A PHP5 中所有的关键字

and	or	xor	_FILE_	exception
LINE	array()	as	break	case
class	const	continue	declare	default
die()	do	echo	else	elseif
empty()	enddeclare	endfor	endforeach	endif
endswitch	endwhile	eval()	exit()	extends
for	foreach	function	global	if
include	include_once	isset()	list()	new
print	require	require_once	return	static
switch	unset()	use	var	while
FUNCTION	_CLASS_	_METHOD_	final	PHP_user_filter
interface	implements	extends	public	private
protected	abstract	clone	try	catch
throw	this			

附录 B PHP 中的运算符优先级

结合方向	运算符	附加信息
无	clone new	clone 和 new
左	[	array()
右	**	算术运算符
右	++ -- ~ (int) (float) (string) (array) (object) (bool) @	类型和递增/递减
无	instanceof	类型
右	!	逻辑运算符
左	* / %	算术运算符
左	+ - .	算术运算符和字符串运算符
左	<< >>	位运算符
无	< <= > >=	比较运算符
无	== != === !== <> <=>	比较运算符
左	&	位运算符和引用
左	^	位运算符
左	|	位运算符
左	&&	逻辑运算符
左	||	逻辑运算符
左	??	比较运算符
左	? :	ternary
右	= += -= *= **= /= .= %= &= |= ^= <<= >>=	赋值运算符
左	and	逻辑运算符
左	xor	逻辑运算符
左	or	逻辑运算符

资源链接

- PHP 基本语法：http://PHP.net/manual/zh/language.basic-syntax.php
- PHP 连接 MySQL 数据库：http://www.w3school.com.cn/PHP/PHP_mysql_connect.asp
- SQL 注入：http://PHP.net/manual/zh/security.database.sql-injection.php
- Web 表单验证：http://PHP.net/manual/zh/security.variables.php

参 考 文 献

[1]　W3School PHP 教程. http://www.w3school.com.cn/php/index.asp.
[2]　PHP 中文网. http://www.php.cn/.
[3]　phpStudy 官网. http://www.phpstudy.net/.
[4]　PHP 在线帮助手册. http://php.net/manual/zh/.
[5]　传智播客高教产品研发部. PHP 网站开发实例教程[M]. 北京：人民邮电出版社，2015.
[6]　程文彬，李树强. PHP 程序设计[M]. 北京：人民邮电出版社，2016.
[7]　软件开发技术联盟. PHP 开发实例大全(基础卷)[M]. 北京：清华大学出版社，2016.
[8]　朱珍，张琳霞. PHP 网站开发技术[M]. 北京：电子工业出版社，2014.

参考文献